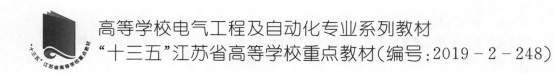

高等学校电气工程及自动化专业系列教材

"十三五"江苏省高等学校重点教材(编号:2019 - 2 - 248)

电机技术及应用仿真

主　编　徐守坤　陈岚萍

副主编　邹　凌　吕继东　杨　彪　陈　阳

U0159637

西安电子科技大学出版社

内 容 简 介

本书引入虚拟仿真实验教学应用技术，通过虚拟仿真案例直观地将电机理论与实践应用相结合，采用对相关电机教学模型快速计算和图形展示的方式，使电机的结构、工作原理和工作过程可视化，并以全软件的方式实现电机特性相关的虚拟仿真实验。

本书的主要内容包括电机、电力拖动及仿真技术应用等。书中主要讲解了机电能量转换的基本原理，变压器、三相异步电动机、直流电机的工作原理和结构特点及运行性能，直流电机、三相异步电动机的机械特性分析及其起动、调速和制动的电力拖动原理，并对典型电机的运行特性和应用进行仿真。本书利用多样化、个性化的仿真实验模拟电机实时运行过程，通过采集实验数据、绘制特性曲线等步骤，形象地展示了不同电机的工作特性。

本书可作为高等学校自动化、电气自动化等相关专业的本科教材，也可供电机及电气类工程技术人员参考。

图书在版编目(CIP)数据

电机技术及应用仿真 / 徐守坤，陈岚萍主编. —西安：西安电子科技大学
出版社，2022.12(2023.11 重印)
ISBN 978 - 7 - 5606 - 6702 - 7

Ⅰ. ①电…　Ⅱ. ①徐…　②陈…　Ⅲ. ①电机—计算机仿真　Ⅳ. ①TM306

中国版本图书馆 CIP 数据核字(2022)第 206269 号

策　　划　高　樱
责任编辑　高　樱
出版发行　西安电子科技大学出版社(西安市太白南路 2 号)
电　　话　(029)88202421　88201467　　　邮　　编　710071
网　　址　www. xduph. com　　　　　　电子邮箱　xdupfxb001@163. com
经　　销　新华书店
印刷单位　陕西精工印务有限公司
版　　次　2022 年 12 月第 1 版　2023 年 11 月第 2 次印刷
开　　本　787 毫米×1092 毫米　1/16　印张　17
字　　数　402 千字
印　　数　1001～3000 册
定　　价　48.00 元
ISBN 978 - 7 - 5606 - 6702 - 7 / TM

XDUP 7004001 - 2

＊＊＊如有印装问题可调换＊＊＊

前　言

目前各高校所用的电机学教材大部分是对电机的结构、原理进行讲解，极少将虚拟仿真技术和电机学授课内容相结合。为了改变传统的教学授课模式，改革传统的电机学教材，本书引入各种电机实验及电机工程应用的仿真案例，使学生在学中做、做中学，从而切实提高学生的学习兴趣。

本书主要讲解电机的基础知识以及变压器、直流电机、三相交流电动机的工作原理和结构特点及运行性能，分析直流电动机、三相异步电动机、同步电动机的机械特性及其起动、调速和制动的电力拖动原理与实施方法；简要分析几种典型控制电机，如永磁电机、步进电机、伺服电机及直线电机等的结构、特点和工作原理。为了与实际应用相结合，各章都精心设计了结合实际和注重应用的电机虚拟仿真实例。同时，在每章开始配有学习目标，章末配有小结、思考题与习题等，便于学生掌握课程的知识要点。此外，电机应用实例体现了电机、电力拖动及运动控制专业领域知识体系的融会贯通。

电机原理和特性的教学内容比较复杂和抽象，在传统课堂教学过程中，学生较难体会和理解其中的意义，需要通过实验的方法让学生深度参与、感性体会，帮助学生理解和掌握相关知识。本书通过虚拟仿真实验，借助具体的案例，通过不断试错和验证使学生加深对知识的理解；通过将课程知识点分解落实到具体的仿真实验项目中，让学生观察、分析实验现象和结果，全面理解和掌握相关理论知识，达到原理学习、综合能力提升、创新实践训练的教学目标。本书突出理论知识的实际应用和实践能力的培养。每个章节都配有很多图片和典型应用实例仿真，可增加学生的感性认识，让电机学的核心知识和重点内容更加通俗易懂。本书适用于应用类本科以及职业院校的电气技术、电气工程及其自动化、自动化、机电一体化等专业，也可供电机及电气类工程技术人员学习参考。

本书的主要特色如下：

（1）引入虚拟仿真技术，将电机课程中许多抽象的概念和原理以具体图形的形式表现出来，使学生能够非常直观地观察电机的动态工作过程及各参数的变化过程，有效促进学生更好地理解课程中的重点和难点知识；

（2）增加变压器、电机运行性能及电力拖动的仿真内容，便于学生对电机、变压器、电力拖动建立感性认识，有效促进学生掌握核心知识；

（3）增加电机的工程应用实例介绍，让学生了解电机核心知识的理论背景和工程应用背景；

（4）增加控制电机等应用前景广泛的高效电机的介绍，让学生对电机前沿技术有一定的了解；

（5）增加电机仿真平台上开发电机的工程案例，鼓励学生在仿真平台上自己设计电路、搭建仿真模型、调试仿真参数并验证分析结果，激发学生学习的主动性，提高学生的学习兴趣。

本书主要由常州大学徐守坤教授、陈岚萍副教授编写，常州大学邹凌、吕继东、杨彪、陈阳等参与了部分章节的编写。

由于编者水平有限，书中疏漏和欠妥之处在所难免，恳望各位专家及广大读者批评指正。

编　者

2022 年 8 月

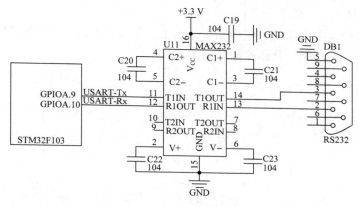

图 11.10　串口通信实验硬件原理图

3. 软件流程设计

基于开发要求，为实现与串口的通信，需要实现串口中断的发送与串口中断的接收。因此，本例的软件设计也采用基于前/后台的构架，故其流程也分为前台和后台两个部分。

1) 后台(主程序)

本例的后台程序主要是由系统初始化和一个 while 无限循环构成，具体流程，如图 11.11 所示。

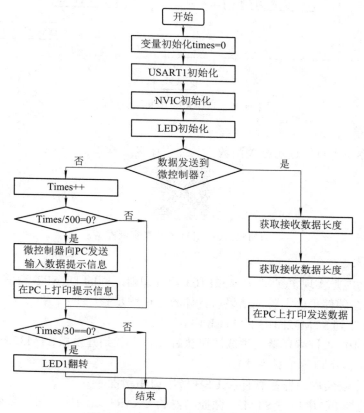

图 11.11　USART 通信主程序流程图

2) 前台(串口 1 中断服务函数)

本实例的前台程序为串口 1 的中断服务函数，主要实现在 PC 向微控制器发送数据时微控制器接收数据的功能，具体流程如图 11.12 所示。

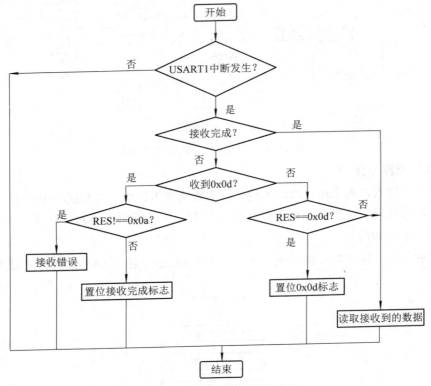

图 11.12　USART1 中断服务函数

4. 程序清单

结合流程图及本章所述的相关函数，具体程序见二维码。

STM32F10x USART 开发实例程序

5. 实验结果

该实例的功能是实现 PC 和 STM32F103 微处理器之间的 USART 通信，图 11.11、图 11.12 所示需要在硬件平台上验证结果。具体验证过程步骤如下：

(1) 下载程序到 STM32F103 的 Flash 中。

将 STM32F103 工程编译链接生成的可执行文件下载到开发板 STM32F103 微控制器中(可通过 ST-Link 或串口等工具下载)。

(2) 在 PC 上安装串口监控软件和 USB 转串口驱动程序。

为实现并监控 PC 串口与 STM32 微控制器的 USART 之间的通信，必须在 PC 上安装串口监控软件。目前，免费的串口监控软件很多，都可以通过 Internet 下载得到，如

目　　录

第 1 章　电机基础知识

学习目标

- 了解电机的发展及应用；
- 掌握与电机有关的电磁基础知识；
- 了解电机的磁性材料；
- 掌握磁路的计算及仿真。

1.1　电机的发展和应用

1.1.1　电机概论

电机的发展和应用

电能是一种应用广泛的能源，与其他能源相比，具有很多突出的优点。首先，电能的生产与转换比较经济；其次，电能传输与分配比较容易；再者，电能的使用与控制比较方便，且易于实现自动化。在现代社会中，电能的应用已遍及各行各业。电能在国民经济和国防建设中获得极为广泛的应用，它已成为我国国民经济各部门中动力的主要来源。

在电能的生产、转换、传输、分配、使用与控制等方面，都必须使用能量（或信号）传递与变换的电磁机械装置，这些电磁机械装置被广义地称为电机。通常所说的电机（Electric Machinery，俗称"马达"）是指依据电磁感应定律实现电能转换或传递的一种电磁装置，在电路中用字母 M（旧标准用 D）表示。按能量转换的不同方向，电机可分为发电机（把机械能转变成电能）和电动机（把电能转变成机械能）。从基本工作原理来看，发电机与电动机只是电机的两种不同的运行方式；从能量转换的观点来看，二者是可逆的。

各种电机中，有些是静止的，如变压器；有些是旋转的，如各种类型的发电机与电动机。按电流的类型及工作原理的某些差异，旋转电机又可分为直流电机、交流异步电机、交流同步电机及各种具有专门用途的控制电机等。

1.1.2　电机的发展

始于 19 世纪 60 至 70 年代以电力的广泛应用为显著特点的第二次工业技术革命，标志着人类社会由蒸汽机时代步入了电气化时代，在法拉第电磁感应定律基础上，一系列电气发明相继出现。1866 年，德国工程师西门子制成发电机，1870 年，比利时人格拉姆发明了电动机，电力开始成为取代蒸汽来拖动机器的新能源。随后，各种用电设备相继出现，1882年，法国学者德普勒发明了远距离送电的方法，同年，美国著名发明家爱迪生创建了美国第一个火力发电站，把输电线结成网络，从此电力作为一种新能源得到了应用。当时，电机刚刚在工业上初步应用，各种电机初步定型，电机设计理论和电机设计计算初步建立。随着社会生产的发展和科技的进步,人们对电机提出了更高的要求,如性能良好,运行可靠,单位容量的重量轻、体积小等,而且随着自动控制系统的发展要求,在旋转电机的理论基础上,又派生出多种精度高、响应快的控制电机,成为电机学科的一个独立分支。电机制造也向着大型、巨型发展。中小型电机正朝着多用途、多品种及高效节能方向发展。各种响应快速、起停迅速的特种电机在各种复杂的计算机控制系统和无人工厂中实现了比人的手脚更复杂而精巧的运动。古老的电机学已经和电力电子学、计算机、控制论结合起来,发展成了一门新的学科。

我国电机
发展动向

　　我国的电机生产从 1917 年至今已有一百多年的历史,电机制造业发生了巨大的变化。我国电机工业从小到大、从弱变强、从落后走向先进,经历了依靠进口、依靠技术引进、技术吸收再创新、自主开发等不同的阶段。1949 年,全国总装机容量 184.83 万千瓦,全国仅有为数不多的电机修理厂;1958 年,上海电机厂制造出世界上第一台双水内冷发电机(汪耕院士);1999 年,中科院电工所(顾国彪院士于 1958 年开始研究)与东方电机厂(饶芳权院士)合作,用蒸发冷却改装成功李家峡 400 MW 水轮发电机的 4 号发电机;2003 年,全国总装机容量已达 3.9 亿千瓦,为 1949 年的 211 倍,形成了以上海、哈尔滨及四川东方三大发电设备制造集团为骨干的制造企业群。据统计,1999 年我国人均装机容量不到 0.3 kW,只及世界平均水平的 40% 左右。经过改革开放四十多年的发展,我国的电机发展有了长足的进步,令世人瞩目。目前我国的电机产业已经形成了比较完整的体系,电机产品的品种、规格、性能和产量基本满足了我国国民经济发展的需要,而且一些产品已经达到或接近世界先进水平。目前中国市场已成为全球企业竞争的焦点,出于效益、技术、资源、劳动力成本等诸多方面的考虑,世界不少发达国家的电机制造正向中国转移,中国已成为世界电机生产制造的重要基地。

　　目前,我国已生产了不少大型直流电机、异步电机和同步电机,在中小型电机和控制电机方面,亦自行设计和生产了不少新系列电机,对电机的新理论、新结构、新工艺、新材料、新运行方式和调试方法进行了许多研究和试验工作,取得了不少成果。2018 年,全球在建核电机组 54 台,总装机容量 5501.3 万千瓦,分布在 17 个国家和地区,全球核电发展的重心正在从传统核电大国转向新兴经济体。截至 2019 年 1 月 20 日,我国在运核电机组达到 45 台,装机容量 4590 万千瓦,排名世界第三,在建机组 11 台,装机容量 1218 万千瓦,我国核电机组在建规模连续多年保持全球领先。2020 年广汽新能源发布全球首创两挡双电机"四合一"集成电驱,实现了双电机、控制器和两挡减速器深度集成,凭借此技术,埃安系列车型百公里加速进入 2 s。为打造"新时代大国重器",三峡集团组织制定了白鹤滩精品水电机组标准,2021 年东方电机根据精品机组标准研制出的白鹤滩百万千瓦水电机组转轮最优效率达到了 96.7%,转轮精品检测指标达标率达到了 100%。2021 年国家能源集团国华电力锦界电厂三期项目空冷汽轮发电机组高位布置创新设计首例工程的成功实践,标志着我国成功地自主研发建造并投入使用的世界首例汽轮机高位布置技术为火电机组更高效、更经济开创了新途径,极大地促进了我国电力行业的创新发展。

　　从节约能源、保护环境出发,高效电机是目前国际发展趋势,高效电机在我国的应用比例目前仅为 23%～25%。随着通信技术的发展,智能控制也成为电机领域的热门话题,我们生活中使用的全自动洗衣机、自动窗帘等都能传递智能信号,电机控制也趋向简单化和智能化，PLC、FPGA、DSP 等技术也越来越多地融合到了电机产业链中。

在现代工业企业中，利用电动机把电能转换成机械能，去拖动各种类型的生产机械，使它们按人们所给定的规律运动，这就是电力拖动。由于交流电动机较直流电动机具有结构简单、价格便宜、维护方便、惯性小等一系列优点，而且单机容量可以做得很大，电压等级可以做得很高，可以实现高速拖动等，所以，人们一直在致力研究性能更高的交流拖动系统。目前，随着电力电子器件的发展，交流调速系统已经得到广泛应用，性能指标进一步提高，容量进一步增大，控制系统集成化程度进一步提高。交流电力拖动系统取代直流电力拖动系统已经成为发展趋势。我国的电力拖动系统取得的发展是有目共睹的，但是，与国外比较还是有很大差距，主要体现在技术水平相对较低、拖动运行效率不高、成套技术不成熟等。目前，我国正在奋起直追，狠抓基础，开展一些关键技术的研究，以期尽快缩短和国外的差距，力争拖动系统的综合技术经济指标达到最佳。

1.1.3　电机的类型与应用

随着现代科学技术的发展，电机在实际应用中的重点已经开始从过去简单的传动向复杂的控制转移，尤其是对电机的速度、位置、转矩的精确控制。根据不同的应用，不同类型电机实现不同方式的机电能量转换，电机可分为以下类型：

（1）变压器：实现不同电压电能之间的转换/电能传输。

（2）直流电机：实现直流电能与机械能之间的转换。

（3）异步电机：实现交流电能与机械能之间的转换。

（4）同步电机：实现交流电能与机械能之间的转换。

（5）控制电机：应用于各类自动控制系统中的控制元件。

（6）特种电机：包括磁阻电机、直线电机（磁悬浮和电磁炮）、连续变极电机和脉冲电机等。

电机应用领域非常广泛，目前主要应用于以下七大领域。

1. 电气伺服传动领域

在要求速度控制和位置控制（伺服）的场合，特种电机的应用越来越广泛。开关磁阻电动机、永磁无刷直流电动机、步进电动机、永磁交流伺服电动机、永磁直流电动机等都已在数控机床、工业电气自动化、自动生产线、工业机器人以及各种军、民用装备领域获得了广泛应用。例如，交流伺服电机驱动系统应用在凹版印刷机中，以其高控制精度实现了极高的同步协调性，使这种印刷设备具有自动化程度高、套准精度高、承印范围大、生产成本低、节约能源、维修方便等优势。在工业缝纫机中，随着永磁交流伺服电动机控制系统、无刷直流电动机控制系统、混合式步进电动机控制系统的大量使用，使工业缝纫机向自动化、智能化、复合化、集成化、高效化、无油化、高速化、直接驱动化方向快速发展。

2. 信息处理领域

信息技术和信息产业以微电子技术为核心，通信和网络为先导，计算机和软件为基础。信息产品和支撑信息时代的半导体制造设备、电子装置（包括信息输入、存储、处理、输出、传递等环节）以及通信设备（如硬盘驱动器、光盘驱动器、软盘驱动器、打印机、传真机、复印机、手机等）使用着大量各种各样的特种电机。信息产业在国内外都受到高度重视，并获得高速发展，信息领域配套的特种电机全世界年需求量约为 15 亿台（套），这类电机绝大部分是永磁直流电动机、无刷直流电动机、步进电动机、单相感应电动机、同步电动机、直线电动机等。

3. 交通运输领域

目前，在高级汽车中，为了节省燃料和改善乘车舒适感以及显示装置状态的需要，要使用 40～50 台电动机，而豪华轿车上的电机可达 80 多台。汽车电气设备配套电机主要为永磁直流电动机、永磁步进电动机、无刷直流电动机等。作为 21 世纪的绿色交通工具，电动汽车在各国受到普遍重视，电动车辆驱动用电机主要是大功率永磁无刷直流电动机、永磁同步电动机、开关磁阻电动机等，这类电机的发展趋势是高效率、高出力、智能化。国内电动自行车近年来发展迅猛，电动自行车主要使用线绕盘式永磁直流电动机和永磁无刷直流电动机驱动。此外，特种电机在机车驱动、舰船推进中也得到了广泛应用，如直线电动机用于磁悬浮列车、地铁列车的驱动。

4. 家用电器领域

目前，工业化国家一般家庭中约使用 50～100 台特种电机，电机主要品种为永磁直流电动机、单相感应电动机、串励电动机、步进电动机、无刷直流电动机、交流伺服电动机等。为了满足用户越来越高的要求和适应信息时代发展的需要，实现家用电器产品节能化、舒适化、网络化、智能化，家用电器的更新换代周期很快，对配套的电机提出了高效率、低噪声、低振动、低价格、可调速和智能化的要求。家用电器行业用电机正进行着更新，以高效永磁无刷直流电动机为驱动的家用电器正代表着家用电器业发展的方向。例如，目前流行的高效节能变频空调和冰箱就采用永磁无刷直流电动机驱动其压缩机及风扇；洗衣机采用低噪声多极扁平永磁无刷直流电动机，可省去原有的机械减速器而直接驱动滚筒，实现无级调速，是目前洗衣机中的高档产品；吸尘器中采用永磁无刷直流电动机替代原用的单相串励电动机，具有体积小、效率高、噪声低、寿命长等优点。

5. 消费电子领域

录像机、摄像机、全自动照相机、吹风机、按摩器、电动剃须刀、电动牙刷、搅拌机、电子钟等设备以及高级智能玩具和娱乐健身设备配套电机主要为永磁直流电动机、印制绕组电动机、线绕盘式电动机、无刷直流电动机等。录像机、摄像机、数码照相机等电子消费品需要量大，产品更新换代快，这类产品所配电机属精密型，制造加工难度大。数字化时代对电机提出了更新、更高的要求。

6. 国防领域

军用特种电机及组件产品门类繁多，规格各异，有近万个品种，其基本功能有机械位置传感与指示，信号变换与计算，运动速度检测与反馈，运动装置驱动与定位，速度、加速度、位置精确伺服控制，计时标准及小功率电源等。基于其特殊性能、特殊功能和特殊工作环境的要求，大量吸收相关学科的最新技术成就，特别是新技术、新材料和新工艺的应用，催生了许多新结构、新原理电机，具有鲜明的微型化、数字化、多功能化、智能化、系统化和网络化特征。例如：传统鱼雷舵机均采用液压机械式驱动系统驱动舵面，为鱼雷提供三轴动力以控制航向、深度与横滚，实现所设计的鱼雷弹道；目前国内外新型鱼雷已经采用电舵机，早期电舵机多使用有刷直流伺服电动机，但有刷伺服电动机固有的缺点给电舵机系统的可靠运行带来了诸多问题,而应用体积小、质量轻、功率密度大、力能指标高并具有良好伺服性能和动态特性的稀土永磁无刷直流电动机则很好地满足了鱼雷电舵机系统的特殊使用要求。目前国防领域重点应用和发展的特种电机是永磁交流伺服系统,永磁无刷直流电动机,高频高精度双通道旋转变压器,微、轻、薄永磁直流力矩电动机,高精度角位传感电动机,步进电动机及驱动器,低惯量直流伺服电动机,永磁直流力矩测速机组,驱动电机加减速器组件,超声波电动机,直线驱动电动机等。

7. 特殊用途领域

一些特殊领域应用的各种飞行器、探测器、自动化装备、医疗设备等使用的电机多为特种电机或新型电机,包括从原理上、结构上和运行方式上都不同于一般电磁原理的电机,主要为低速同步电动机、谐波电动机、有限转角电动机、超声波电动机、微波电动机、电容式电动机、静电电动机等。例如,将一种厚度为 0.4 mm 的超薄型超声波电动机应用于微型直升机,将微型超声波电动机应用于手机的照相系统中,等等。

1.1.4　电机学与其他学科的关系

电机学是一门综合性的学科,电气工程人员除掌握其基础理论,还应有扎实的机械工程和制造工艺方面的知识;此外,还应了解其他相关学科知识,例如:电机的强度和刚度计算涉及"材料力学"和"弹性力学",电机的热计算涉及"传热学",电机冷却涉及"流体力学"和"空气动力学",电机的噪声和振动涉及"机械振动学"和"声学",电机的铁磁与电工材料涉及"材料学",电机的精确设计与数字控制涉及"数学""计算机"与"通信技术"。

电机虽有一百多年历史,但仍在发展,仍有很多问题需解决,有待发展与创新。

1.2　电机的基本电磁知识

1.2.1　电路定律

各种电机、变压器内部均有电路,电路中各物理量之间的关系符合欧姆定律和基尔霍夫第一、二定律。

1. 欧姆定律

流过电阻 R 的电流 I 的大小与加于电阻两端的电压 U 成正比,与电阻 R 的大小成反比。对于直流电路,其公式为

$$I = \frac{U}{R}, \quad U = IR, \quad R = \frac{U}{I} \tag{1-1}$$

对于正弦交流电路,将电阻 R 改为阻抗 Z,电压与电流以复数有效值表示,其公式为

$$\dot{I} = \frac{\dot{U}}{Z} \tag{1-2}$$

2. 基尔霍夫第一定律(电流定律)

对电路中任意一个节点,电流的代数和等于零。对于直流电路,其公式为

$$\sum I = 0 \tag{1-3}$$

对于正弦交流电路，如设流进节点的电流为正，流出节点的电流为负，则其公式为

$$\sum i = 0 \quad \text{或} \quad \sum \dot{I} = 0 \tag{1-4}$$

3. 基尔霍夫第二定律(电压定律)

对于电路中的任一闭合回路，所有电压降的代数和等于所有电动势的代数和。对于直流电路，其公式为

$$\sum U = \sum E \tag{1-5}$$

对于正弦交流电路，其公式为

$$\sum u = \sum e \quad \text{或} \quad \sum \dot{U} = \sum \dot{E}$$

式中，各个电压和电动势，凡是正方向与所取回路巡行方向相同者为正，相反者为负。

1.2.2 全电流定律

1. 电流磁效应

凡是电流均会在其周围产生磁场，叫电流的磁效应，即所谓"电生磁"，建立磁场的电流称为激磁电流(或励磁电流)。例如，电流通过一根直的导体，在导体周围产生的磁场可用磁力线描写，其磁力线是以导体为轴线的同心圆，磁力线的方向可根据电流的方向由图1-1(a)所示的右手螺旋定则确定，即将右手四指轻握作螺旋状，大拇指伸直，当大拇指指向电流方向时，则弯曲的四指所指方向即为磁力线方向。如果是电流通过导体绕成的线圈，产生的磁场的磁力线方向可用图1-1(b)所示的右手螺旋定则确定，这时，使弯曲的四指方向与电流方向一致，则大拇指的方向即为线圈内磁力线的方向。

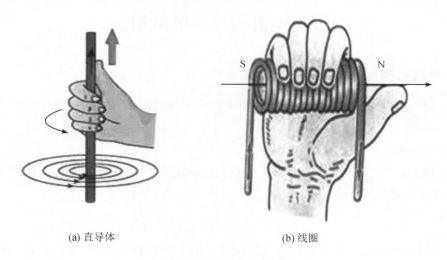

(a) 直导体　　　　　　　　　(b) 线圈

图1-1　右手螺旋定则

2. 磁路的几个基本物理量

1) 磁感应强度 B

磁场中任意一点的磁感应强度 B 的方向为过该点磁力线的切线方向，磁感应强度 B 的大小为通过该点与 B 垂直的单位面积上的磁力线的数目。磁感应强度 B 的单位为 T，工

程上常沿用高斯(Gs)为单位，二者换算关系为

$$1\ \mathrm{T}=10^4\ \mathrm{Gs} \tag{1-6}$$

2）磁感应通量 Φ

穿过某一截面 S 的磁感应强度 B 的通量，即穿过某截面 S 的磁力线的数目，称为磁感应通量，简称磁通。

$$\Phi=\int_s B\cdot \mathrm{d}S \tag{1-7}$$

这里，$\mathrm{d}S$ 为面积积分，当磁场均匀分布且与截面垂直时，上式可简化为

$$\Phi=BS$$

式中，磁通 Φ 的单位为 Wb。

由式(1-7)可知，当磁场均匀分布，且磁场与截面垂直时，磁感应强度的大小可用下式表示：

$$B=\frac{\Phi}{S} \tag{1-8}$$

因此，磁感应强度 B 又称为磁通密度，其单位与磁通和面积的单位相对应，即

$$1\ \mathrm{T}=1\ \mathrm{Wb/m^2},\quad 1\ \mathrm{Gs}=1\ \mathrm{Wb/cm^2}$$

3）磁场强度 H

磁场强度 H 是为建立电流与由其产生的磁场之间的数量关系而引入的物理量，其方向与 B 相同，其大小与 B 之间相差一个导磁介质的磁导率 μ，即

$$H=\frac{B}{\mu} \tag{1-9}$$

式中，μ 为导磁介质的磁导率，是反映导磁介质性能的物理量，磁导率 μ 大则导磁性能好。磁导率 μ 的单位为 H/m。真空中的磁导率为

$$\mu_0=4\pi\times10^{-7}\ \mathrm{H/m}$$

其他导磁介质的磁导率通常用 μ_0 的倍数来表示，即

$$\mu=\mu_0\mu_r \tag{1-10}$$

铁磁性材料的相对磁导率 $\mu_r\approx2000\sim6000$，但不是常数，非铁磁性材料的相对磁导率 $\mu_r\approx1$，且为常数。

磁场强度 H 的单位为 A/m，工程上也用 A/cm 为单位。

3. 全电流定律

在通电导线周围存在磁场(magnetic field)，磁场与建立该磁场的电流之间的关系可由全电流定律(安培环路定律)来描述，即磁场中沿任一闭合回路的磁场强度 H 的线积分等于该闭合回路所包围的所有导体电流的代数和，其表达式为

$$\oint_l H\mathrm{d}l=\sum I \tag{1-11}$$

这就是全电流定律。当导体电流的方向与积分路径的方向符合右手螺旋定则时为正，反之为负。

1.2.3　磁路及磁路定律

所谓磁路，即磁通流经的路径，如图 1-2 中虚线所示为闭合

电机的基本电磁知识

磁路。

1. 磁路的欧姆定律

将全电流定律应用于图 1-2 所示的无分支磁路,可得

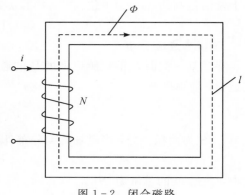

$$\begin{cases} \sum Hl = \sum I = Ni \\ Hl = \dfrac{\Phi l}{\mu A} = Ni \\ \Phi = \dfrac{Ni}{\dfrac{l}{\mu A}} = \dfrac{F}{R_m} = F\Lambda_m \end{cases} \quad (1-12)$$

图 1-2　闭合磁路

式中,N 为线圈匝数,l 为闭合磁路长度,A 为磁路截面积,μ 为磁导率。

磁路中的磁通 Φ 与作用在该磁路上的磁动势 F 成正比,与磁路的磁阻 R_m 成反比,称为磁路的欧姆定律。

磁阻为

$$R_m = \frac{l}{\mu A} \quad (1-13)$$

磁导为

$$\Lambda_m = \frac{1}{R_m} \quad (1-14)$$

2. 磁路的基尔霍夫第一定律

对任一封闭面而言,穿入的磁通等于穿出的磁通,这是磁路的基尔霍夫第一定律。对有分支的磁路,在磁通汇合处的封闭面上磁通的代数和等于零,即

$$\sum \Phi = 0$$

图 1-3 中,$\Phi_1 + \Phi_2 - \Phi_3 = 0$。

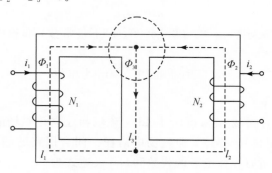

图 1-3　磁路的基尔霍夫第一定律

3. 磁路的基尔霍夫第二定律

将全电流定律应用到任一闭合磁路上,有

$$\oint \overline{H} \, d\overline{l} = \sum Hl = \sum Ni = \sum F = \sum \Phi R_m \quad (1-15)$$

式(1-15)表明磁压降的代数和等于磁动势的代数和,这就是磁路的基尔霍夫第二定律。

在图 1-3 中，有

$$F_1 - F_2 = N_1 i_1 - N_2 i_2 = H_1 l_1 - H_2 l_2 = \Phi_1 R_{m1} - \Phi_2 R_{m2} \qquad (1-16)$$

磁路和电路虽然具有类比关系，但性质不同，区别如下：

（1）电路中的电流 i 产生功率损耗 $i^2 R$；而在磁路中，维持一定的磁通量 Φ 时，铁芯中没有功率损耗。

（2）在电路中可认为电流全部在导线中流通，导线外没有电流；在磁路中则没有绝对的磁绝缘体，除了铁芯中的磁通外，总有一部分漏磁通散布在周围空气中。

（3）电路中导体的电阻率在一定温度下是不变的，但是磁路中铁芯的磁导率却不是一个常值，而是磁通密度的函数。

（4）对线性电路计算时可以应用叠加原理，但对于铁芯磁路，由于饱和时磁路为非线性，计算时不能应用叠加原理。

1.2.4　电磁感应定律

由于磁场变化会在线圈导体中产生感应电动势，而感应电动势的大小与线圈的匝数和线圈所交链的磁通对时间的变化率成正比，这就是法拉第电磁感应定律。由电磁感应产生的电动势的方向用楞次定律判断，即感应电流产生的磁场总要阻碍引起感应电流的磁通量的变化，感应电动势的正方向与产生它的磁通的正方向之间符合右手螺旋关系。另一种情况是中学物理所定义的电磁感应现象，即闭合电路的一部分导体在磁场中作切割磁力线运动时，导体中会产生感应电流和感应电动势，对于运动产生的感应电动势，改变的是磁场中的整个或部分电路的运动，动生电动势可用右手定则来判断感应电流的方向，进而判断感应电动势的方向。下面介绍由法拉第电磁感应定律产生的两种情况——变压器电动势和运动电动势。

1. 变压器电动势

线圈与磁通之间没有相对切割关系，仅由线圈交链的磁通发生变化而引起的感应电动势称为变压器电动势。这类电动势又分自感电动势和互感电动势两种。

1）自感电动势 e_1

线圈中流过交变电流 i 时，由 i 产生的与线圈自身交链的磁链亦随时间发生变化，由此在线圈中产生的感应电动势称为自感电动势，用 e_1 表示，其计算公式为

$$e_1 = -N \frac{\mathrm{d}\Phi_1}{\mathrm{d}t} = -\frac{\mathrm{d}\psi_1}{\mathrm{d}t} \qquad (1-17)$$

式中，Φ_1 为自感磁通，$\psi_1 = N\Phi_1$ 为自感磁链。

线圈中流过单位电流所产生的自感磁链称为线圈的自感系数 L，即

$$L = \frac{\psi_1}{i}$$

自感系数 L 为常数时，将上式代入式(1-17)可得

$$e_1 = -\frac{\mathrm{d}\psi_1}{\mathrm{d}t} = -L \frac{\mathrm{d}i}{\mathrm{d}t} \qquad (1-18)$$

2）互感电动势 e_M

在相邻的两个线圈中，当线圈 1 中的电流 i_1 交变时，由它产生并与线圈 2 相交链的磁通 Φ_{21} 亦发生变化，由此在线圈 2 中产生的感应电动势称为互感电动势，用 e_{M2} 表示，其计算公式为

$$e_{M2} = -N_2 \frac{\mathrm{d}\Phi_{21}}{\mathrm{d}t} = -\frac{\mathrm{d}\psi_{21}}{\mathrm{d}t} \tag{1-19}$$

式中，e_{M2} 为线圈 2 中产生的互感电动势，$\psi_{21} = N_2\Phi_{21}$ 为在线圈 1 中产生的与线圈 2 交链的互感磁链。

2. 运动电动势

若磁场恒定，构成线圈的导体切割磁力线，使线圈交链的磁通发生变化，则导体中感应的电动势称为运动电动势。当图 1-4 所示的磁场方向、导体运动方向和感应电流方向互相垂直时，感应电动势的大小为

$$e = Blv \tag{1-20}$$

式中，B 为磁场的磁感应强度，l 为导体切割磁力线部分的有效长度，v 为导体切割磁力线的线速度。

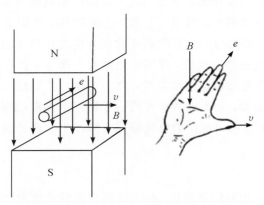

图 1-4　右手定则

运动电动势的方向可由图 1-4 所示的右手定则确定，即将右手掌摊平，四指并拢，大拇指与四指垂直，让磁力线指向手掌心，大拇指指向导体切割磁力线的运动方向，则四个手指的指向就是导体中感应电动势的方向。

1.2.5　电磁力定律

载流导体在磁场中要受到电磁力的作用，当电磁力 F、磁场的磁感应强度 B 和载流导体电流 i 三者互相垂直时，电磁力大小为

$$F = Bli \tag{1-21}$$

这就是通常所说的电磁力定律，式中三者关系由图 1-5 所示的左手定则（又称电动机定则）确定，其中 l 为磁场中导体的长度。

显然，当磁场与载流导体相互垂直时，由 $F = Bli$ 计算出的电磁力为最大值。普通电机中，导体通常沿轴线方向，而磁场 B 在径向方向，正是出于这种考虑。这种考虑也与产生

最大感应电动势的基本设计准则完全一致。由左手定则可知,电磁力作用在转子的切线方向,因而就会在转子上产生转矩,拖动电机旋转。

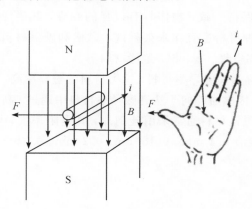

图 1 - 5　左手定则

1.2.6　机电能量转换

在质量守恒的物理系统中,能量不会任意产生或消失,只能改变它的形态,即互相转换。能量守恒定律、电磁基本定律及牛顿力学定律是研究电机运行原理的理论基础。

任何机电能量转换装置都是由电系统、机械系统和耦合磁场组成的,在不考虑电磁辐射能量的前提下,涉及四种能量形式,即电能、机械能、磁场储能和损耗,如图 1 - 6 所示。以电动机为例,几种能量间存在以下平衡关系:

$$\begin{pmatrix} 电源输入 \\ 的能量 \end{pmatrix} = \begin{pmatrix} 耦合磁场内 \\ 储能增量 \end{pmatrix} + \begin{pmatrix} 输出的 \\ 机械能 \end{pmatrix} + \begin{pmatrix} 机电系统内部的 \\ 总损耗 \end{pmatrix} \tag{1-22}$$

其中,机电系统内部的总损耗(不可逆的能量转换)包括三部分,即电路中的铜耗(电阻损耗)、磁路中的铁耗(包括铁芯的磁滞损耗和涡流损耗)以及机械部分损耗(包括摩擦损耗和通风损耗),如图 1 - 6 所示。

图 1 - 6　电机能量关系

图 1 - 6 中耦合磁场在绕组中感应的电动势为 $e = u - iR$,其中 u 为输入电压,R 为绕组的电阻。图中从左边的机械系统输入的机械功率通过耦合磁场转换成电能的功率,即电磁功率。

综上所述,电机进行机电能量转换的关键是耦合磁场对电系统和机械系统的作用或反作用。

1.3　铁磁材料及其在电机中的应用

电机中铁芯使用的铁磁材料可分为软磁和硬磁两种。软磁材料的剩磁与矫顽磁力都很小，即磁滞回线窄、回线所包围的面积小、磁滞损耗小。这种软磁材料适宜作变压器、继电器和电机的铁芯。硬磁材料（永磁体）指磁化后能长久保持磁性的材料，在外磁场撤去以后，各磁畴的方向仍能很好地保持一致，物体具有很强的剩磁，其磁滞回线所包围的面积大，磁滞损耗也相对较大，这种材料适宜作永久磁铁。软磁和硬磁材料的磁导率 $\mu \gg \mu_0$，而非磁材料的磁导率 $\mu = \mu_0$，如空气、铜、铝、绝缘材料等。

　　因此，软磁材料也被称为高磁导率材料，这类材料的磁导率高、饱和磁感应强度大、电阻高、损耗低、稳定性好。因磁通趋向于从高磁导率材料中通过，高磁导率材料相当于磁的"高速公路"。电机用的软磁性材料通常采用硅钢片，其电阻率大，可减小铁芯中的涡流损耗，导磁率高，硅钢片厚度有 0.1 mm、0.15 mm、0.2 mm、0.3 mm、0.35 mm、0.5 mm、1 mm 七种规格。

1.3.1　铁磁材料

1. 磁化曲线

　　磁通密度 B 与磁场强度 H 之间的关系曲线 $B = f(H)$ 称为 $B - H$ 曲线。$B - H$ 曲线是铁磁材料最基本的特性曲线，也被称为磁化曲线，如图 1-7 所示。由图 1-7 可知，从 b 点开始曲线的斜率逐渐降低，磁化曲线开始拐弯的点（见图 1-7 中的 b 点）称为膝点，膝点之后出现磁饱和现象。

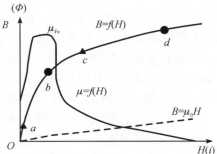

图 1-7　磁化曲线

2. 磁滞回线

1）磁滞现象

　　铁磁材料的磁化存在着明显的不可逆性，当铁磁材料被磁化到饱和状态后，若将磁场强度 H 由最大值逐渐减小，则其磁感应强度 B 不是循着原来的途径返回，而是沿着比原来的途径稍高的一段曲线减小。当 $H = 0$ 时，B 并不等于零，即磁性体中 B 的变化滞后于 H 的变化，也就是说，铁磁物质都具有保留其磁性的倾向，磁感应强度 B 的变化总是滞后于磁场强度 H 的变化，这种现象就是磁滞现象。

　　因为磁滞现象的存在，在铁磁材料磁化过程中，其上升磁化曲线与下降磁化曲线是不重合的，形成的磁滞回线如图 1-8 所示，将其在第一象限内的原点与顶点连接起来可得到基本磁化曲线（见图 1-8 中 $O - 1$ 曲线）。

　　在图 1-8 中，将铁磁材料磁化到饱和状态后，再逐渐减小外磁场到零（$H = 0$）时，铁磁体内所保留的磁感应强度 B_r 称为剩磁。铁磁材料在饱和磁化后，当外磁场退回到零时其磁感应强度 B

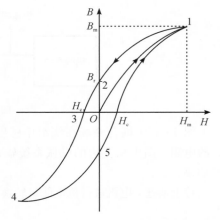

图 1-8　磁滞回线

并不退到零,只有在原磁场相反方向加上一定大小的磁场才能使磁感应强度退回到零,该反向磁场强度称为矫顽力 H_c。

2)铁芯损耗

在交变磁场(磁场交变频率 $f \neq 0$)的作用下,铁磁材料中会产生磁滞损耗和涡流损耗,二者合称为铁耗,即

$$p_{Fe} = p_h + p_w \qquad (1-23)$$

其中,磁滞损耗为

$$p_h = K_h f B_m^\alpha V \qquad (1-24)$$

涡流损耗为

$$p_w = K_e f^2 d^2 B_m^2 V \qquad (1-25)$$

式中,f 为磁场交变频率,K_h 为磁滞损耗系数,K_e 为涡流损耗系数,B_m 为最大磁感应强度。V 为铁磁材料体积,d 为硅钢片厚度,α 取值为 1.6~2.3。

采用硅钢片叠成的铁芯可减小涡流损耗。

1.3.2   先进软磁材料在电机行业中的应用

软磁材料的"软"是指在磁性意义上的,它与材料本身的硬度无关,如本节前面所述,软磁材料易于磁化和消磁,其剩磁与矫顽磁力都很小,即磁滞回线很窄,与基本磁化曲线几乎重合。这种软磁材料适宜作电感线圈与变压器、继电器和电机的铁芯。

至今,在科技领域和工业领域广泛使用的软磁材料有四大类,即第一代的金属软磁,第二代的铁氧体软磁,第三代的非晶微晶软磁,第四代的金属软磁粉芯。第四代的软磁材料是综合性能最好的新型软磁材料。作为一种先进的软磁材料,它由彼此绝缘的金属粉末组成,将铁粉和润滑剂混合挤压,铁粉间通过绝缘薄膜彼此绝缘,因此软磁材料在高频下涡流损耗较小。绝缘薄膜的存在使铁粉间的空隙加大,一方面造成软磁材料的材料密度降低,另一方面增大了材料在磁场中的磁阻,迫使电机的励磁电流加大。

由于软磁材料的制造工艺,铁粉间存在绝缘薄膜,因此会造成软磁材料的磁导率和强度降低;另一方面,铁粉在压制时是没有方向的,因此软磁材料是无取向的,呈现各向同性特性。

材料的铁耗是电机设计中的关键因素,较低的铁耗不仅提高了电机效率,还降低了电机对散热和冷却的要求。铁耗主要是磁化强度变化引起的磁滞损耗,以及导电磁性材料中感应电压引起的涡流损耗。磁滞损耗随频率和电机速度线性增加,而涡流损耗随频率和电机速度成平方增加。较高的运行频率意味着更高的损耗,软磁材料与硅钢材料相比,当运行电频率在 1000 Hz 左右时,损耗与硅钢相当。在压缩机中,电机的运行频率目前为 180 Hz,损耗较小。

软磁材料的性能在很大程度上取决于化学材料的成分,因此可以通过更改或添加不同的合金材料来控制。具有低饱和磁化强度的材料也趋向于具有较低的磁致伸缩性(如钴基非晶材料和 80% 的镍铁),良好的软磁材料可让电机磁路中的磁通传导更快,消耗更少的能量,电机结构变得更紧凑,可承受更高的使用频率,电磁更密集、渗透更高,大大降低转子和定子的涡流损失。

软磁复合材料是一种先进的软磁材料，它是由软磁性铁氧体和高聚物基体复合而成的、具有软磁功能的复合材料。软磁复合材料可实现电磁设备的革命性设计，提高效率，减轻质量和降低成本，同时又不影响磁性性能。将电绝缘的金属颗粒制成电机的定子或转子，并测试其损耗和磁导率，分别将其损耗最小化和磁导率最大化。目前，软磁磁粉已显示出其作为核心材料的最大潜力，既具有纳米晶材料的高电阻性，又具有非晶态材料非常低的矫顽力的优点。同样，目前已经探索了有机和无机涂层的软磁复合材料可减少涡电流，改善较高频率下的总体芯材损耗。在软磁材料应用中，考虑各种性能之间的平衡也是最重要的。

1.4 磁路计算及仿真

磁路计算依据的基本原理是安培环路定律或磁路基尔霍夫第二定律。磁路计算的步骤如下：

磁路计算及仿真

（1）按照材料及截面的不同对磁路进行分段。

（2）根据已知尺寸计算出每段磁路的平均长度 l_1、l_2、$\cdots$ 和截面积 S_1、S_2、$\cdots$。

（3）通过磁通 Φ，计算各段的磁感应强度 $B_1 = \dfrac{\Phi}{S_1}$，$B_2 = \dfrac{\Phi}{S_2}$，$\cdots$。

（4）查磁化曲线图，依据不同材料曲线的 B_i 找出与之对应的 H_i，或者当 μ 为常数时可直接计算得出 H：

$$H = \frac{B}{\mu}$$

（5）依据磁路的基尔霍夫第二定律求出所需要的结果：

$$F = IN = \sum Hl = H_1 l_1 + H_2 l_2 + \cdots$$

下面以典型磁路为例，举例说明不同尺寸和不同材料的磁路计算。

[例题 1-1] 如图 1-9 所示的计算磁路由两块铸钢铁芯及它们之间的一段空气隙构成，各部分尺寸为：$l_0 / 2 = 0.5$ cm，$l_1 = 30$ cm，$l_2 = 12$ cm，$A_0 = A_1 = 10$ cm²，$A_2 = 8$ cm²。线圈中的电流为直流电流。若要求在空气隙处的磁感应强度达到 $B_0 = 1$ T，则需要多大的磁动势？

解 （1）计算磁路中的磁通为

$$\Phi = B_0 A_0 = 1 \times 0.001 \text{ Wb} = 0.001 \text{ Wb}$$

（2）计算各段磁路的磁感应强度为

$$B_0 = 1 \text{ T}, \quad B_1 = \frac{\Phi}{A_1} = \frac{0.001}{0.001} = 1 \text{ T}, \quad B_2 = \frac{\Phi}{A_2} = \frac{0.001}{0.0008} = 1.25 \text{ T}$$

$$H_0 = \frac{B_0}{\mu_0} = \frac{1}{4\pi \times 10^{-7}} = 796\,000 \text{ A/m} = 7960 \text{ A/cm}$$

由磁性材料的磁化曲线图 1-10 查得：

$$H_1 = 12.5 \text{ A/cm}, \quad H_2 = 17.5 \text{ A/cm}$$

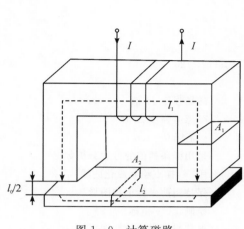

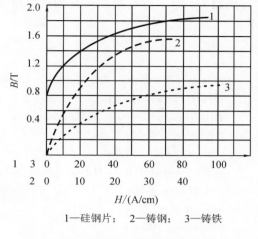

1—硅钢片；　2—铸钢；　3—铸铁

图 1-9　计算磁路　　　　　　图 1-10　磁性材料的磁化曲线

[例题 1-2]　一铁环的平均半径为 0.3 m，铁环的横截面积为一直径等于 0.05 m 的圆形，在铁环上绕有线圈，当线圈中通过的电流为 5 A 时，在铁环中产生的磁通为 0.003 Wb，试求线圈应有匝数。铁环所用材料为铸钢，其磁化曲线可查表。

解　铁环中磁路平均长度为

$$l_D = 2\pi \overline{R} = 2\pi \times 0.3 = 1.89 \text{ m}$$

圆环的截面积为

$$S = \frac{1}{4}\pi D^2 = \frac{1}{4}\pi \times 0.05^2 = 1.96 \times 10^{-3} \text{ m}^2$$

铁环内的磁感应强度为

$$B = \frac{\Phi}{S} = \frac{0.003}{1.96 \times 10^{-3}} = 1.528 \text{ T}$$

查磁化曲线得磁感应强度 $H = 3180$ A/m，则

$$F = Hl_D = 3180 \times 1.89 = 6000 \text{ A}$$

因此，线圈应有的匝数为

$$N = \frac{F}{I} = \frac{6000}{5} = 1200 \text{ 匝}$$

[例题 1-3]　某铁芯的截面积 $A = 10$ cm^2，当铁芯中的 $H = 5$ A/cm 时，$\Phi = 0.001$ Wb，且可认为磁通在铁芯内是均匀分布的，求铁芯的磁感应强度 B 和磁导率 μ。

解　由题目可知磁场穿过铁芯的截面积及磁场强度分别为

$$A = 10 \text{ cm}^2 = 0.001 \text{ m}^2, \ H = 5 \text{ A/cm} = 500 \text{ A/m}$$

则磁感应强度为

$$B = \frac{\Phi}{A} = \frac{0.001}{0.001} = 1 \text{ T}$$

磁导率为

$$\mu = \frac{B}{H} = \frac{1}{500} = 0.002 \text{ A/cm}$$

　　[例题 1-4]　　仿真绘制磁化曲线，用 M 语言编写绘制磁化曲线的 MATLAB 程序如下：

```
clc
clear
Hdata=[38, 59, 67, 71, 77, 83.5, 88, 97, 100, 112, 120, ...
135, 147, 165, 183, 196, 210, 237, 300, 375, ...
410, 533, 600, 750, 900, 1250, 2000];        %磁场强度 H 值
Bdata=0.2：0.05：1.50；                          %磁感应强度 B 值
ydata=0：0.001：1.6；                            %y 坐标 0~1.6
xdata=interp1(Bdata, Hdata, ydata, 'spline');   %采用样条插值的方法分析数据
plot(Hdata, Bdata, '*');                        %用 '*' 描点绘制磁化曲线
hold on                                          %保持当前坐标轴和图形
plot(xdata, ydata);                             %绘制 x、y 坐标
hold on                                          %保持当前坐标轴和图形
title('磁化曲线')                                 %标题'磁化曲线'
xlabel('{\itH}(A/m)')                           %x 坐标标签'H(A/m)'
ylabel('{\itB}(T)')                             %y 坐标标签'B(T)'
ylim([0, 1.80])                                 %y 坐标标注 0~1.8
```

仿真结果如图 1-11 所示。

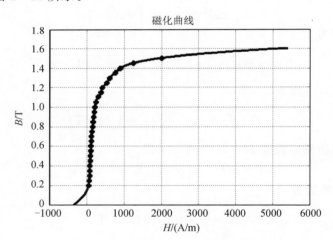

图 1-11　磁化曲线

　　[例题 1-5]　　用 MATLAB 计算励磁电流，已知铁芯截面积为 0.008 m^2，叠片系数为 0.94。程序如下：

```
clc                                %清除主程序窗口
clear                              %清除变量空间的变量
A=0.8*1e-2;                        %已知铁芯截面积(m²)
kFe=0.94;                          %已知铁芯叠片系数
Ph=1*1e-3;                         %需产生的磁通量(Wb)
u0=4*pi*1e-7;                      %已知空气磁导率(H/m)
l1=0.08; l2=0.1; l3=0.034; l4=0.04; l5=0.1;   %已知各段磁路长度(m)
N=2000;                           %已知励磁绕组匝数
```

```
d=0.006;                                    %已知气隙长度(m)
Ak=kFe*A;                                   %计算净截面积(m²)
B=Ph/Ak;                                    %计算铁芯磁通密度
uFe=1900*u0;                                %计算铁芯磁导率
Hc=B/uFe;                                   %计算铁芯磁场强度
Fc=Hc*(l1+l2+l3+l4+l5);                     %计算铁芯的磁压降
Ha=Ph/u0/A;                                 %计算气隙磁场强度
Fa=Ha*d;                                    %计算气隙的磁压降
F=Fc+Fa;                                    %计算总磁压降
i=F/N;                                      %计算励磁电流
s=num2str(i);                               %将数字转换成字符串
s1='励磁电流为：';                           % 定义字符串
s=strcat(s1, s, 'A');                       %合并字符串
disp(s);                                    %显示计算结果
```

　程序运行结果为：

　　励磁电流为：0.3083A

本 章 小 结

　　本章的目的是为学习后面各章节打下一个良好的理论基础，因此将电机的发展和应用及电机中一些具有共性的基本原理集中予以介绍。希望通过本章的学习了解和掌握：电机的用途，发展历史，电机的类型与应用；磁路的基本概念和分析方法；气隙磁场的形成和作用；电机运行所涉及电路的基本定律以及电磁学的基本定律，如电生磁的安培环路定理、磁生电的电磁感应定律、电磁力定律以及磁路的欧姆定律等；电机的能量转换、损耗和发热的基本知识；决定电机运行性能的磁性材料分析；铁芯等磁路的计算及仿真。另外，磁路与电路的相关参数对比总结如表 1-1 所示。

表 1-1　磁路与电路的相关参数对比

磁　　路	电　　路
磁动势 $F=NI$(A)	电动势 e(V)
磁通量 Φ(Wb)	电流 i(A)
磁阻 R_m(A/Wb)	电阻 R(Ω)
磁导 $\Lambda_m=1/R_m$	电导 $G=1/R$
磁导率 μ(H/m)	电阻率 ρ
欧姆定律 $\Phi=F/R_m$	欧姆定律 $i=e/R$

思考题与习题

1-1　举例说明电机在生活及工业中的应用，以及我国近年来电机发展的成果。

1-2　试分析说明电、电机、电力拖动及电机控制之间的关系。

1-3　电机有哪些类型？试从不同的角度说明电机的分类。

1-4　电机中涉及哪些基本电磁定律？试说明它们在电机中的主要作用。

1-5　电机和变压器的磁路常采用什么材料制成，这种材料有哪些主要特性？

1-6　磁滞损耗和涡流损耗是什么原因引起的？它们的大小与哪些因素有关？

1-7　什么是磁路饱和现象？磁路饱和对磁路的等效电感有何影响？

1-8　变压器电动势、运动电动势（速率电动势）产生的原因有什么不同？其大小与哪些因素有关？

1-9　电磁转矩是怎样产生的？它在机电能量转换过程中起着什么作用？

1-10　求下述两种情况下铸钢中的磁场强度和磁导率：（1）$B=0.5$ T；（2）$B=1.3$ T。然后比较饱和与不饱和两种情况下谁的 μ 大。

1-11　在一铸钢制成的闭合磁路中，有一段 $l_0=1$ mm 的空气隙，铁芯截面积 $A=16$ cm^2，平均长度 $l=50$ cm，当磁动势 $NI=1116$ A 时，磁路中磁通为多少？

1-12　在一交流铁芯线圈电路中，线圈电压 $U=380$ V，电流 $I=1$ A，功率因数 $\lambda=\cos\varphi=0.6$，频率 $f=50$ Hz，匝数 $N=8650$ 匝，电阻 $R=0.4$ Ω，漏电抗 $X=0.6$ Ω。求线圈中的电动势和主磁通最大值。

1-13　给一铁芯线圈加上 12 V 直流电压时，电流为 1 A；加上 110 V 交流电压时，电流为 2 A，消耗的功率为 88 W，求后一情况下线圈的铜损耗、铁损耗和功率因数。

1-14　某交流铁芯线圈电路中，$U=220$ V，$R=0.4$ Ω，$X=0.6$ Ω，$R_0=21.6$ Ω，$X_0=119.4$ Ω。求电流 I、电动势 E、铜损耗 p_{Cu} 和铁损耗 p_{Fe}。

1-15　如图 1-12 所示，设有 100 匝长方形线圈，线圈的尺寸为 $a=0.1$ m，$b=0.2$ m，线圈在均匀磁场中围绕着连接长边中点的轴线以均匀转速 $n=1000$ r/min 旋转，均匀磁场的磁通密度 $B=0.8$ Wb/m^2。试写出线圈中感应电势的时间表达式，计算出感应电动势的最大值和有效值，并说明出现最大值时的位置。

1-16　如图 1-13 所示，如果铁芯用 D_{23} 硅钢片迭成，截面积 $A_{Fe}=12.25\times10^{-4}$ m^2，铁芯的平均长度 $l_{Fe}=0.4$ m，空气隙 $\delta=0.5\times10^{-3}$ m，线圈的匝数 $N=600$ 匝，试求产生磁通 $\Phi=11\times10^{-4}$ Wb 时所需的励磁磁动势和励磁电流。

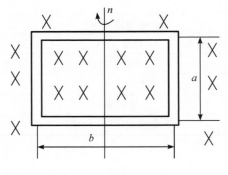

图 1-12　习题 1-15 图

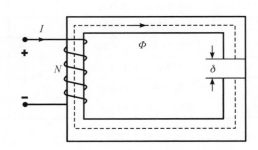

图 1-13　习题 1-16 图

第 2 章　变压器及仿真

学习目标

- 了解变压器的应用、分类、结构及基本工作原理；
- 理解变压器的高、低压线圈的电压、电流和阻抗关系；
- 理解变压器空载运行及负载运行的等效电路；
- 掌握变压器参数的测定实验及仿真；
- 了解变压器的运行特性；
- 掌握三相变压器的线圈连接组的判别及仿真；
- 了解自耦变压器、电压互感器和电流互感器。

2.1　概　　述

2.1.1　变压器的应用与发展

变压器(Transformer)是一种在电力系统、电子工业等部门中应用广泛的静止的电气设备，它根据电磁感应原理制成，由绕在共同铁芯上的两个(或两个以上)线圈通过交变的磁通相互联系，把一种电压的交流电转变成同频率的另一种电压的交流电。变压器具有变换电压、变换电流和变换阻抗的功能。

1. 在输电方面的应用

在电力系统中，由于输电线路存在电阻，输电线路上将产生损耗和线路压降。因此，输电时必须采用升压变压器将电压升高。如图 2-1 所示为电力输配电示意图，为了将大功率的电能输送到远距离的用户区，需采用升压变压器将发电机发出的电压(一般为 6～20 kV)逐级升高到 110～220 kV，以减少线路损耗。当电能输送到用户区后，考虑到用电的安全，以及用电设备的制造成本，再用降压变压器逐渐降到配电电压，供动力设备、照明使用，如图 2-2(a)、(b)所示分别是电力变压器中的升压变压器和降压变压器。

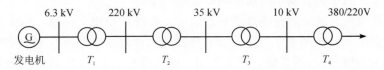

图 2-1　电力输配电示意图

2. 在电子线路中的应用

在电子线路中，广泛使用各种类型的电子变压器，它们具有体积小、重量轻、效率高、

(a) 升压变压器　　　　　　　　　　　　　(b) 降压变压器

图 2-2　电力变压器

损耗小等特点，在电子线路中起着升压、降压、隔离、整流、变频、倒相、阻抗匹配、逆变、储能、滤波等作用。例如，用于提供电子设备所需电源的电源变压器；用于音频放大电路和音响设备的音频变压器；用于通信网络中起隔直、滤波的通信变压器，以及开关电源变压器、脉冲变压器等。如图 2-3 所示为常见的电源变压器、音频变压器和开关电源变压器的图片。

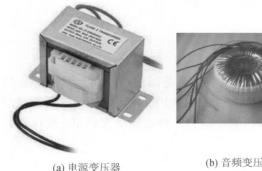

(a) 电源变压器　　　　　　　(b) 音频变压器　　　　　　　(c) 开关电源变压器

图 2-3　常见的电子变压器

3. 在工业等其他方面的应用

在其他方面，变压器也得到了广泛的应用。例如，冶金工业中使用的电炉变压器、化学工业中的整流变压器、焊接金属器件时电焊机中的电焊变压器等。如图 2-4 所示分别为电炉变压器、整流变压器和电焊变压器，还有各种专门用途的特殊变压器，例如，用于控制系统的控制变压器；用于实验调压的接触调压器等。

近年来，我国在输变电产业链自主研发的电力装备取得重大成就，2016 年保定天威保变电气股份有限公司自主研发了"±800 kV 特高压柔性直流变压器"，该装备作为世界首个±800 kV、5000 MW 特高压柔性直流变压器，可实现在±800 kV 特高压直流电压等级将交流电整流为直流电或者将直流电逆变为交流电，成功地解决了漏磁场控制、整体运输等关键技术问题，填补了多项世界核心技术空白。湖南在全国率先培育和打造了以特变电工牵头的输变电产业集群，2021 年，衡阳的特变电工衡变公司自主研制了世界首批 1000 kV 电抗器及变压器、世界首套 1000 kV 发电机变压器、世界首台 750 kV 联络变压器、世界首批多端柔性直流变压器等一系列世界级新装备，创造了二十多项世界第一。

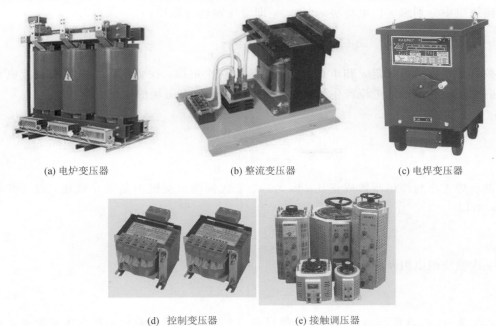

(a) 电炉变压器　　　　　　(b) 整流变压器　　　　　　(c) 电焊变压器

(d) 控制变压器　　　　　　(e) 接触调压器

图 2-4　各种变压器

2.1.2　变压器的基本工作原理

　　虽然变压器种类繁多，但其基本工作原理是相同的。变压器将一种等级交流电压的电能转换成相同频率的另一种等级交流电压的电能。如图 2-5 所示，变压器由两个匝数不等且相互绝缘的线圈和一个闭合铁芯组合而成。一次侧绕组（又称原边或高压绕组）的匝数为 变压器的基本工作原理 N_1，一次侧绕组的电磁量下标用"1"，二次侧绕组（又称副边或低压绕组）匝数为 N_2，二次侧绕组的电磁量下标用"2"。当一次绕组 AX 接上交流电压 u_1 时，一次侧绕组中便有交流电流 i_1 流过，并在铁芯中产生交变磁通 Φ，该磁通交变的频率与交流电压 u_1 的频率相同。

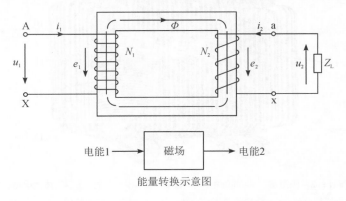

图 2-5　变压器工作原理

磁通 Φ 同时交链一次侧绕组和二次侧绕组，根据电磁感应定律，交变的磁通便在一、二次侧绕组中分别感应出电动势 e_1 和 e_2，即变压器运行原理：

$$u_1 \rightarrow i_1 \rightarrow \Phi \rightarrow \begin{cases} e_1 \\ e_2 \end{cases}$$

按右手螺旋关系规定 e 和 Φ 的正方向，依据楞次定律，在变化磁场中线圈感应电动势的方向总是使它推动的电流产生另一个磁场，来阻止原有磁场的变化，即

$$e_1 = -N_1 \frac{\mathrm{d}\Phi}{\mathrm{d}t} \tag{2-1}$$

$$e_2 = -N_2 \frac{\mathrm{d}\Phi}{\mathrm{d}t} \tag{2-2}$$

感应电动势大小与绕组匝数成正比。因为一、二次侧绕组交链的是同一磁通，磁通变化率相等，所以

$$\frac{e_1}{e_2} = \frac{N_1}{N_2} \tag{2-3}$$

忽略一次侧绕组电阻及漏磁通时，有

$$\frac{u_1}{u_2} \approx \frac{e_1}{e_2} = \frac{N_1}{N_2} \tag{2-4}$$

可见，改变一、二次侧绕组的匝数比，便可改变二次侧绕组的输出电压，达到改变电压的目的。

当二次侧绕组接上负载后，在电动势 e_2 的作用下，便可向负载供电，从而实现了不同电压等级电能的传递。

2.1.3　变压器的基本结构

油浸式电力变压器的结构如图 2-6 所示，主要由铁芯、绕组及其他附件等组成。

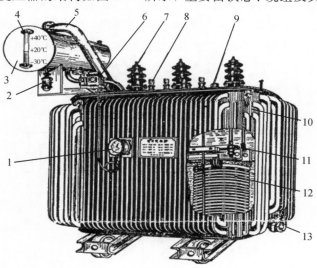

1—信号式温度计；2—吸湿器；3—储油柜；4—油表；5—安全气道；6—气体继电器；7—高压套管；
8—低压套管；9—分接开关；10—油箱；11—铁芯；12—绕组；13—放油阀门

图 2-6　油浸式电力变压器的结构

1. 铁芯

铁芯是耦合一、二次侧绕组的磁路，同时又是套装绕组的机械骨架，铁芯由芯柱和铁轭两部分组成。芯柱用来套装绕组，铁轭则将芯柱连接起来，起闭合磁路的作用。

为了提高磁路的导磁性能，减少交变磁通在铁芯中产生的磁滞损耗和涡流损耗，铁芯一般用含硅量较高，厚度为 0.35~0.50 mm 的冷轧硅钢片叠装而成。硅钢片两面涂有 0.01~0.013 mm 厚的漆膜，以避免片间短路。

变压器铁芯结构分为芯式和壳式两类。芯式结构的特点是铁芯柱被绕组包围，铁轭靠着绕组的顶面和底面，如图 2-7(a)所示；壳式结构的特点是铁芯包围绕组的顶面、底面和侧面，如图 2-7(b)所示。芯式结构的铁芯结构比较简单，绕组装配比较方便，绝缘比较容易，铁芯用材也较少，因此，这种结构多用于大容量变压器，如电力变压器。壳式结构的铁芯机械强度较好，但制造工艺较复杂，铁芯用材较多，因此，这种结构常用于低电压、大电流的变压器或小容量的变压器，如电子变压器(或电源变压器)。

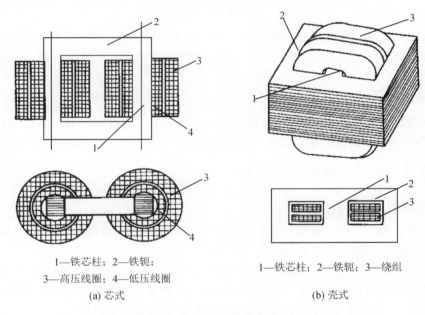

1—铁芯柱；2—铁轭；
3—高压线圈；4—低压线圈
(a) 芯式

1—铁芯柱；2—铁轭；3—绕组
(b) 壳式

图 2-7 变压器铁芯结构

2. 绕组

绕组是变压器的电路部分，它由包有绝缘材料的绝缘扁导线或圆导线绕成的线圈组成。在变压器中，与高压电网相连接的绕组称为高压绕组，与低压电网相连接的绕组称为低压绕组。

按高、低压绕组在铁芯柱上的排列方式，变压器绕组可分为同心式和交叠式两类。同心式绕组的高、低压绕组都做成圆筒式，同心地套装在同一铁芯柱上，如图 2-7(a)所示。为了减小绝缘距离，通常将低压绕组放在里面靠近铁芯处，高压绕组放在低压绕组外面，两个绕组之间留有油道。交叠式绕组都做成圆饼式，高、低压绕组沿铁芯柱高度方向互相交叠地放置，如图 2-8 所示。为了减小绝缘距离，通常最上层和最下层放低压绕组，即靠近铁轭处放低压绕组。

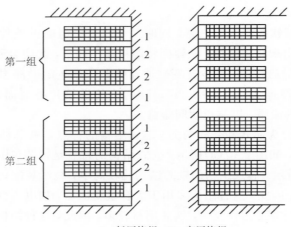

1—低压绕组；2—高压绕组

图 2-8　交叠式变压器绕组

同心式绕组结构简单，制造方便，电力变压器多采用这种结构。交叠式绕组漏抗较小，机械强度好，引出线布置方便，低电压、大电流的电焊变压器、电炉变压器、壳式变压器多采用这种结构。

3. 其他附件

铁芯和绕组是变压器的主要部件，除了干式变压器外，油浸式电力变压器还有油箱、绝缘套管、储油柜（又叫油枕）、测量装置、气体继电器、安全气道、调压装置、散热器等附件。

2.1.4　变压器的铭牌数据和主要系列

1. 变压器的铭牌数据

每一台变压器出厂时，制造厂都会提供相应的铭牌数据，这些数据是用户选用变压器的依据。变压器的铭牌数据主要包括以下参数：

（1）额定电压 U_{1N} 和 U_{2N}。U_{1N} 是指变压器正常运行时，根据绝缘强度和散热条件，规定加于一次侧绕组的端电压；U_{2N} 是指当变压器一次侧加上额定电压时二次侧的空载电压。额定电压的单位为 V 或 kV。对于三相变压器，额定电压是指**线电压**。

（2）额定电流 I_{1N} 和 I_{2N}。根据绝缘和发热要求，额定电流是指变压器一、二次侧绕组长期允许通过的安全电流，单位为 A。对于三相变压器，额定电流是指**线电流**。

单相变压器　　　　　　　$I_{1N}=\dfrac{S_N}{U_{1N}},\quad I_{2N}=\dfrac{S_N}{U_{2N}}$

三相变压器　　　　　　　$I_{1N}=\dfrac{S_N}{\sqrt{3}U_{1N}},\quad I_{2N}=\dfrac{S_N}{\sqrt{3}U_{2N}}$

（3）额定容量 S_N。额定容量是指在额定状态下变压器的视在功率，单位为 VA 或 kVA。由于变压器效率很高，通常将一、二次侧的额定容量设计成相等。对于三相变压器，额定容量是指三相容量之和。

单相变压器　　　　　　　$S_{N1}=I_{1N}U_{1N}=S_{N2}=I_{2N}U_{2N}=S_N$

三相变压器　　　　　　　$S_N=3I_{1\Phi}U_{1\Phi}=\sqrt{3}I_{1N}U_{1N}=\sqrt{3}I_{2N}U_{2N}$

其中，$I_{1\Phi}$ 为相电流，$U_{1\Phi}$ 为相电压，绕组采用 Y 接法：$I_{1N} = I_{1\Phi}$，$I_{2N} = I_{2\Phi}$；$U_{1N} = \sqrt{3}\,U_{1\Phi}$，$U_{2N} = \sqrt{3}\,U_{2\Phi}$；绕组采用 △ 接法：$I_{1N} = \sqrt{3}\,I_{1\Phi}$，$I_{2N} = \sqrt{3}\,I_{2\Phi}$；$U_{1N} = U_{1\Phi}$，$U_{2N} = U_{2\Phi}$。

（4）额定频率 f_N。频率的单位为 Hz，我国规定标准工业用电的频率为 50 Hz。

此外，变压器的铭牌数据还有效率、温升、相数、短路电压、联结组标号等。

[**例题 2 - 1**]　一台三相变压器的额定容量为 $S_N = 600$ kVA，额定电压为 $U_{1N}/U_{2N} = 10000/400$ V，一、二次侧绕组分别连接成三角形和星形(D, y)，求：（1）变压器一、二次侧的额定线电压、相电压；（2）变压器一、二次侧的额定线电流、相电流。

解　（1）一次侧额定线电压为

$$U_{1N} = 10000 \text{ V}$$

一次侧额定相电压为

$$U_{1N\Phi} = U_{1N} = 10000 \text{ V}$$

二次侧额定线电压为

$$U_{2N} = 400 \text{ V}$$

二次侧额定相电压为

$$U_{2N\Phi} = \frac{U_{2N}}{\sqrt{3}} = \frac{400}{\sqrt{3}} = 230.9 \text{ V}$$

（2）一次侧额定线电流为

$$I_{1N} = \frac{S_N}{\sqrt{3}\,U_{1N}} = \frac{600 \times 1000}{\sqrt{3} \times 10000} = 34.6 \text{ A}$$

一次侧额定相电流为

$$I_{1N\Phi} = \frac{I_{1N}}{\sqrt{3}} = \frac{34.6}{\sqrt{3}} = 20 \text{ A}$$

二次侧额定线电流为

$$I_{2N} = \frac{S_N}{\sqrt{3}\,U_{2N}} = \frac{600 \times 1000}{\sqrt{3} \times 400} = 866.0 \text{ A}$$

二次侧额定相电流为

$$I_{2N\Phi} = I_{2N} = 866.0 \text{ A}$$

2. 变压器的主要系列

按冷却介质和冷却方式不同，变压器可分为油浸式变压器、干式变压器和充气式变压器。油浸式变压器主要有 S9、S11、S13、S15 等系列。其中，系列数字越大，表示损耗越低。按照油箱类型不同，变压器又分为全密封变压器和带呼吸器变压器。全密封变压器主要用于小容量变压器，标号后面加上字母 M 以示区别，如 S11—M—×××（容量）。

干式变压器主要包括环氧树脂浇注式变压器和浸渍式变压器，常用的是环氧树脂浇注式变压器，其标号为 SC。如果是箔绕，再在后面加上字母 B。环氧树脂浇注式变压器分为 9 型和 10 型两种，目前主要使用 10 型，如 SCB10—×××（容量）。

按容量系列来分，电力变压器有 R8 容量系列和 R10 容量系列两大类。R8 系列是我国老的变压器容量大小划分采用的系列，其容量递增倍数是按 R8 ≈ 1.33 来进行的。如 100、180、240、320、420、560、750、1000 kVA 等。R10 系列是我国新的变压器容量大小划分采用的系列，其容量等级按 R10≈1.26 倍数递增，与 R8 系列相比，该系列容量等级较密一些，如 100、160、200、250、315、400、500、630、800、1000 kVA 等。R10 系列便于用户合理选用，是国际电工委员会(IEC)推荐采用的系列。

2.2 单相变压器的空载运行

2.2.1 变压器空载运行时的磁场

变压器空载运行是指变压器一次侧绕组 AX 接到额定电压、额定频率的交流电源上，二次侧绕组 ax 开路时的运行状态。如图 2-9 所示是单相变压器空载运行时的示意图，此时一次侧绕组中有一个很小的交流电流 i_0 流过，这个电流称为变压器的空载电流。空载电流 i_0 产生磁动势 $F_0 = N_1 i_0$，并产生交变磁通，建立起空载时的磁场。磁通分成两部分，一部分是磁力线沿铁芯闭合，同时与一次侧绕组、二次侧绕组相交链的磁通，能量传递主要依靠这部分磁通，故称为主磁通，用 Φ 表示；另一部分是磁力线主要沿非铁磁材料(变压器油、空气隙)闭合，仅与一次侧绕组相交链的磁通，这部分磁通称为漏磁通，用 $\Phi_{1\sigma}$ 表示。Φ 与 $\Phi_{1\sigma}$ 是 F_0 作用在两种性质的磁路中产生的两种磁通，因此，两者性质不同。从图 2-9 可见，Φ 经过铁芯闭合，铁磁材料存在着饱和现象，Φ 与 i_0 呈非线性关系；$\Phi_{1\sigma}$ 是经过非铁磁材料闭合，磁阻为常数，$\Phi_{1\sigma}$ 与 i_0 呈线性关系。

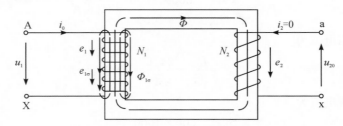

图 2-9　单相变压器空载运行

由于变压器铁芯是采用高导磁硅钢片叠成的，导磁系数远比空气或油的大一些，所以，空载运行时，主磁通 Φ 占总磁通的大部分，约 99% 以上，漏磁通 $\Phi_{1\sigma}$ 仅占很小的一部分，小于总磁通的 1%。主磁通同时交链一、二次侧绕组，因此，在变压器中，从一次侧到二次侧的能量传递过程就是依靠主磁通作为媒介来实现的。

变压器空载运行时的电磁关系如下：

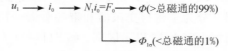

2.2.2 变压器各电磁量正方向

变压器中的电磁量包括电压、电流、磁通、感应电动势等，它们的大小和方向都随时间而变化，为了正确表示它们之间的数量和相位关系，必须先规定各量的正方向。正方向原则上可以任意规定，因各物理量的变化规律是一定的，并不会因为正方向的选择不同而改变。但正方向规定不同，同一电磁过程所列出的方程式和绘制的相量图也将会不同。为避免出错，变压器各电磁量正方向规定遵循下列原则：

（1）一次侧绕组中电流的正方向与电源电压的正方向一致。

（2）磁通的正方向与产生它的电流的正方向符合右手螺旋定则。

（3）感应电动势的正方向与产生它的磁通的正方向符合右手螺旋定则。

（4）二次侧绕组中电流的正方向与二次侧绕组电动势的正方向一致。

根据以上原则，可得出变压器各电磁量的正方向如图 2-9 所示。在一次侧，将原绕组看成所接电源的负载，电压和电流正方向一致，即 u_1 和 i_0 同时为正或同时为负，功率为正，表示一次侧绕组从电网吸收功率，所以变压器一次侧遵循电动机惯例。在二次侧，将副绕组看成所接负载的电源，电压和电流正方向相反，u_2 和 i_2 的正方向是由 e_2 的正方向决定的。当 u_2 和 i_2 同时为正或同时为负时，电功率从二次侧绕组输出，表示释放功率，二次侧绕组可看作电源，遵循发电机惯例。

2.2.3　空载运行时电压、电动势与主磁通的关系

1. 电动势与磁通的关系

由于电源电压 u_1 按正弦规律变化，则可设主磁通、漏磁通均按正弦规律变化，即

$$\left.\begin{array}{l} \Phi = \Phi_{\mathrm{m}}\sin\omega t \\ \Phi_{1\sigma} = \Phi_{1\sigma m}\sin\omega t \end{array}\right\} \qquad (2-5)$$

式中，Φ_{m} 为主磁通的最大值（Wb），$\Phi_{1\sigma m}$ 为一次侧绕组漏磁通的最大值（Wb），$\omega = 2\pi f$ 为电源的角频率（rad/s）。

根据电磁感应定律和图 2-9 的正方向规定，一、二次侧绕组中感应电动势的瞬时值为

$$\begin{cases} e_1 = -N_1\dfrac{\mathrm{d}\Phi}{\mathrm{d}t} = -\omega N_1\Phi_{\mathrm{m}}\cos\omega t = \sqrt{2}\,E_1\sin(\omega t - 90°) \\[2mm] e_2 = -N_2\dfrac{\mathrm{d}\Phi}{\mathrm{d}t} = -\omega N_2\Phi_{\mathrm{m}}\cos\omega t = \sqrt{2}\,E_2\sin(\omega t - 90°) \\[2mm] e_{1\sigma} = -N_1\dfrac{\mathrm{d}\Phi_{1\sigma}}{\mathrm{d}t} = -\omega N_1\Phi_{1\sigma m}\cos\omega t = \sqrt{2}\,E_{1\sigma}\sin(\omega t - 90°) \end{cases} \qquad (2-6)$$

一、二次侧绕组感应电动势的有效值为

$$\begin{cases} E_1 = \dfrac{\omega N_1\Phi_{\mathrm{m}}}{\sqrt{2}} = 4.44 f N_1\Phi_{\mathrm{m}} \\[2mm] E_2 = \dfrac{\omega N_2\Phi_{\mathrm{m}}}{\sqrt{2}} = 4.44 f N_2\Phi_{\mathrm{m}} \\[2mm] E_{1\sigma} = \dfrac{\omega N_1\Phi_{1\sigma m}}{\sqrt{2}} = 4.44 f N_1\Phi_{1\sigma m} \end{cases} \qquad (2-7)$$

式中，E_1 为一次侧绕组感应电动势有效值（V），E_2 为二次侧绕组感应电动势有效值（V），$E_{1\sigma}$ 为一次侧绕组的漏感应电动势有效值（V）。

用相量表示时，一、二次侧绕组中感应电动势分别为

$$\begin{cases} \dot{E}_1 = -\mathrm{j}4.44 f N_1\dot{\Phi}_{\mathrm{m}} \\[2mm] \dot{E}_2 = -\mathrm{j}4.44 f N_2\dot{\Phi}_{\mathrm{m}} \\[2mm] \dot{E}_{1\sigma} = -\mathrm{j}4.44 f N_1\dot{\Phi}_{1\sigma m} \end{cases} \qquad (2-8)$$

2. 空载运行时的电动势平衡方程式

按图 2 - 9 所规定的正方向，根据基尔霍夫第二定律，空载时，一次侧的电动势平衡方程式为

$$u_1 = -e_1 - e_{1\sigma} + i_0 R_1 \tag{2-9}$$

式中，R_1 为一次侧绕组的电阻。

用相量表示时，一次侧电动势平衡方程式为

$$\dot{U}_1 = -\dot{E}_1 - \dot{E}_{1\sigma} + \dot{I}_0 R_1 \tag{2-10}$$

由于 $\Phi_{1\sigma}$ 与 i_0 为线性关系，故两者之间的关系可采用反映漏磁通的绕组的漏电感来表示，即

$$L_{1\sigma} = \frac{N_1 \Phi_{1\sigma}}{\sqrt{2}\, I_0} \tag{2-11}$$

式中，$L_{1\sigma}$ 为一次侧绕组中单位励磁电流产生的漏磁链数，称为一次侧绕组的漏电感。

因此，将一次侧绕组的漏感应电动势写成电压降的形式，则可表示为

$$\dot{E}_{1\sigma} = -j\dot{I}_0 \omega L_{1\sigma} = -j\dot{I}_0 X_{1\sigma} \tag{2-12}$$

式中，$X_{1\sigma} = \omega L_{1\sigma}$ 为一次侧绕组的漏电抗，由于 $\Phi_{1\sigma}$ 通过变压器油或空气隙闭合，磁路不会饱和，所以 $X_{1\sigma}$ 为常数。

将式(2-12)代入式(2-10)可得到

$$\dot{U}_1 = -\dot{E}_1 + j\dot{I}_0 X_{1\sigma} + \dot{I}_0 R_1 = -\dot{E}_1 + \dot{I}_0 (R_1 + jX_{1\sigma}) = -\dot{E}_1 + \dot{I}_0 Z_1 \tag{2-13}$$

式中，Z_1 为一次侧绕组的漏阻抗。

由于二次侧开路，$I_2 = 0$，则二次侧绕组的感应电动势 E_2 等于二次侧的开路电压 U_{20}，即

$$\dot{U}_{20} = \dot{E}_2 \tag{2-14}$$

3. 变压器的变比

在变压器中，一次侧绕组的感应电动势 E_1 和二次侧绕组的感应电动势 E_2 之比称为变压器的变比，用 k 表示，即

$$k = \frac{E_1}{E_2} = \frac{4.44 f N_1 \Phi_{\mathrm{m}}}{4.44 f N_2 \Phi_{\mathrm{m}}} = \frac{N_1}{N_2} \tag{2-15}$$

当变压器空载运行时，由于 $U_1 \approx E_1$，二次侧空载电压 $U_{20} = E_2$，故可近似地用一次侧电压和二次侧电压之比来作为变压器的变比，即

$$k = \frac{E_1}{E_2} \approx \frac{U_1}{U_2} \tag{2-16}$$

变比 k 是变压器的一个重要参数，通常取高压侧与低压侧电动势或电压之比。对于三相变压器，变比是指一、二次侧相电动势的比值。

2.2.4 变压器的励磁电流

当变压器空载运行时，一次侧绕组的空载电流 i_0 主要用来产生磁场，所以空载电流就是励磁电流。由于铁磁材料在交变的磁场下存在磁滞损耗和涡流损耗，即铁耗，因此，严格

地讲空载电流包括两个分量，一个分量是建立主磁通所需的磁化电流 i_{0r}；另一个分量是用来供给铁耗的有功电流 i_{0a}。

1. 当不考虑铁芯损耗时

空载电流全部用来建立磁场，励磁电流是纯磁化电流。通常加于变压器一次侧的电网电压波形是正弦波，由于 $u_1 \approx -e_1 = N_1 \mathrm{d}\Phi/\mathrm{d}t$，故铁芯中主磁通的波形亦为正弦波。当铁芯不饱和时，铁芯中磁通与磁化电流之间的关系是正比关系，此时磁化电流也是正弦波。但铁磁材料具有饱和现象，当出现饱和时，磁通与磁化电流呈非线性关系，使磁化电流的波形畸变成尖顶波，如图 2-10 所示。

尖顶波的磁化电流可分解为基波及 3、5、7、… 一系列奇次谐波，除基波外，主要是 3 次谐波，如图 2-11 所示。可见，要在变压器中建立正弦波的主磁通，由于铁磁材料的磁化曲线的非线性关系，励磁电流中必须包含 3 次谐波分量。但为便于计算，工程上通常采用一个等效正弦波电流来代替实际的非正弦波磁化电流，两者有效值及相位相同，等效正弦波电流的有效值为

$$I_{0r} = \sqrt{I_{0r1}^2 + I_{0r3}^2 + I_{0r5}^2 + \cdots} \qquad (2-17)$$

式中，I_{0r1}，I_{0r3}，I_{0r5}，… 分别为非正弦波磁化电流的基波和各次谐波的有效值。

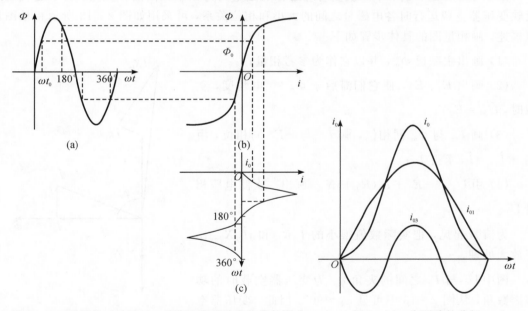

图 2-10　磁通为正弦波时，磁路饱和对励磁电流的影响　　　　图 2-11　尖顶波的分解

2. 当考虑铁芯损耗时

由于铁磁材料在交变的磁场下存在磁滞损耗和涡流损耗，即铁耗，因此，建立主磁通除了需要从电源送入磁化电流 I_{0r} 外，还需要送入提供铁耗所需要的有功电流 I_{0a}。

综上所述，变压器的励磁电流由磁化电流和有功电流组成，即

$$\dot{I}_0 = \dot{I}_{0r} + \dot{I}_{0a} \quad \text{或} \quad I_0 = \sqrt{I_{0r}^2 + I_{0a}^2} \qquad (2-18)$$

图 2-12 所示为变压器励磁电流相量图。图中 $\dot{I}_0$ 超前 $\dot{\Phi}_\mathrm{m}$ 一个很小的相位角 α，称为

铁耗角，其大小由 I_{0r} 与 I_{0a} 的比值决定。$\dot{I}_0$ 与$-\dot{E}_1$ 之间的夹角为 φ，称为铁耗角的余角。

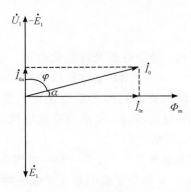

图 2-12　变压器励磁电流相量图

2.2.5　变压器空载运行时的相量图与等效电路

1. 变压器空载运行时的相量图

由于变压器运行时一、二次侧对应的各电磁量均为频率相同的正弦量，为了更直观地反映变压器空载运行时各电磁量之间的大小和相位关系，可采用如图 2-13 所示相量图加以描述。画相量图的具体步骤如下：

（1）画出主磁通 $\dot{\Phi}_m$，并以它作为参考相量；

（2）画出 $\dot{E}_1$、$\dot{E}_2$，使它们滞后于 $\dot{\Phi}_m$ 90°电角度，空载时，$\dot{U}_{20}=\dot{E}_2$；

（3）画 $\dot{I}_{0r}$ 与 $\dot{\Phi}_m$ 同相位，画 $\dot{I}_{0a}$ 与$-\dot{E}_1$ 同相位，由 $\dot{I}_{0r}+\dot{I}_{0a}=\dot{I}_0$ 求得 $\dot{I}_0$；

（4）由 $\dot{U}_1=-\dot{E}_1+\dot{I}_0(R_1+jX_{1\sigma})$ 画出一次侧电压相量 $\dot{U}_1$。

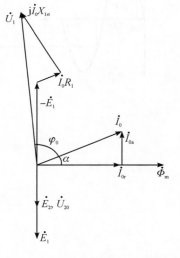

为清楚起见，把实际数值很小的 $\dot{I}_0R_1$ 和 $j\dot{I}_0X_{1\sigma}$ 作了放大处理。

图中 $\dot{U}_1$ 与 $\dot{I}_0$ 之间的夹角 φ_0 为变压器空载时的功率因数角，从图 2-13 中可见 $\varphi_0\approx90°$。因此，变压器空载运行时的功率因数 $\cos\varphi_0$ 是很低的，一般为 0.1~0.2。

图 2-13　变压器空载运行时的相量图

2. 变压器空载运行时的等效电路

在前面的分析中，对漏磁通 $\dot{\Phi}_{1\sigma}$ 产生的漏电动势 $\dot{E}_{1\sigma}$ 采用了漏电抗压降的形式反映出来，即 $\dot{E}_{1\sigma}=-j\dot{I}_0X_{1\sigma}$。同理，为了描述主磁通 $\dot{\Phi}_m$ 的作用，对主磁通 $\dot{\Phi}_m$ 产生的 $\dot{E}_1$ 也进行类似的处理，引入一个励磁阻抗 $Z_m=R_m+jX_m$，用阻抗压降的形式反映出来，即

$$\dot{E}_1=-\dot{I}_0Z_m=-\dot{I}_0(R_m+jX_m) \qquad (2-19)$$

式中，$Z_m=R_m+jX_m$ 为励磁阻抗（Ω），R_m 为励磁电阻（Ω），是考虑铁耗对应的一个等效电

阻，$R_m = p_{Fe}/I_0^2$，X_m 为励磁电抗（Ω），是一个与主磁通相对应的电抗，其数值随铁芯饱和程度不同而变化，$X_m = \omega L_m = 2\pi f N_1 \Lambda_m$，$L_m$ 是铁芯线圈的电感，Λ_m 代表主磁路的磁导。

于是，变压器一次侧的电动势平衡方程式可写成

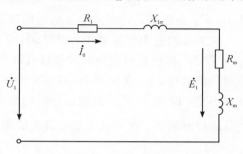

$$\dot{U}_1 = -\dot{E}_1 + \dot{I}_0 Z_1 = \dot{I}_0 Z_1 + \dot{I}_0 Z_m$$
$$= \dot{I}_0 (R_1 + jX_{1\sigma}) + \dot{I}_0 (R_m + jX_m)$$
$$(2-20)$$

由式（2-20）可得到变压器空载运行时的等效电路，如图 2-14 所示。

由等效电路可见，变压器空载运行时相当

图 2-14　变压器空载运行时的等效电路

于两个阻抗值不等的阻抗 Z_1 和 Z_m 的串联。Z_1 阻值很小，且 R_1、$X_{1\sigma}$ 均为常数。由于铁芯存在饱和现象，R_m、X_m 都不是常数，随外加电压 U_1 的增加而减小，但在实际中，接入到变压器的电网电压近似恒定，因此 R_m、X_m 可认为是常数。

2.3　单相变压器的负载运行

变压器的负载运行是指变压器一次侧绕组 AX 接到额定电压、额定频率的交流电源上，二次侧绕组 ax 接上负载时的运行状态，如图 2-15 所示。

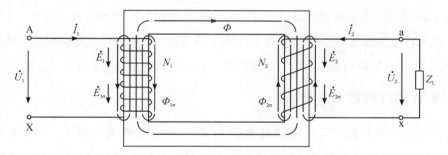

图 2-15　变压器的负载运行

2.3.1　负载运行时的磁动势平衡方程

当变压器空载运行时，$\dot{I}_2 = 0$，主磁通 Φ_m 由一次侧绕组中的空载电流 $\dot{I}_0$ 单独建立的磁动势 $\dot{I}_0 N_1$ 产生，主磁通 Φ_m 分别在一、二次侧绕组中感应电动势 $\dot{E}_1$ 和 $\dot{E}_2$，这时 $\dot{U}_1 = -\dot{E}_1 + \dot{I}_0 Z_1$，变压器中的电磁关系处于平衡状态。当二次侧绕组接上负载阻抗 Z_L 时，二次侧绕组回路中便有电流 $\dot{I}_2$ 流过并产生磁动势 $\dot{F}_2 = \dot{I}_2 N_2$。由于一、二次侧绕组绕制在同一铁芯上，所以主磁通将发生变化，从而一、二次侧绕组中的感应电动势也随之发生改变。在电源电压 U_1 一定的情况下，由于 $\dot{E}_1$ 的改变，破坏了原有的电动势平衡关系，致使一次侧回路电流发生变化，从空载时的 $\dot{I}_0$ 变为负载时的 $\dot{I}_1$。因此，当变压器负载运行时，

变压器的磁动势为

$$\dot{F}_{\mathrm{m}} = \dot{I}_1 N_1 + \dot{I}_2 N_2 \tag{2-21}$$

式中，F_{m} 为负载运行时产生主磁通的磁动势。

在实际的电力变压器中，设计时，Z_1 是很小的，所以变压器一次侧绕组漏阻抗压降 $I_1 Z_1$ 很小，即使在额定负载时也仅有额定电压的 $(2\sim6)\%$，即 $I_1 Z_1 \ll U_1$，故从空载运行到额定负载运行，E_1 变化很小，铁芯中与 E_1 相对应的主磁通 Φ_{m} 和产生主磁通 Φ_{m} 的磁动势基本不变，即 $F_{\mathrm{m}}=F_0$。负载运行时的励磁电流 I_{m} 也可近似地用空载电流 I_0 来代替。因此负载运行时的 $\dot{F}_{\mathrm{m}}$ 就可认为是空载时的励磁磁动势 $\dot{I}_0 N_1$，磁动势平衡方程式可写成：

$$\dot{I}_1 N_1 + \dot{I}_2 N_2 = \dot{I}_0 N_1 \tag{2-22}$$

或

$$\dot{F}_1 + \dot{F}_2 = \dot{F}_{\mathrm{m}} = \dot{F}_0 \tag{2-23}$$

式中，$\dot{F}_1$ 为一次侧绕组磁动势（安匝），$\dot{F}_2$ 为二次侧绕组磁动势（安匝），$\dot{F}_{\mathrm{m}}$ 为一、二次侧绕组合成磁动势（安匝），$\dot{F}_0$ 为空载运行时一次侧绕组磁动势（安匝）。

将式 $(2-22)$ 两边同除以 N_1，得

$$\dot{I}_1 + \dot{I}_2\left(\frac{N_2}{N_1}\right) = \dot{I}_0, \quad \dot{I}_1 = \dot{I}_0 + \left(-\frac{\dot{I}_2}{k}\right) = \dot{I}_0 + \dot{I}_{1\mathrm{L}} \tag{2-24}$$

式中，$\dot{I}_{1\mathrm{L}} = -\dfrac{\dot{I}_2}{k}$。

式 $(2-24)$ 表明，当变压器负载运行时，一次侧绕组电流 $\dot{I}_1$ 由两个分量组成。一个是励磁分量 $\dot{I}_0$，用来产生主磁通 Φ_{m}，它是一个基本不变的常数，不随负载变化而变化；另一个是负载分量 $\dot{I}_{1\mathrm{L}}$，用来产生磁动势 $\dot{I}_{1\mathrm{L}} N_1$，以抵消或平衡二次侧绕组磁动势 $\dot{F}_2$，$\dot{I}_{1\mathrm{L}}$ 随 $\dot{I}_2$ 而变化。

2.3.2　负载运行时的基本方程

当变压器负载运行时，二次侧绕组电流 $\dot{I}_2$ 除与一次侧绕组电流 $\dot{I}_1$ 共同建立主磁通 $\dot{\Phi}_{\mathrm{m}}$ 以外，还产生仅与二次侧绕组相交链的漏磁通 $\dot{\Phi}_{2\sigma}$。同理，漏磁通 $\dot{\Phi}_{2\sigma}$ 在二次侧绕组中产生漏感电动势 $\dot{E}_{2\sigma}$。同一次侧漏感电动势一样，$\dot{E}_{2\sigma}$ 也可用负的漏抗压降来表示，即

$$\dot{E}_{2\sigma} = -\mathrm{j}\dot{I}_2 \omega L_{2\sigma} = -\mathrm{j}\dot{I}_2 X_{2\sigma} \tag{2-25}$$

式中，$X_{2\sigma} = \omega L_{2\sigma}$ 为二次侧绕组的漏电抗，也是常数，$L_{2\sigma}$ 为二次侧绕组的漏电感。

按图 $2-15$ 所规定的正方向，根据基尔霍夫第二定律，变压器负载运行时的一、二次侧电动势平衡方程式为

$$\begin{cases} \dot{U}_1 = -\dot{E}_1 - \dot{E}_{1\sigma} + \dot{I}_1 R_1 = -\dot{E}_1 + \dot{I}_1 R_1 + \mathrm{j}\dot{I}_1 X_{1\sigma} = -\dot{E}_1 + \dot{I}_1 Z_1 \\ \dot{U}_2 = \dot{E}_2 + \dot{E}_{2\sigma} - \dot{I}_2 R_2 = \dot{E}_2 - \dot{I}_2 R_2 - \mathrm{j}\dot{I}_2 X_{2\sigma} = \dot{E}_2 - \dot{I}_2 Z_2 \\ \dot{U}_2 = \dot{I}_2 Z_{\mathrm{L}} \end{cases} \tag{2-26}$$

式中，$Z_1 = R_1 + \mathrm{j}X_{1\sigma}$ 为一次侧绕组的漏阻抗（Ω），$Z_2 = R_2 + \mathrm{j}X_{2\sigma}$ 为二次侧绕组的漏阻抗（Ω），Z_{L} 为负载阻抗（Ω）。

综上所述，可得变压器负载运行时的基本方程式为

$$\begin{cases} \dot{U}_1 = -\dot{E}_1 + \dot{I}_1 Z_1 \\[2mm] \dot{U}_2 = \dot{E}_2 - \dot{I}_2 Z_2 \\[2mm] \dot{E}_2 = \dfrac{\dot{E}_1}{k} \\[2mm] \dot{I}_1 = \dot{I}_0 + \left(-\dfrac{\dot{I}_2}{k}\right) \\[2mm] -\dot{E}_1 = \dot{I}_0 Z_m \\[2mm] \dot{U}_2 = \dot{I}_2 Z_L \end{cases} \tag{2-27}$$

根据这些方程，可以计算变压器负载运行时的各个电磁量，如当已知 U_1、k、Z_1、Z_2、Z_m、Z_L 时，可求出 I_1、I_2、I_m、E_1、E_2、U_2。

2.3.3　变压器的参数计算

根据式(2-27)可得变压器一、二次侧等效电路，如图 2-16 所示。

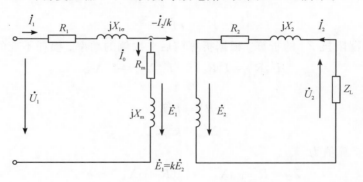

图 2-16　变压器一、二次侧等效电路

变压器一、二次侧绕组之间虽然有磁的耦合，但从图 2-16 可见，它们之间没有直接电路上的联系，因此，计算起来会十分困难。为了简化计算和得到变压器一、二次侧具有电路上联系的等效电路，通常采用折算法。为得到等效电路，通常采用绕组折合算法，将副边物理量折合到原边(如果需要，也可以将原边折合到副边)。绕组折算的表象：三个回路→由两个电路构成的等效电路(原边电路＋磁路＋副边电路→原边电路＋折算到原边的副边电路)，折算的本质是将磁路用电路来表示：磁动势平衡方程→电流折算。

折算法的具体做法是将二次侧绕组归算到一次侧绕组，也就是假想把二次侧绕组的匝数 N_2 变换成一次侧绕组的匝数 N_1，而不改变一次和二次侧绕组之间的电磁关系。从磁动势平衡关系可知，二次侧电流对一次侧电流的影响是通过磁动势 $\dot{F}_2$ 来实现的，只要折算前后的 $\dot{F}_2$ 保持不变，一次侧各物理量就不会改变，至于二次侧绕组的匝数是多少，电流是多少，并不要紧。因此，变压器折算的原则如下：

① 折算前、后二次侧的磁动势保持不变。

② 折算前、后二次侧的功率、损耗保持不变。

由于折算前与折算后二次侧各物理量的数值不同，但相位不变，为区别起见，折算后的值用原来二次侧各物理量的符号上加一个右上标号"′"来表示，如 $\dot{I}_2'$、$\dot{E}_2'$、Z_2' 等。下面根据上述原则分别求出各物理量的折算值。

（1）二次侧电流 $\dot{I}_2$ 的折算。折算前二次侧的磁动势为 $\dot{I}_2 N_2$，折算后二次侧的磁动势为 $\dot{I}_2' N_1$。根据折算前后二次侧磁动势不变的原则，有

$$\dot{I}_2' N_1 = \dot{I}_2 N_2$$

即

$$\dot{I}_2' = \frac{N_2}{N_1}\dot{I}_2 = \frac{1}{k}\dot{I}_2 \tag{2-28}$$

（2）二次侧电动势 $\dot{E}_2$ 的折算。由于折算前后二次侧磁动势不变，故折算前后的主磁通不变，根据电动势与绕组匝数成正比的关系，有

$$\frac{\dot{E}_2'}{\dot{E}_2} = \frac{N_1}{N_2} = k$$

即

$$\dot{E}_2' = k\dot{E}_2 \tag{2-29}$$

（3）二次侧漏阻抗 Z_2 的折算。根据折算前后二次侧的功率、损耗不变的原则，有

$$I_2'^2 R_2' = I_2^2 R_2, \quad I_2'^2 X_{2\sigma}' = I_2^2 X_{2\sigma}$$

即

$$R_2' = k^2 R_2 \tag{2-30}$$
$$X_{2\sigma}' = k^2 X_{2\sigma} \tag{2-31}$$

则漏阻抗 Z_2 的折算值为

$$Z_2' = R_2' + jX_{2\sigma}' = k^2(R + jX_{2\sigma}) = k^2 Z_2 \tag{2-32}$$

（4）二次侧端电压 $\dot{U}_2$ 的折算。由于 $\dot{U}_2 = \dot{E}_2 - \dot{I}_2 Z_2$，因此

$$\dot{U}_2' = \dot{E}_2' - \dot{I}_2' Z_2' = k\dot{E}_2 - \frac{\dot{I}_2}{k}\cdot k^2 Z_2 = k(\dot{E}_2 - \dot{I}_2 Z_2) = k\dot{U}_2 \tag{2-33}$$

（5）负载阻抗 Z_L 的折算。

$$Z_L' = \frac{\dot{U}_2'}{\dot{I}_2'} = \frac{k\dot{U}_2}{\dot{I}_2/k} = k^2 \frac{\dot{U}_2}{\dot{I}_2} = k^2 Z_L \tag{2-34}$$

综上所述，当把二次侧各物理量折算到一次侧时，电压、电动势的折算值为原来的数值乘以 k；电流的折算值为原来的数值除以 k；电阻、漏阻抗等的折算值为原来的数值乘以 k^2。

注意，上面所介绍的折算算法是由二次侧向一次侧折算，同样也可以由一次侧向二次侧折算。

2.3.4 折算后变压器的基本方程

变压器二次侧绕组经折算到一次侧后的基本方程式为

$$\begin{cases} \dot{U}_1 = -\dot{E}_1 + \dot{I}_1(R_1 + jX_{1\sigma}) = -\dot{E}_1 + \dot{I}_1 Z_1 \\ \dot{U}'_2 = \dot{E}'_2 - \dot{I}'_2(R'_2 + jX'_{2\sigma}) = \dot{E}'_2 - \dot{I}'_2 Z'_2 \\ \dot{E}'_2 = \dot{E}_1 \\ \dot{I}_1 = \dot{I}_0 + (-\dot{I}'_2) \\ -\dot{E}_1 = -\dot{I}_0(R_m + jX_m) = \dot{I}_0 Z_m \\ \dot{U}'_2 = \dot{I}'_2 Z'_L \end{cases} \qquad (2-35)$$

2.3.5　T型等效电路

根据式(2-35)的 6 个方程式, 画出变压器的等效电路如图 2-17 所示。

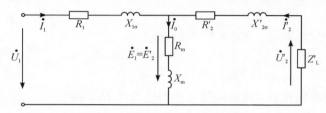

图 2-17　变压器的 T 型等效电路　　　　　　变压器的负载运行和等效电路

2.3.6　相量图和功率关系

1. 相量图

相量图与基本方程式、等效电路一样, 是变压器的一种基本分析方法, 根据相量图可以较直观地看出变压器内部各物理量之间的大小和相位关系。

设变压器二次侧负载的端电压为 U_2, 电流为 I_2, 功率因数为 $\cos\varphi_2$(滞后), 且参数 k、R_1、$X_{1\sigma}$、R_2、$X_{2\sigma}$、R_m、X_m 也均为已知。相量图的绘制步骤如下:

(1) 取 $\dot{U}'_2$ 为参考相量, 由 $\cos\varphi_2$、$\dot{I}_2$ 画出 $\dot{I}'_2$ 和 $-\dot{I}'_2$。

(2) 根据 $\dot{E}'_2 = \dot{U}'_2 + \dot{I}'_2(R'_2 + jX'_{2\sigma})$, 在 $\dot{U}'_2$ 上加上 $\dot{I}'_2 R'_2$ 和 $j\dot{I}'_2 X'_{2\sigma}$, 得到 $\dot{E}'_2$, 由于 $\dot{E}_1 = \dot{E}'_2$, 故得 $\dot{E}_1$ 和 $-\dot{E}_1$。

(3) 根据 $\Phi_m = E/4.44fN_1$ 在领先 $\dot{E}_1$ 90°处画主磁通 $\dot{\Phi}_m$。

(4) 根据 $I_0 = \dfrac{E}{Z_m}$, 在领先 $\dot{\Phi}_m$ 一个铁耗角 $\alpha = \arctan\dfrac{R_m}{X_m}$ 处画 $\dot{I}_0$。

(5) 由 $\dot{I}_1 = \dot{I}_0 + (-\dot{I}'_2)$, 画出 $\dot{I}_1$。

(6) 根据 $\dot{U}_1 = -\dot{E}_1 + \dot{I}_1(R_1 + jX_{1\sigma})$, 在 $-\dot{E}_1$ 上加上 $\dot{I}_1 R_1$ 和 $j\dot{I}_1 X_{1\sigma}$, 即得 $\dot{U}_1$。

图 2-18 所示为变压器带感性负载时的相量图。

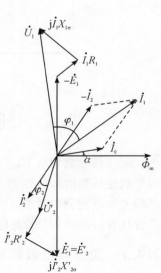

图 2-18　变压器带感性
负载时的相量图

2．功率关系

在变压器的 T 型等效电路中，当变压器一次侧绕组接上电源进入正常运行时，一次侧绕组从电源吸收的电功率为 P_1，且

$$P_1 = U_1 I_1 \cos\varphi_1$$

则一次侧绕组铜耗为

$$p_{\mathrm{Cu1}} = I_1^2 R_1$$

铁芯损耗为

$$p_{\mathrm{Fe}} = I_0^2 R_{\mathrm{m}}$$

从电功率 P_1 中扣除一次侧绕组铜耗 p_{Cu1} 和铁芯损耗 p_{Fe} 之后，余下的功率借助于主磁通 $\dot{\Phi}_{\mathrm{m}}$ 从一次侧传递到二次侧。二次侧的这一功率是通过电磁感应获得的，所以称为电磁功率 P_{em}，即

$$P_{\mathrm{em}} = P_1 - p_{\mathrm{Cu1}} - p_{\mathrm{Fe}} = \dot{E}_2' \dot{I}_2' \cos\varphi_2$$

二次侧绕组铜耗为

$$p_{\mathrm{Cu2}} = I_2'^2 R_2'$$

从电磁功率中再扣除二次侧绕组铜耗后，就是副边输出的电功率 P_2，即

$$P_2 = P_{\mathrm{em}} - p_{\mathrm{Cu2}} = U_2' I_2' \cos\varphi_2$$

图 2-19 所示为用变压器的 T 型等效电路表示的功率和损耗。

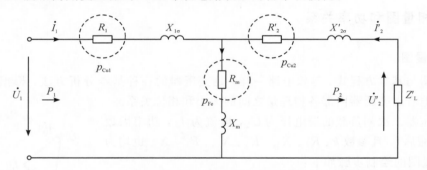

图 2-19　用变压器 T 型等效电路表示的功率和损耗

2.4　变压器参数的试验测定

变压器参数包括 R_{m}、X_{m}、R_1、$X_{1\sigma}$、R_2'、$X_{2\sigma}'$ 等，它们的大小直接影响变压器的运行性能。在运用等效电路、相量图求解变压器时，必须先知道它们的数值。要确定这些参数，通常可以在设计变压器时通过计算方法求得。若是已制成的变压器，也可以用空载试验和短路试验来测定。

变压器参数的测定

2.4.1　变压器空载试验

空载试验的目的是测定变压器空载电流 I_0、空载损耗 p_0、变比以及励磁阻抗 Z_{m}。单相变压器空载试验的接线如图 2-20 所示。

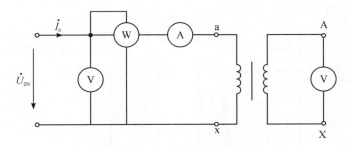

图 2 - 20 单相变压器空载试验接线

空载试验可在高压侧或者低压侧进行,但为了便于测量和安全起见,通常在低压侧(这里低压侧设为二次侧)进行。试验时,将高压侧开路,低压侧加额定电压 U_{2N},测量此时的空载输入功率 P_0、空载电流 I_0 和高压侧电压 U_{10}。由于外加电压为额定电压,则主磁通和铁耗均为正常运行时的大小。由于空载电流很小,它引起的铜耗可以忽略不计,因此空载输入功率 P_0 可认为全部供给铁芯损耗,即 $P_0 \approx p_{Fe}$。

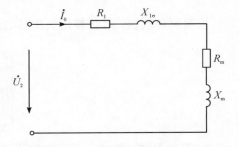

图 2 - 21 变压器空载试验等效电路

变压器空载试验等效电路如图 2 - 21 所示。由等效电路可得,变压器空载时的总阻抗 $Z_0 = Z_1 + Z_m = R_1 + jX_{1\sigma} + R_m + jX_m$,由于 $Z_m \gg Z_1$,故可以认为 $Z_0 \approx Z_m = R_m + jX_m$。于是根据测量数据可计算出变压器的励磁参数和变比。

$$\begin{cases} Z_m = \dfrac{U_{2N}}{I_0} \\[2mm] R_m = \dfrac{P_0}{I_0^2} \\[2mm] X_m = \sqrt{Z_m^2 - R_m^2} \end{cases} \qquad (2-36)$$

$$k = \frac{U_{10}}{U_{2N}} \qquad (2-37)$$

这些励磁参数是折算到低压侧的数值。若需要折算到高压侧,应将上述参数乘以 k^2。

2.4.2 变压器短路试验

短路试验的目的是测定变压器的短路电压 U_k、负载损耗 p_k 和短路阻抗 Z_k。单相变压器短路试验的接线如图 2 - 22 所示。

短路试验可以在高、低任意一侧加电压进行,但为便于测量,通常在高压侧(设高压侧为一次侧)进行。试验时,将低压侧短路,高压侧加电压,使高压侧电流 I_k 达到或接近额定值 I_{1N},测量此时的输入功率 P_k、U_k。

在做变压器短路试验时,由于当高压侧电流达到额定值时,所施加的电压 U_k 很低,约为额定电压的 5%~10% 左右,因此,铁芯中的主磁通很小,励磁电流和铁芯损耗均很小,可忽略不计,此时输入功率 P_k 基本上全部消耗在变压器绕组的电阻损耗上。于是可得变压器短路试验等效电路，如图 2-23 所示。

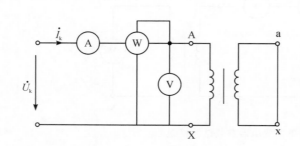

图 2-22　单相变压器短路试验接线

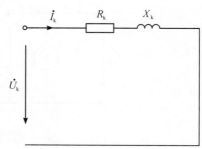

图 2-23　变压器短路试验等效电路

根据测量数据，可计算出变压器的短路参数为

$$\begin{cases} Z_k = \dfrac{U_k}{I_k} = \dfrac{U_k}{I_{1N}} \\[3mm] R_k = \dfrac{P_k}{I_k^2} = \dfrac{P_k}{I_{1N}^2} \\[3mm] X_k = \sqrt{Z_k^2 - R_k^2} \end{cases} \qquad (2-38)$$

在 T 型等效电路中，可近似地认为 $R_1 \approx R_2' = R_k/2$，$X_{1\sigma} \approx X_{2\sigma}' = X_k/2$。

绕组的电阻值是随温度而变的，故经过计算所得的电阻应折算到参考温度。根据国家标准(GB1094—1996)规定：在短路试验中计算变压器性能时，短路参数应当换算到统一参考温度(75℃)的数值。

$$R_{k75℃} = R_k \frac{235+75}{235+\theta}$$

$$Z_{k75℃} = \sqrt{R_{k75℃}^2 + X_k^2}$$

式中，θ 为试验时的环境温度(℃)。

[例题 2-2]　一台三相变压器(铝线)，$S_N = 1250$ kVA，$U_{1N}/U_{2N} = 10/0.4$ kV，采用 Y，y 连接。在低压侧做空载试验，额定电压下测得 $I_0 = 24.8$ A，$P_0 = 2400$ W；在高压侧做短路试验，当 $I_k = I_{1N} = 72.17$ A 时，测得 $U_k = 435$ V，$P_k = 13600$ W，试求：(1) 励磁参数 Z_m、R_m、X_m；(2) 短路参数 Z_k、R_k、X_k。(环境温度 $\theta = 23$℃)

解　(1) 求励磁参数。

变压器的变比为

$$k = \frac{U_{1N\Phi}}{U_{2N\Phi}} = \frac{10/\sqrt{3}}{0.4/\sqrt{3}} = 25$$

励磁阻抗为

$$Z_m = \frac{U_{2N\Phi}}{I_0} = \frac{0.4 \times 1000/\sqrt{3}}{24.8} = 9.31 \ \Omega$$

励磁电阻为

$$R_m = \frac{P_0}{3I_0^2} = \frac{2400}{3 \times 24.8^2} = 1.30 \ \Omega$$

励磁电抗为

$$X_m = \sqrt{Z_m^2 - R_m^2} = \sqrt{9.31^2 - 1.30^2} = 9.22 \ \Omega$$

若折算至高压侧，则

$$Z'_m = k^2 Z_m = 25^2 \times 9.31 = 5818.75 \ \Omega$$

$$R'_m = k^2 R_m = 25^2 \times 1.30 = 812.5 \ \Omega$$

$$X'_m = k^2 X_m = 25^2 \times 9.22 = 5762.5 \ \Omega$$

（2）求短路参数。

短路阻抗为

$$Z_k = \frac{U_k}{I_k} = \frac{435/\sqrt{3}}{72.17} = 3.48 \ \Omega$$

短路电阻为

$$R_k = \frac{P_k}{3I_k^2} = \frac{13600}{3 \times 72.17^2} = 0.87 \ \Omega$$

短路电抗为

$$X_k = \sqrt{Z_k^2 - R_k^2} = \sqrt{3.48^2 - 0.87^2} = 3.37 \ \Omega$$

换算到 75℃时

$$R_{k75℃} = \frac{234.5 + 75}{234.5 + 23} \times 0.87 \approx 1.05 \ \Omega$$

$$Z_{k75℃} = \sqrt{R_{k75℃}^2 + X_k^2} = \sqrt{1.05^2 + 3.37^2} = 3.53 \ \Omega$$

2.5　变压器的运行分析

2.5.1　标幺值

在电力系统分析和工程计算中，电压、电流、阻抗、功率等物理量很少采用它们的实际值，而常用标幺值表示。所谓标幺值，是指各物理量的实际值与某一选定的同单位的基值的比值，即

$$标幺值 = \frac{实际值}{基准值}$$

在电机和变压器中，通常选电压、电流的额定值作为相应量的基值，如一次侧电压、一次侧电流的基值分别为 U_{1N}、I_{1N}。阻抗、容量等的基值则由各量纲之间的换算关系来确定，如一次侧阻抗的基值为 $Z_{1N} = U_{1N}/I_{1N}$；一次绕组的功率基值为 $P_{1N} = U_{1N}I_{1N}$。

为了区别标幺值和实际值，标幺值是在各物理量原来符号的右上角加上" * "号来表示。

变压器一次侧、二次侧电压、电流的标幺值分别为

$$U_1^* = \frac{U_1}{U_{1N}}, \quad U_2^* = \frac{U_2}{U_{2N}}$$

$$I_1^* = \frac{I_1}{I_{1N}}, \quad I_2^* = \frac{I_2}{I_{2N}}$$

变压器一次侧、二次侧绕组漏阻抗的标幺值分别为

$$Z_1^* = \frac{Z_1}{Z_{1N}} = \frac{I_{1N}Z_1}{U_{1N}}, \quad Z_2^* = \frac{Z_2}{Z_{2N}} = \frac{I_{2N}Z_2}{U_{2N}}$$

采用标幺值具有以下优点：

(1) 用标幺值表示时，变压器的参数和性能数据变化范围很小，便于分析比较。例如，电力变压器的空载电流 I_0^* 约为 $0.02 \sim 0.10$；中小型变压器的短路阻抗 Z_k^* 约为 $0.04 \sim 0.10$。

(2) 用标幺值表示时，各物理量数值简化，含义清楚。例如，某变压器的负载电流 $I_2^* = 1.0$，表明该变压器带额定负载；$I_2^* = 1.2$ 则表明该变压器过载了。

(3) 变压器一、二次侧各物理量用标幺值表示时，均不需要再进行折算。例如：

$$U_2^* = \frac{U_2}{U_{2N}} = \frac{kU_2}{kU_{2N}} = \frac{U_2'}{U_{1N}} = U_2'^*$$

2.5.2　电压变化率和外特性

1. 电压变化率

由于变压器内部存在漏阻抗，当变压器带上负载运行时，漏阻抗上必然产生压降，致使二次侧端电压与空载时的端电压不相等，且二次侧端电压随负载的变化而变化。二次侧端电压变化的程度可用电压变化率来表示。电压变化率 $\Delta U\%$ 定义为：一次侧接在额定频率和额定电压的电网上，当变压器从空载到额定负载运行时，二次侧端电压的变化量 $\Delta U = U_{20} - U_2$，用二次侧额定端电压的百分数表示的数值，即

$$\Delta U\% = \frac{\Delta U}{U_{2N}} \times 100\% = \frac{U_{20} - U_2}{U_{2N}} \times 100\% = \frac{U_{2N} - U_2}{U_{2N}} \times 100\% \qquad (2-39)$$

电压变化率与变压器的参数和负载性质有关，实际使用中，可以用由变压器的简化相量图求出的下述公式进行计算：

$$\Delta U\% = \beta(R_k^* \cos\varphi_2 + X_k^* \sin\varphi_2) \times 100\% \qquad (2-40)$$

式中，$\beta = \dfrac{I_1}{I_{1N}} = \dfrac{I_2}{I_{2N}}$，称为负载系数，$\varphi_2$ 为负载功率因数角。当负载为感性时，φ_2 取正值；当负载为容性时，φ_2 取负值。

式(2-40)说明，电压变化率取决于负载系数、短路阻抗、负载功率因数，且随负载电流的增加而正比增大。

2. 外特性

当 $U_1 = U_{1N}$，$\cos\varphi_2 =$ 常数时，变压器二次侧端电压与负载电流的关系 $U_2 = f(I_2)$，称为变压器的外特性，如图 2-24 所示。图中的曲线 1、2、3 分别是当负载为纯电阻性负载、电感性负载和电容性负载时的外特性曲线。一般电力变压器所带负载是电感性负载，所以二次侧端电压随电流的增加是下降的。

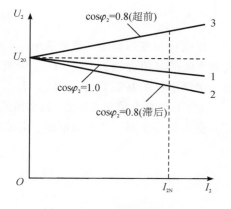

图 2-24　变压器的外特性

2.5.3 变压器效率和效率特性

1. 变压器的损耗

变压器在能量传递的过程中会产生损耗，由于变压器是静止的电器，因此变压器的损耗仅有铜耗 p_{Cu} 和铁耗 p_{Fe} 两大类。

(1) 铜耗。变压器的绕组都有一定的电阻，当电流流过绕组时就要产生绕组损耗，称之为铜损耗，即铜耗 p_{Cu}。铜耗包括一、二次侧绕组电阻 R_1、R_2 产生的损耗 p_{Cu1} 和 p_{Cu2}，即 $p_{Cu} = p_{Cu1} + p_{Cu2} = I_1^2 R_1 + I_2^2 R_2$。铜耗的大小取决于负载电流和绕组电阻的大小，因而是随负载的变化而变化的，故称之为可变损耗。

(2) 铁耗。由于铁芯中的磁通是交变的，所以在铁芯和结构件中要产生磁滞损耗和涡流损耗，统称为铁芯损耗，即铁耗 p_{Fe}。当电源电压 U_1 一定时，铁耗基本上可认为是恒定的，故称之为不变损耗，它与负载电流的大小和性质无关。

由于变压器空载时空载电流 I_0 和绕组电阻都较小，因此空载时的绕组损耗很小，可以略去不计，所以空载损耗主要是铁耗。

2. 变压器的效率

当变压器负载运行时，一次侧从电网吸收的有功功率 P_1 扣除铜耗和铁耗，剩余的则为变压器的输出功率 P_2，即

$$P_2 = P_1 - p_{Cu} - p_{Fe} = P_1 - \sum p \tag{2-41}$$

则变压器的效率定义为

$$\eta = \frac{P_2}{P_1} \times 100\% = \frac{P_1 - \sum p}{P_1} \times 100\% = \left(1 - \frac{\sum p}{P_2 + \sum p}\right) \times 100\%$$

$$= \left(1 - \frac{p_{Fe} + p_{Cu}}{P_2 + p_{Fe} + p_{Cu}}\right) \times 100\% \tag{2-42}$$

为简单起见，在使用式(2-42)时，常作如下假定：

(1) 不考虑变压器二次侧电压的变化，即认为

$$P_2 = m U_2 I_2 \cos\varphi_2 \approx m U_{2N} I_{2N} \left(\frac{I_2}{I_{2N}}\right) \cos\varphi_2 = \beta S_N \cos\varphi_2$$

式中，m 为变压器的相数，单相变压器 $m=1$，三相变压器 $m=3$。

(2) 认为从空载到负载，主磁通基本不变，将额定电压下所测得的空载损耗 p_0 作为铁耗，即 $p_{Fe} = p_0 =$ 常数。

(3) 忽略短路试验时的铁耗，用额定电流运行时的短路损耗 p_{kN} 作为额定电流时的铜耗，并认为不同负载时的铜耗与负载系数的平方成正比，即

$$p_{Cu} = \beta^2 p_{kN}$$

于是效率公式(2-42)可变为

$$\eta = \left(1 - \frac{p_0 + \beta^2 p_{kN}}{\beta S_N \cos\varphi_2 + p_0 + \beta^2 p_{kN}}\right) \times 100\% \tag{2-43}$$

上述假定会造成一定的计算误差，不过引起的误差很小，不超过 0.5%，却给计算带来很大方便。通常，中小型变压器的效率为 95%，大型变压器可达 99%。

3. 变压器的效率特性

当负载的功率因数 $\cos\varphi_2$ 一定时，效率 η 随负载系数 β 的变化关系 $\eta=f(\beta)$ 为变压器的效率特性，如图 2-25 所示。从效率特性上可看出，当变压器输出电流为零时，$\eta=0$。当负载较小时，空载损耗 p_0 相对较大，效率较低。负载增加时，输出功率增加，效率也随之增加。当负载超过某一数值时，因铜耗与 β^2 成正比，而输出功率与 β 成正比，因此效率随着 β 增加反而降低。取 η 对 β 的微分，并令其等于零（$\mathrm{d}\eta/\mathrm{d}\beta=0$），即可求出产生最大效率时的条件为

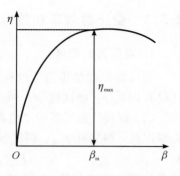

图 2-25　变压器的效率特性

$$\beta_{\mathrm{m}}=\sqrt{\frac{p_0}{p_{\mathrm{kN}}}}$$

或

$$\beta^2 p_{\mathrm{kN}}=p_0$$

即当不变损耗 p_0 等于可变损耗 $\beta^2 p_{\mathrm{kN}}$ 时，变压器效率达到最大。

由于变压器长期接在电网上运行，铁耗总是存在的，而铜耗则随负载的变化而变化。因此，为了提高变压器运行的经济性，在设计时铁耗应相对设计小一些，一般取 $\dfrac{p_0}{p_{\mathrm{kN}}}=\dfrac{1}{3}\sim\dfrac{1}{4}$，所以最大效率 $\eta_{\max}$ 发生在 $\beta_{\mathrm{m}}=0.5\sim0.6$。

[例题 2-3]　采用例题 2-2 中变压器的数据，试计算：（1）当变压器带额定负载且 $\cos\varphi_2=0.8(\varphi_2>0)$ 时的电压变化率 $\Delta U\%$；（2）额定负载且 $\cos\varphi_2=0.8(\varphi_2>0)$ 时的效率 η。

解　（1）一次侧阻抗基值为

$$Z_{1\mathrm{N}}=\frac{U_{1\mathrm{N}}}{\sqrt{3}\,I_{1\mathrm{N}}}=\frac{U_{1\mathrm{N}}^2}{S_{\mathrm{N}}}=\frac{(10\times1000)^2}{1250\times1000}=80\ \Omega$$

短路电阻换算到 75℃ 时的值为

$$R_{\mathrm{k75℃}}=\frac{228+75}{228+23}\times0.87=1.05\ \Omega$$

短路电阻标幺值为

$$R_{\mathrm{k}}^*=\frac{R_{\mathrm{k75℃}}}{Z_{1\mathrm{N}}}=\frac{1.05}{80}=0.0131$$

短路电抗标幺值为

$$X_{\mathrm{k}}^*=\frac{X_{\mathrm{k}}}{Z_{1\mathrm{N}}}=\frac{3.37}{80}=0.0421$$

由题意可知 $\beta=1$，$\cos\varphi_2=0.8$，$\sin\varphi_2=0.6$，因此，电压变化率为

$$\begin{aligned}\Delta U\%&=\beta(R_{\mathrm{k}}^*\cos\varphi_2+X_{\mathrm{k}}^*\sin\varphi_2)\times100\%\\&=(0.0131\times0.8+0.0421\times0.6)\times100\%\\&=3.57\%\end{aligned}$$

（2）由短路实验可知 $p_{\mathrm{kN}}=13600$ W，故效率为

$$\eta = \left(1 - \frac{p_0 + \beta^2 p_{kN}}{\beta S_N \cos\varphi_2 + p_0 + \beta^2 p_{kN}}\right) \times 100\%$$

$$= \left(1 - \frac{2400 + 13600}{1250 \times 1000 \times 0.8 + 2400 + 13600}\right) \times 100\%$$

$$= 98.42\%$$

2.6 三相变压器

现代电力系统都采用三相制，所以三相变压器的应用极为广泛。三相变压器在对称负载下运行时，各相的电磁关系与单相变压器相同。因此，前面所述的单相变压器的基本方程式、等效电路和相量图等，对于三相变压器同样适用。但是三相变压器也有其特殊的问题需要研究，如三相变压器的磁路系统、三相变压器绕组的联结组、三相变压器的并联运行等。

2.6.1 三相变压器的磁路系统

根据铁芯结构，三相变压器可分为三相组式变压器和三相芯式变压器。三相组式变压器的磁路系统如图 2-26 所示，三相磁路各自独立，彼此无关。当一次侧绕组接上三相对称电源时，三相主磁通 $\dot{\Phi}_A$、$\dot{\Phi}_B$、$\dot{\Phi}_C$ 对称，三相空载电流也对称。

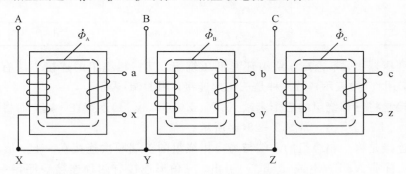

图 2-26 三相组式变压器的磁路系统

三相芯式变压器的磁路系统如图 2-27 所示，这种铁芯结构由三台单相变压器合并而成，如图 2-27(a)所示，当一次侧绕组外施加三相对称电压时，因三相主磁通对称，$\dot{\Phi}_A + \dot{\Phi}_B + \dot{\Phi}_C = 0$，

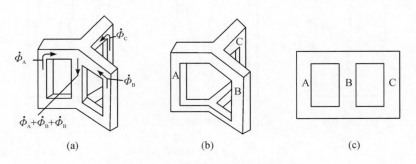

图 2-27 三相芯式变压器的磁路系统

即通过中间铁芯柱内的磁通为零，因此中间铁芯柱可以省掉。为节省材料、便于制造，通常将留下的三个铁芯柱排列在同一个平面内，于是得到如图 2 - 27(b)所示的三相芯式变压器。在这种铁芯结构中，任何一相磁通都以其他两相磁路作为闭合回路，也可制成三相磁路两两彼此相关的结构，如图 2 - 27(c)所示。

由于三相芯式变压器的三相磁路不对称，其磁路长度不相等，当外加三相对称电压时，三相空载电流不相等，中间相较小，两侧相较大。但是由于电力变压器的空载电流很小，它的不对称对变压器负载运行的影响很小，可以忽略，故仍可看作三相对称系统。三相芯式变压器具有节省材料、效率高、维护方便、占地面积小等优点，因而得到广泛应用。

2.6.2　三相变压器的绕组联结组标号

1. 三相变压器三相绕组的连接方法

为了说明三相变压器绕组的连接方法及正确使用变压器，变压器三相绕组出线端的标记规定及连接方法如表 2 - 1 所示。

表 2 - 1　变压器三相绕组出线端标记规定及连接方法

绕组名称	首端	末端	连接方法		中性点
			星形连接	三角形连接	
高压绕组	A、B、C	X、Y、Z	Y	D	N
低压绕组	a、b、c	x、y、z	y	d	n

在三相变压器中，不论高压绕组还是低压绕组，其三相绕组的连接方法有两种，一种是星形连接，用 Y(y)表示；另一种是三角形连接，用 D(d)表示。

星形连接是将三相绕组的三个末端 X、Y、Z(或 x、y、z)连接在一起，而将其三个首端 A、B、C(或 a、b、c)引出，如图 2 - 28(a)所示。

三角形连接是将一相绕组的末端与另一相绕组的首端顺次连接在一起，形成一个闭合回路，然后从首端 A、B、C(或 a、b、c)引出。三角形连接有两种连接顺序，一种按 AX－BY－CZ 顺序连接，如图 2 - 28(b)所示，称为三角形顺序连接。另一种按 AX－CZ－BY 的顺序连接，如图 2 - 28(c)所示，称为三角形逆序连接。

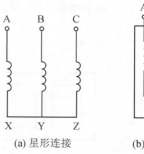
(a) 星形连接

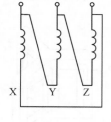
(b) 三角形顺序连接　　　　(c) 三角形逆序连接

图 2 - 28　三相绕组的连接方法

2. 三相变压器的联结组

三相变压器的联结组是用来说明三相绕组的连接方式及高、低压绕组对应线电动势之间的相位差的。单相变压器的联结组是三相变压器联结组的基础,因此,下面首先对单相变压器的联结组进行讨论。

1) 单相变压器的联结组

由于单相变压器的一、二次侧绕组套装在同一铁芯柱上,且交链着同一主磁通 Φ,当一次侧绕组的某一端瞬时电位为正时,在二次侧绕组上必有一端点的电位也为正,这两个对应的端点称为同极性端或同名端,在绕组端点旁用符号"·"表示。绕组的极性取决于绕组的绕向,与绕组首末端的标志无关。确定同极性端的常用方法是,在同极性端通入电流时,它们产生的磁通方向应相同。

单相变压器的联结组是用二次侧绕组和一次侧绕组对应的电动势之间的相位差来区分的。为了比较一、二次侧绕组感应电动势的相位,规定电动势的正方向为由末端指向首端。当一、二次侧绕组的同极性端都标为首端(或末端)时,其电动势相位相同,如图 2-29(a)、(d)所示。当一、二次侧绕组的不同极性端标为首端时,其电动势相位相反,如图 2-29(b)、(c)所示。

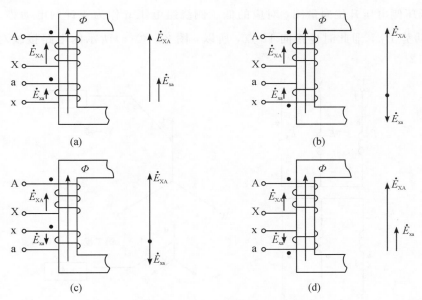

图 2-29 单相变压器的联结组

为了形象地表示一、二次侧绕组对应电动势的相位关系,通常采用时钟表示法,即将高压绕组对应电动势的相量作为时钟的长针,低压绕组对应电动势的相量作为时钟的短针,把长针固定指向 12 点的位置,看短针所指向的数字,这个数字就是单相变压器的联结组的组号。显然,对于图 2-29(a)、(d),$\dot{E}_{xa}$ 指向 0("12")点,联结组号为 0,联结组为 Ⅱ0,其中 Ⅱ 表示高、低压绕组均为单相。对于图 2-29(b)、(c),$\dot{E}_{xa}$ 指向 6 点,联结组号为 6,联结组为 Ⅱ6 。

2）三相变压器的联结组

三相变压器的联结组是用高、低压绕组对应线电动势之间的相位来决定的。由于高、低压三相绕组的连接方式不同，线电动势的相位差也不同，故三相变压器的联结组不仅与绕组的极性和首末端的标志有关，还与三相绕组的连接方式有关。

为了区分不同的联结组，三相变压器高、低压绕组对应线电动势之间的相位关系仍采用时钟表示法，即将高压侧线电动势相量作为时钟的长针，并固定指向12点的位置，低压侧对应线电动势相量作为时钟的短针，其所指数字即为三相变压器联结组的组号。

（1）星形—星形连接（Y，y 联结组）。

图 2-30（a）所示为三相变压器星形-星形电路接线图，星形连接用字母 Y 表示，其中高压边用大写字母 Y 表示，低压边用小写字母 y 表示，同极性端都标为首端。根据前面所述，高、低绕组相电动势相位相同。如图 2-30（b）所示为该接法对应的相电动势和线电动势的相量图。采用时钟表示法，第一步画高压侧电压升位向量图，Y 连接时箭头均指离中心点，取相量 $\dot{E}_U$ 看作时钟的长针，并固定指向12点的位置；第二步按照平行原则（即对应的高、低压侧绕组的电压方向一致或相反），高压侧绕组电压 U 平行于低压侧绕组电压 u，高压侧绕组电压 V 平行于低压侧绕组电压 v，高压侧绕组电压 W 平行于低压侧绕组电压 w，画低压侧电压升位向量图，对应的低压侧绕组电压 u 作为短针的电动势 $\dot{E}_u$ 平行于高压侧电动势 $\dot{E}_U$，即此时也指向12点，所以，图 2-30（a）所示的电路接线对应的联结组为 Y，y12。

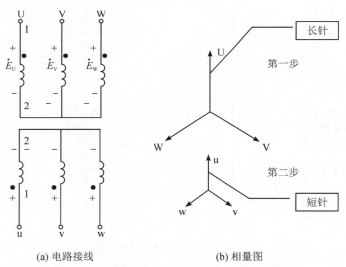

(a) 电路接线　　　　　　　　(b) 相量图

图 2-30　Y，y12 联结组

（2）三角形—星形连接（D，y 联结组）。

如图 2-31（a）所示，把高压绕组连接成三角形，高压边三角形连接用大写字母 D 表示（低压边用小写字母 d 表示），低压绕组连接成星形，用 y 表示，且同极性端都标为首端。如图 2-31（b）所示为该接法对应的相电动势和线电动势的相量图，第一步，画一次侧高压侧电动势升位相量图，三角形连接，即 D 逆相序连接：U 头—V 尾、V 头—W 尾、W 头—U 尾，取 V—U 为垂线，代表12点方向；第二步，按绕组首尾连接关系和箭头指同名端画图，例如同名端在 U 头，箭头由 U 尾（W 头）指向 U 头，其余两相类似画出；第三步，画二次侧低压侧电压升位相量图，按一次侧图平行作图，Y 连接时箭头均指离中心点，当同名端在字母侧时，箭头方向与一次侧相同，例如，v 相绕组对应 UV，w 对 VW，u 对 WU；第四步，连接 u—v，和 U—V 比较，即可得联结组为 D，y1。

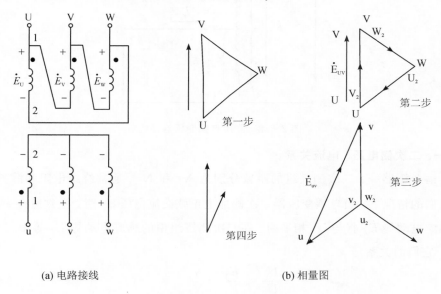

　　　　　　(a) 电路接线　　　　　　　　　　　　　　　　　　(b) 相量图

图 2 - 31　D，y1 联结组

根据电路接线图，用相量图法判断联结组的标号一般可分为四个步骤：

① 标出高、低压侧绕组相电动势的假定正方向。

② 作出高压侧的电动势相量图，将相量图的 A 点放在钟面的"12"处，相量图按逆时针方向旋转，相序为 A—B—C（相量图的三个顶点 A、B、C 按顺时针方向排列）。

③ 判断同一相高、低压侧绕组相电动势的相位关系，作出低压侧的电动势相量图，相量图按逆时针方向旋转，相序为 a—b—c（相量图的三个顶点 a、b、c 按顺时针方向排列）。

④ 确定联结组的标号，观察低压侧的相量图 a 点所处钟面的序数（就是几点钟），即为该联结组的标号。

2.7　其他用途的变压器

2.7.1　自耦变压器

如图 2 - 32 所示，一次侧和二次侧共用一部分绕组的变压器称为自耦变压器。普通双绕组变压器一、二次侧绕组是相互绝缘的，两个绕组之间只有磁的耦合，而没有电路上的联系。自耦变压器可以看成是普通双绕组变压器的一种特殊联结，即将一台普通双绕组的一、二次侧绕组串联起来作为自耦变压器的一次绕组，把原来的二次绕组作为公共绕组，同时也作为自耦变压器的二次绕组。因此，自耦变压器的特点是，一、二次侧绕组之间不仅有磁的耦合，而且两绕组直接有电路上的连接。下面以降压自耦变压器为例进行分析。

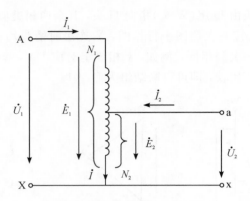

图 2-32　降压自耦变压器接线

1. 一、二次侧电压、电流关系

设自耦变压器一、二次侧绕组的匝数分别为 N_1 和 N_2。通常绕组电阻和漏磁通很小，在忽略它们的情况下，当自耦变压器一次侧加上正弦交流电压 $\dot{U}_1$ 时，主磁通在一次绕组中产生的感应电动势 $\dot{E}_1$ 将与 $\dot{U}_1$ 相平衡。在二次侧绕组中的感应电动势 $\dot{E}_2$ 等于二次侧的端电压 $\dot{U}_2$，它们的关系是

$$\frac{U_1}{U_2} \approx \frac{E_1}{E_2} = \frac{N_1}{N_2} = k \qquad (2-44)$$

式中，k 为自耦变压器的变比。

根据自耦变压器的接线图，公共绕组中的电流为

$$\dot{I} = \dot{I}_1 + \dot{I}_2 \qquad (2-45)$$

由于自耦变压器是由普通双绕组变压器演变而来的，所以，自耦变压器与普通双绕组变压器有相同的磁势平衡关系，即

$$\dot{I}_1(N_1 - N_2) + \dot{I}N_2 = \dot{I}_0 N_1 \qquad (2-46)$$

因为 I_0 很小，可忽略，则有

$$\dot{I}_1 N_1 + \dot{I}_2 N_2 = 0 \quad 或 \quad \dot{I}_1 = -\frac{\dot{I}_2}{k} \qquad (2-47)$$

将式(2-47)代入式(2-45)得

$$\dot{I} = \dot{I}_1 + \dot{I}_2 = \left(1 - \frac{1}{k}\right)\dot{I}_2 \qquad (2-48)$$

对于降压自耦变压器，$k > 1$，因此在数值上有

$$I = I_2 - I_1 \quad 或 \quad I_2 = I_1 + I \qquad (2-49)$$

从式(2-44)和式(2-47)可见，自耦变压器一、二次侧的电压和电流关系与普通双绕组变压器没有区别。

2. 容量关系

自耦变压器的容量与普通双绕组变压器相同，是指其输入容量或输出容量，额定运行时表示为

$$S_N = U_{1N} I_{1N} = U_{2N} I_{2N} \qquad (2-50)$$

根据图 2-32，降压自耦变压器的输出容量为

$$S_2 = U_2 I_2 \qquad (2-51)$$

将式(2-49)代入式(2-51)可得

$$S_2 = U_2(I + I_1) = U_2 I + U_2 I_1 = S_{电磁} + S_{传导} \qquad (2-52)$$

从式(2-52)可见，自耦变压器的输出容量包括两部分：第一部分是 $U_2 I = S_{电磁}$，它与普通双绕组变压器一样，是通过电磁感应由一次侧绕组传递到二次侧绕组，再输送给负载的容量，称为电磁容量或绕组容量。第二部分是 $U_2 I_1 = S_{传导}$，它是由一次侧电流 I_1 通过电路直接传递给负载的容量，称为传导容量。电磁容量的大小决定了变压器的硅钢片和铜线用量的多少，是变压器设计的依据。

由于传导容量是直接传递的，不需增加绕组容量，普通双绕组变压器没有这部分容量。所以，当变压器额定容量相同时，自耦变压器的绕组容量比普通双绕组变压器的绕组容量小。

[**例题 2-4**]　一台变压器，$S_N = 3$ kVA，$U_{1N}/U_{2N} = 230/115$ V，现将它改接成 230/345 V 的升压自耦变压器，求变压器容量、满载时的感应功率和传导功率。

解

$$I_{2N} = \frac{S_N}{U_{2N}} = \frac{3000}{115} = 26.08 \text{ A}$$

$$I_{1N} = \frac{U_{2N}}{U_{1N}} I_{2N} = \frac{345}{230} \times 26.08 = 39.12 \text{ A}$$

公共绕组电流为

$$I = I_{1N} - I_{2N} = 39.12 - 26.08 = 13.04 \text{ A}$$

变压器容量为

$$S_N = U_{1N} I_{1N} = 230 \times 39.12 = 9000 \text{ VA}$$

满载时的感应功率为

$$S_i = U_{1N} I = 230 \times 13.04 = 3000 \text{ VA}$$

传导功率为

$$S_t = U_{1N} I_{2N} = 230 \times 26.08 = 6000 \text{ VA}$$

2.7.2　互感器

互感器是电力系统中使用的一种重要的测量设备，用来测量高电压和大电流。测量高电压的互感器称为电压互感器，测量大电流的互感器称为电流互感器。电压互感器和电流互感器的工作原理与变压器基本相同。

1. 电压互感器

电压互感器的接线如图 2-33 所示。它的一次侧绕组匝数多，直接接到被测量的高压线路上；二次侧绕组匝数少，接测量仪表(如电压表或功率表)的电压线圈。通常电压互感器二次侧的额定电压都设计成 100 V。

由于电压表等测量仪表的电压线圈内阻抗很大，因此，电压互感器工作时，近似于一台变压器的空载运行。如果忽略励磁电流和漏阻抗压降，则有

$$\frac{U_1}{U_2} \approx \frac{E_1}{E_2} = \frac{N_1}{N_2} = k_u$$

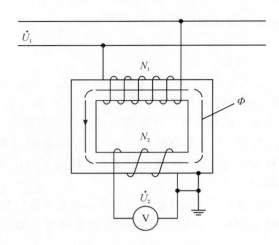

图 2-33 电压互感器接线

即

$$U_1 = k_u U_2$$

因此，利用一、二次侧绕组不同的匝数比，就可以将高压变换为低电压来测量。

实际上，由于电压互感器存在励磁电流和漏阻抗，所以它存在着两种误差，即变比误差和相角误差。为减小误差，设计电压互感器时，其铁芯一般采用优质硅钢片，并使其磁路处于不饱和状态，取磁密为 $0.6 \sim 0.8$ T。根据误差的大小，电压互感器的精度分为 0.2、0.5、1.0、3.0 四个等级，等级数值越小，准确度越高。

在使用电压互感器时，二次侧不能短路，否则会产生很大的短路电流，绕组将因过热而烧毁。另外，为保障测量人员和设备的安全，电压互感器的铁芯和二次侧绕组都必须可靠接地。

2. 电流互感器

电流互感器的接线如图 2-34 所示。它的一次侧绕组匝数很少，仅有一匝或几匝，并且导线截面大，串接在需要测量电流的高压或大电流线路中。二次侧绕组匝数很多，导线截

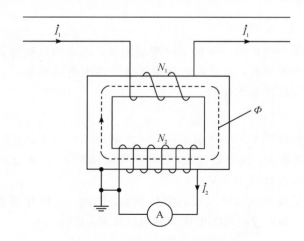

图 2-34 电流互感器接线

面小，并与内阻极小的电流表或功率表的电流线圈接成闭合回路。通常电流互感器的二次侧额定电流设计成 5 A 或 1 A。

由于电流表等测量仪表的电流线圈内阻抗很小，因此，电流互感器在工作时，相当于一台变压器的短路运行。如果忽略励磁电流，由磁动势平衡关系可得

$$\dot{I}_1 N_1 + \dot{I}_2 N_2 = 0$$

$$I_1 = \frac{N_2}{N_1} I_2 \tag{2-53}$$

因此，利用一、二次侧绕组不同的匝数比，就可以将大电流变换为小电流来测量。

为了减小误差，电流互感器铁芯采用性能较好的硅钢片制成，并使铁芯磁密设计得较低(一般为 0.08～0.1 T)，以减小励磁电流。但励磁电流不可能等于零，总有一定的数值。因此电流互感器也同样存在变比和相角两种误差。按变流比误差大小分为 0.2、0.5、1.0、3.0 和 10.0 五个等级，等级数值越小，误差也越小。

在使用电流互感器时，二次侧绝不允许开路。因为二次侧开路时，$I_2 = 0$，一次侧电流将全部成为励磁电流，使铁芯中的磁通急剧增大，铁芯过饱和引起互感器严重发热，影响互感器性能，甚至烧毁绕组；同时，也使二次侧感应出很高的电动势，可能使绝缘击穿，危及测量人员和测量设备的安全。因此，为确保安全，电流互感器的铁芯和二次侧绕组的一端必须可靠接地。

2.8 变压器的并联运行

在电力系统中，常常采用几台变压器并联运行的方式。变压器的并联运行是指将两台或多台变压器的一次侧绕组和二次侧绕组分别接到一次侧和二次侧公共的高、低压母线上，共同对负载供电。如图 2-35(a)所示是两台变压器并联运行时的接线图。如图 2-35 (b)所示是其简化表示形式。

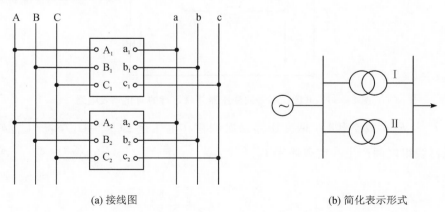

(a) 接线图　　　　　　　　　　　　(b) 简化表示形式

图 2-35　两台变压器并联运行

变压器并联运行具有许多优点：

(1) 提高供电的可靠性。当并联运行中的某台变压器发生故障或需要检修时，可以将该变压器从电网切除，而电网仍能继续对重要用户供电。

（2）提高供电的经济性。当负载随昼夜、季节有较大变化时，可以调整并联运行的变压器台数，以提高运行效率。

（3）可以减少变电所中变压器的备用容量，并可根据负载的逐步增大增加新的变压器。

当然，并联运行的变压器台数也不宜太多，否则将会提高设备成本、增加占地面积。因为在总容量相同的情况下，几台小容量变压器的总造价要比一台大容量变压器的造价高、占地多。

多台变压器并联运行的理想情况是：

（1）在空载运行时，并联运行的每台变压器二次侧电流均为零，各台变压器二次侧绕组之间没有环流。

（2）在负载运行时，各变压器所负担的负载电流与它们各自的容量成正比。

（3）在负载运行时，各变压器二次侧电流相位相同。

为了达到上述并联运行的理想情况，并联运行的各变压器必须满足下列三个条件：

（1）各变压器一、二次侧的额定电压应相等，即电压比相等；

（2）各变压器的联结组标号必须相同；

（3）各变压器的短路阻抗标幺值应相等，且短路电抗与短路电阻之比也应相等。

其中，第（2）个条件必须严格保证。下面以两台变压器的并联运行为例加以讨论。

2.8.1　电压比不等时的变压器并联运行

设并联运行的两台变压器联结组标号相同，短路阻抗标幺值相等，但电压比不相等，且 $k_I < k_{II}$。为便于计算，将一次侧的各物理量折算到二次侧，并忽略励磁电流时，两台变压器并联运行对应的简化等效电路如图 2-36 所示。

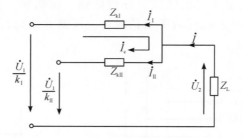

图 2-36　电压比不等的变压器并联运行的简化等效电路

由于 $k_I < k_{II}$，故空载时，两变压器二次侧存在电压差 $\Delta \dot{U}_{20} = \dot{U}_1 / k_I - \dot{U}_1 / k_{II}$，使得在两变压器绕组之间产生一空载环流 $\dot{I}_c$：

$$\dot{I}_c = \frac{\Delta \dot{U}_{20}}{Z_{kI} + Z_{kII}} = \frac{\dfrac{\dot{U}_1}{k_I} - \dfrac{\dot{U}_1}{k_{II}}}{Z_{kI} + Z_{kII}} \qquad (2-54)$$

式中，Z_{kI}、Z_{kII} 分别为第 I 台和第 II 台变压器折算到各二次侧的短路阻抗值。

由于一般电力变压器的短路阻抗 Z_k 很小，所以即使由于两台变压器电压比不等而产生的电压差值 $\Delta \dot{U}$ 不大，也会产生较大的空载环流。因此变压器并联运行时，应使其电压比相等。若电压比不相等，为保证变压器并联运行时空载环流不致过大，通常规定并联运行

的各变压器变比差值 Δk 不应大于 0.5%，即

$$\Delta k = \frac{k_{\mathrm{I}} - k_{\mathrm{II}}}{\sqrt{k_{\mathrm{I}} k_{\mathrm{II}}}} \times 100\% \leqslant 0.5\%$$

2.8.2　联结组标号不同时的变压器并联运行

并联运行的各变压器联结组标号必须严格保证相同，否则将造成严重的不良后果。设两变压器的电压比和短路阻抗标幺值均相等，但联结组标号不相同。此时两变压器二次侧线电压相位将不相同，而且相位差至少是 30°。例如，当联结组为 Y，y0 和 Y，d11 的两变压器并联时，其二次侧线电压相位差就是 30°，如图 2-37 所示。图中 $\dot{U}_{2\mathrm{NI}} = \dot{U}_{2\mathrm{NII}} = \dot{U}_{2\mathrm{N}}$ 是两变压器二次侧线电压。此时二次侧线电压差值为

$$\Delta U_{20} = 2U_{2\mathrm{N}} \sin\left(\frac{30°}{2}\right) = 0.518 U_{2\mathrm{N}}$$

可见，ΔU_{20} 达到了二次侧额定电压的 51.8%。

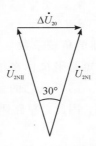

图 2-37　Y，y0 和 Y，d11 变压器并联时的相位差

由于变压器的短路阻抗很小，这样大的电压差必将在两变压器绕组中产生很大的空载环流，可能使变压器的绕组烧毁，所以联结组标号不同的变压器绝对不允许并联运行。

2.8.3　短路阻抗标幺值不等时的并联运行

假设并联运行的两台变压器电压比相等，联结组标号相同，但短路阻抗标幺值不相等，忽略励磁电流，并把一次侧的各物理量折算到二次侧，可得两台变压器并联运行时的简化等效电路如图 2-38 所示。从图中可得

$$\dot{I} = \dot{I}_{\mathrm{I}} + \dot{I}_{\mathrm{II}} \tag{2-55}$$

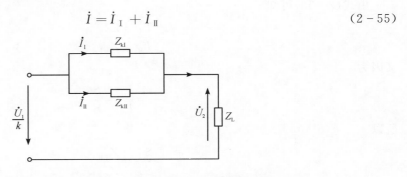

图 2-38　短路阻抗标幺值不等的变压器并联运行的简化等效电路

$$\dot{I}_{\text{I}} Z_{\text{kI}} = \dot{I}_{\text{II}} Z_{\text{kII}}$$

$$\frac{\dot{I}_{\text{I}}}{\dot{I}_{\text{II}}} = \frac{Z_{\text{kII}}}{Z_{\text{kI}}} \qquad\qquad (2-56)$$

用标幺值表示时，可得

$$\frac{I_{\text{I}}^*}{I_{\text{II}}^*} = \frac{Z_{\text{kII}}^*}{Z_{\text{kI}}^*} \angle (\varphi_{\text{kII}} - \varphi_{\text{kI}}) \qquad\qquad (2-57)$$

在变压器的短路阻抗 Z_{k} 中，各变压器的 R_{k} 和 X_{k} 的比值相差很小，即短路阻抗角相差不大。短路阻抗角的差别对并联变压器的负载分配影响不大，实际工作中，通常把各变压器阻抗角差别产生的影响忽略不计。因此，可将式(2-57)写成标量的形式，即

$$\frac{I_{\text{I}}^*}{I_{\text{II}}^*} = \frac{Z_{\text{kII}}^*}{Z_{\text{kI}}^*}$$

或

$$\frac{\beta_{\text{I}}}{\beta_{\text{II}}} = \frac{Z_{\text{kII}}^*}{Z_{\text{kI}}^*} \qquad\qquad (2-58)$$

式(2-58)表明，并联运行的两变压器的负载系数 β 与其短路阻抗的标幺值成反比。若各变压器的短路阻抗标幺值不相等，则短路阻抗标幺值小的变压器先达到满载，而短路阻抗标幺值大的变压器则处于轻载运行，结果是总的负载容量小于总的设备容量，整个并联变压器系统容量没有得到充分利用。因此，短路阻抗标幺值相差太大的变压器不宜并联运行。

在实际工作中，不同变压器的短路阻抗标幺值总是存在差异，为了使变压器并联运行时不浪费设备容量，要求各变压器短路阻抗标幺值相差不能太大，一般不大于 10%，且任意两台变压器容量之比不超过 3∶1。

[例题 2-5]　两台变压器并联运行，数据如下：$S_{\text{NI}} = 50$ kVA，$Z_{\text{kI}}^* = 0.075$，$S_{\text{NII}} = 100$ kVA，$Z_{\text{kII}}^* = 0.06$，额定电压均为 10/0.4 kV，联结组标号也相同。试计算：(1) 当总负载为 150 kVA 时，每台变压器分担的负载是多少？(2) 当不允许任何一台变压器过载时，并联变压器组最大输出容量是多少？

解　(1) 假设两台变压器承担的负载分别为 S_{I}、S_{II}。

由式(2-58)可知

$$\frac{I_{\text{I}}^*}{I_{\text{II}}^*} = \frac{Z_{\text{kII}}^*}{Z_{\text{kI}}^*}$$

又因为

$$\frac{\beta_{\text{I}}}{\beta_{\text{II}}} = \frac{I_{\text{I}}^*}{I_{\text{II}}^*} = \frac{S_{\text{I}}^*}{S_{\text{II}}^*}$$

所以

$$\frac{S_{\text{I}}^*}{S_{\text{II}}^*} = \frac{Z_{\text{kII}}^*}{Z_{\text{kI}}^*}$$

即

$$S_{\mathrm{I}}^{*}=\frac{Z_{\mathrm{k II}}^{*}}{Z_{\mathrm{k I}}^{*}}S_{\mathrm{II}}^{*} \quad \text{或} \quad \frac{S_{\mathrm{I}}}{S_{\mathrm{N I}}}=\frac{Z_{\mathrm{k II}}^{*}}{Z_{\mathrm{k I}}^{*}}\times\frac{S_{\mathrm{II}}}{S_{\mathrm{N II}}}$$

把已知数据代入上式得

$$\frac{S_{\mathrm{I}}}{50}=\frac{0.06}{0.075}\times\frac{S_{\mathrm{II}}}{100} \qquad ①$$

另外

$$S_{\mathrm{I}}+S_{\mathrm{II}}=150 \qquad ②$$

解式①和②，可得

$$S_{\mathrm{I}}=42.8\ \mathrm{kVA}$$
$$S_{\mathrm{II}}=107.2\ \mathrm{kVA}$$

可见，短路阻抗标幺值大的第一台变压器，处于欠载状态；而短路阻抗标幺值小的第二台变压器，处于过载状态。

（2）由于短路阻抗小的变压器负载系数大，因此必先达到满载，设 $\beta_{\mathrm{II}}=1$，则

$$\beta_{\mathrm{I}}=\left(\frac{Z_{\mathrm{k II}}^{*}}{Z_{\mathrm{k I}}^{*}}\right)\beta_{\mathrm{II}}=\left(\frac{0.06}{0.075}\right)\times1=0.8$$

因此最大输出容量为

$$S=\beta_{\mathrm{I}}S_{\mathrm{N I}}+\beta_{\mathrm{II}}S_{\mathrm{N II}}=0.8\times50+1\times100=140\ \mathrm{kVA}$$

2.9　变压器运行仿真

《静一电气自动化教学仿真资源软件》是用于自动化及电气工程等相关专业的电机教学仿真软件。软件基于"积件系统"的概念来设计，包含两大部分，一是资源库，二是资源制作管理。资源库含元器件库、控制对象库等，可以通过搭积木的方式来组合拼装积件，产生新的资源。在电机学实验中，教学者可以用一、二次侧回路（混合）编辑器将元器件搭建成各种电机实验回路。编辑器还具有运行功能，教学者可以设定不同的运行参数和工作模式运行实验回路，展示实验结果和特性曲线，对有对的结果、错有错的现象。

2.9.1　电机仿真平台介绍

1. 资源制作

元器件库里储存了主令电器、继电器等各种元器件作为基本积件。每一个元器件都由国标图符来表示，含有规格参数和逻辑。此外，还包含了利用这些元器件搭建而成的控制对象（如一次回路）、控制系统（如二次回路）、项目（工程）、实验等资源。"资源制作"为用户提供了利用这些资源来构建新资源的功能。

当用户新建一个资源时，系统会要求用户选择资源类型和细分类型，定义资源的名称后进入相应的编辑制作界面。不同的资源类型，其编辑界面也不同。

2. 电气回路编辑器

电机特性实验多是通过搭建实验电路来实现的。资源类型"控制系统"下的细分类型

"电气回路"提供电气回路各类元器件。打开的编辑器界面如图 2-39 所示，左侧的元器件资源目录里提供了电路搭建所需的各类元器件，点选后在左下角显示不同的规格型号；用鼠标选择拖拉具体元器件型号到右侧编辑界面中就完成了元器件的选择。单击不同的元器件，在右下角元器件规格参数窗口里可以看到该元器件的规格参数。

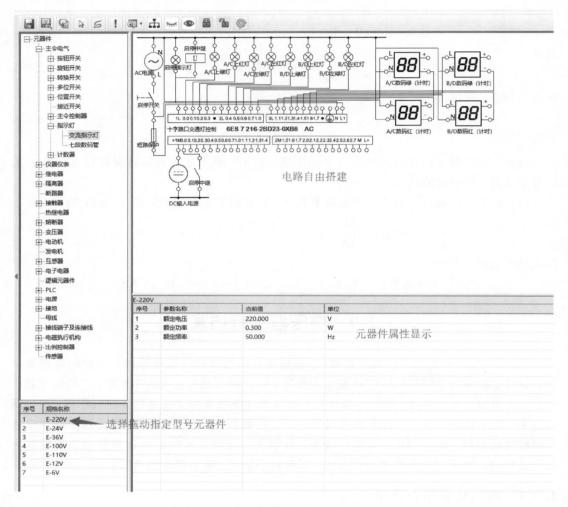

图 2-39　电路搭建编辑器界面

单击"导线"图标指令可进入接线模式。在此模式下，依次单击两个元器件的端子就可以完成两个元器件的连接，进而完成回路的搭建。右键单击元器件会弹出相应的操作菜单，可以进行如旋转、显示属性设定、元器件属性查看、元器件特有的设置（故障设置）等操作。

注：对于需要在以后的项目应用中与电气回路建立对应关系的元器件，需要在元器件的显示属性中设置别名，并在输出接口（ 🏛 ）中予以选中。

在编辑器中搭建好的电路可以直接运行，单击命令栏的 ▌执行按钮即可运行这个电路，进行电路的相关操作（如合闸、调整电路参数、查看仪表值、特性曲线制作等），如图 2-40 所示。

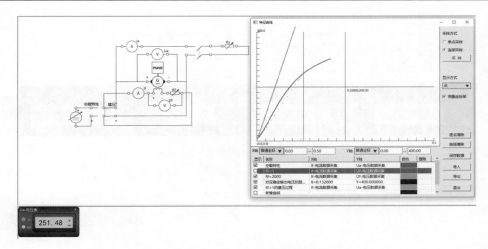

图 2-40 电路运行操作界面

3. 项目编辑器

工程项目中提供了项目编辑器,可将控制对象、控制系统组合在一个应用项目中,如图 2-41 所示。在项目编辑器中可以编辑控制对象和实验回路,然后建立控制对象和电气回路元器件的对应关系,借助控制对象直观展现实验电路的运行状态和结果。此外,还可以在运行中调节参数,配合题目表述文件等内部文档和其他文档,形成一个完整的应用项目。

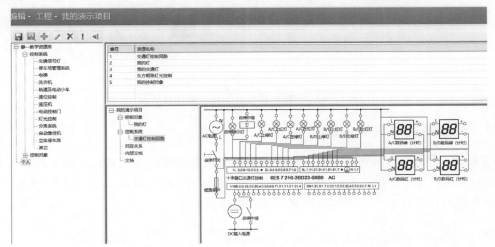

图 2-41 工程项目搭建编辑器界面

2.9.2 变压器空载实验仿真

如图 2-42 所示为静一电气自动化教学仿真资源软件平台上单相双绕组变压器空载仿真实验。

调节单相变压器二次侧输入电压 U2,运行如图 2-42(a)所示的单相双绕组变压器空载实验的仿真电路,使得 U2 数值达到空载实验所用变压器二次侧额定电压为止,并查看空载实验回路中各仪表,读取空载损耗 P0、空载电流百分比 I0,可测得如图 2-42(b)所示的空载试验特征曲线。

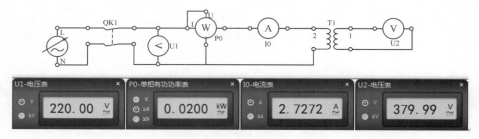

(a) 空载实验仿真电路接线及数据采集

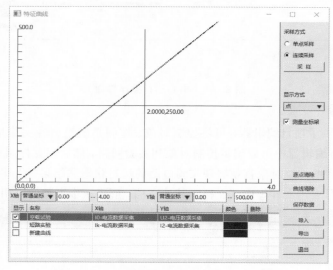

(b) 空载试验特征曲线

图 2-42　单相双绕组变压器空载仿真实验

2.9.3　变压器短路实验仿真

图 2-43 所示为仿真软件平台上单相双绕组变压器短路仿真实验，实验电路接线如图 2-43(a) 所示，当闭合开关 QK2 通电运行时，各仪表测得的参数如图 2-43(b) 所示，则通过已知参数可以计算出一次侧和二次侧各支路的电路参数。

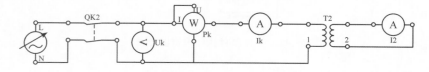

(a) 电路接线

(b) 名仪表参数

图 2-43　单相双绕组变压器短路仿真实验

调节单相变压器一次侧交流电源的输入电压 U1，运行如图 2-43 所示的单相双绕组变压器短路仿真实验的电路，使得二次侧电流 I2 数值达到短路实验所用变压器二次侧额定电流为止，读取负载损耗 Pk，计算阻抗电压 Uk、短路阻抗 Zk。

2.9.4　变压器联结组标号仿真

图 2-44 所示为三相变压器联结组标号仿真实验，图 2-44(a) 所示为三相变压器星形—星形连接时的仿真电路，联结组标号为 Y，y0，即相位为 0；图 2-44(b) 所示为三相变压器星形—星形连接时的仿真电路，联结组标号为 Y，y6，即相位为 −180°；图 2-44(c) 所示为三相变压器星形—三角形连接时的仿真电路，联结组标号为 Y，d1，即相位为 −30°；图 2-44(d) 所示为三相变压器星形—三角形连接时的仿真电路，联结组标号为 Y，d5，即相位为 −150°，其中负号代表短针电压矢量向常值电压矢量逆时针方向旋转。

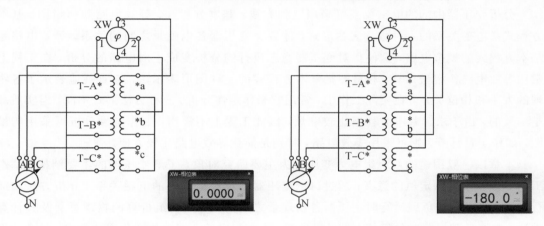

(a) 三相变压器联结组(Y,y0)实验　　　　　　(b) 三相变压器联结组(Y,y6)实验

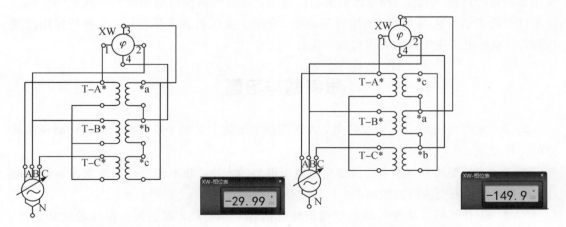

(c) 三相变压器联结组(Y,d1)实验　　　　　　(d) 三相变压器联结组(Y,d5)实验

图 2-44　三相变压器联结组标号仿真

　　通过运行如图 2 - 44 所示的三相变压器四种联结组的仿真电路，查看相位表，验证了当三相变压器一次侧、二次侧绕组为星形接线时，Y，y0、Y，y6、Y，d1、Y，d5 四种联结组的正确性。

本 章 小 结

　　在变压器中，既有电路问题又有磁路问题。要掌握变压器内部的物理情况和电磁耦合关系，特别要清楚主磁通和漏磁通的性质及作用。主磁通沿铁芯闭合，因耦合作用在一次、二次侧绕组中产生感应电动势，起到了传递电磁功率的媒介作用，它的大小取决于一次侧的电源电压，而与负载变化无直接关系；漏磁通仅与自身绕组交链，在绕组中产生漏电抗压降，但不直接参与能量的传递作用。

　　分析变压器内部的电磁关系可采用三种方法：基本方程式、等效电路和相量图。基本方程式是电磁关系的一种数学表达形式，体现了变压器各电磁量之间的关系。等效电路是基本方程式的模拟电路，这使得对变压器稳态运行的分析变成了对电路的分析，在工程上常用等效电路作定量计算。相量图是基本方程式的一种图形表示法，它直观地表示了各物理的大小和相位关系，在实际工作中，常用它来作定性分析。三种方法形式不同，但实质却是一致的。由于求解基本方程组比较麻烦，因此工程上不常用，如作定性分析可采用相量图，如作定量计算，则可采用等效电路，特别是简化等效电路比较方便。

　　本章以一般用途的双绕组电力变压器为主要研究对象，了解变压器的主要结构、基本工作原理及主要额定值的意义；通过讨论变压器的负载运行时的电磁关系、分析方法和运行特性，深入理解负载运行时变压器各物理量之间的关系，绕组折算的物理意义及其计算方法，掌握负载运行时的等值电路、相量图、参数测定及求解电压变化率和效率，学会分析变压器的运行性能；熟悉三相变压器的联结组别，并能根据绕组接线图判别其联结组别或按照已知的联结组别画出绕组的接线图。同时介绍了变压器的并联运行、几种特殊用途变压器，以及给出了变压器的应用实例和仿真。

思考题与习题

　　2 - 1　家用电压为 220 V 交流电，为何能给电压为 5 V 的手机充电器使用？请说出具体的工作原理。

　　2 - 2　为何变压器只能直接改变交流电压电势的大小，却不能直接改变直流电流的电压，而且无法改变交流电流的频率？

　　2 - 3　为什么可以把变压器的空载损耗近似看成是铁耗，而把短路损耗看成是铜耗？变压器实际负载时实际的铁耗和铜耗与空载损耗和短路损耗有无区别？为什么？

　　2 - 4　变压器为什么不能直接改变直流电的电压等级，而能改变交流电的电压等级，其原理是什么？

　　2 - 5　一台变压器，原设计频率为 50 Hz，现将它接到 60 Hz 的电网上运行，额定电压不变。试问对励磁电流、铁耗、漏抗、电压变化率有何影响。

2-6　一台频率为 50 Hz、额定电压为 220/110 V 的变压器，若把它接在 60 Hz 的电网上，保持额定电压不变，主磁通和励磁电流会如何变化？若接在相同额定电压的直流电源上，会出现什么后果？

2-7　变压器绕组从二次侧向一次侧折算的条件是什么？一次侧能否向二次侧折算？条件是否相同？

2-8　什么是变压器的电压变化率？它与哪些因素有关？当变压器带容性负载时，二次侧输出电压比空载电压高还是低？

2-9　变压器从空载到额定负载运行，其铁芯损耗是否随负载的增加而增加？为什么？

2-10　变压器运行时的效率与哪些因素有关？产生最大效率的条件是什么？

2-11　变压器在做空载试验时为什么通常在低压侧进行，而做短路试验时又在高压侧进行？

2-12　变压器并联运行时应满足哪些条件？为什么各变压器的联结组标号必须严格保证相同？

2-13　一台单相变压器，额定容量 $S_N = 5000$ kVA，额定电压 $U_{1N}/U_{2N} = 35/6.6$ kV，试求一、二次侧的额定电流。

2-14　一台三相变压器，额定容量 $S_N = 750$ kVA，额定电压 $U_{1N}/U_{2N} = 10/0.4$ kV，采用 Y,d 连接，试求：

(1) 一、二次侧的额定电流；

(2) 一、二次侧绕组的额定电压和额定电流。

2-15　一台三相电力变压器，采用 Y,y 连接。已知 $S_N = 750$ kV · A，$U_{1N}/U_{2N} = 10/0.4$ kV，$Z_k = 1.42 + j6.50$ Ω。变压器在额定电压下带三相对称负载运行（Y 连接），$Z_L = 0.18 + j0.06$ Ω。试计算：

(1) 一、二次侧电流；

(2) 二次侧输出电压。

2-16　一台三相电力变压器，额定容量 $S_N = 200$ kV · A，额定电压 $U_{1N}/U_{2N} = 10\ 000/400$ V，额定电流 $I_{1N}/I_{2N} = 11.5/288.7$ A，采用 Y,y 连接。在低压侧做空载试验，额定电压下测得 $I_0 = 5.1$ A，$p_0 = 472$ W，试求折算至高压侧的励磁参数。

2-17　一台三相电力变压器，额定容量 $S_N = 100$ kV · A，额定电压 $U_{1N}/U_{2N} = 6/0.4$ kV，额定电流 $I_{1N}/I_{2N} = 9.63/144$ A，采用 Y,yn 连接。在高压侧做短路试验，测得 $U_k = 321$ V，$I_k = 9.63$ A，$p_k = 1925$ W，试求各短路参数。

2-18　一台三相变压器，额定容量 $S_N = 31\ 500$ kV · A，空载损耗 $p_0 = 86\ 250$ W，短路损耗 $p_{kN} = 198\ 120$ W，采用 Y,d 连接。试计算：

(1) 当变压器额定负载且 $\cos\varphi_2 = 0.85$（感性）时的效率 η_N。

(2) 产生最大效率时的负载系数 β_m 和最大效率 η_{max}。

2-19　如图 2-45 所示的两组绕组接线，判别(a)、(b)两组变压器的联结组别。

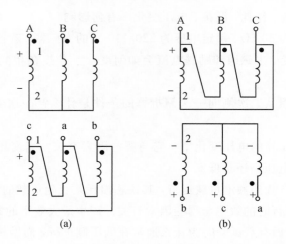

图 2-45 习题 2-18 图

2-20 两台变压器并联运行，已知：$U_{1N}/U_{2N}=35/6.3$ kV，采用 Y，d11 连接，$S_{NI}=3150$ kV·A，$S_{NII}=4000$ kV·A，$Z_{kI}^*=0.072$，$Z_{kII}^*=0.075$。当总负载容量为 7150 kV·A 时，试计算：

(1) 每台变压器分担的负载；

(2) 当不允许任何一台变压器过载时，并联变压器组最大输出容量。

2-21 一台 $S_N=20$ kV·A，$U_{1N}/U_{2N}=220/110$ V，$Z_k^*=0.06$ 的普通两绕组变压器，现把它分别改接成 330/220 V 的降压自耦变压器和 220/330 V 的升压自耦变压器，试计算：

(1) 降压自耦变压器一、二次侧额定电流和额定容量。

(2) 升压自耦变压器一、二次侧额定电流和额定容量。

第 3 章　直流电机及仿真

学习目标

- 了解直流电机的用途和基本工作原理；
- 了解直流电机的结构和铭牌数据；
- 理解直流电机的电枢绕组磁动势和磁场；
- 掌握直流电动机及发电机的电枢电动势、电磁转矩和电磁功率；
- 掌握直流电动机及直流发电机的运行特性；
- 了解直流电机的电枢反应和换向；
- 了解直流电机性能仿真。

　　直流电动机和直流发电机通称为直流电机(DC machine 或 DC motor)，二者是可逆的。直流电动机与交流异步电动机相比，具有较好的起动性能，可在较宽的范围内达到平滑无级调速，同时又比较经济，所以广泛地应用于轧钢机、电力机车、大型机床拖动系统以及玩具行业中。直流发电机主要是采用交流电机拖动，用做直流电源，但随着电力电子技术的发展，晶闸管变流装置将逐步取代用做直流电源的直流发电机。

　　电机是利用电磁作用原理进行能量转换的机械装置。直流电机能将直流电能转换为机械能，或将机械能换转为直流电能。将直流电能转换成机械能的装置称为直流电动机，将机械能转换为直流电能的装置称为直流发电机。由于直流电机具有结构复杂、使用有色金属多、生产工艺复杂、价格昂贵、运行可靠性差等缺点，因此限制了它的广泛应用。随着近年电力电子学和微电子学的迅速发展，在很多领域内，直流电动机将逐步为交流调速电动机所取代，直流发电机则正在被电力电子器件整流装置所取代。但是，由于直流电机具有良好的起动性能和调速性能、较大的过载能力等优点，因此使得它在许多场合仍继续发挥重要作用。例如，直流电动机常应用于那些对起动和调速性能要求较高的生产机械，如大型机床、电力机车、轧钢机、矿井卷扬机、船舶机械、造纸机和纺织机等。直流发电机作为直流电源，用于需要直流电能的场合，如化工中的电解、电镀等。本章主要分析直流电机的原理、结构、磁场、感应电动势、电磁转矩等问题。

3.1　直流电机的工作原理

　　如图 3-1 所示是一台直流电机的最简单模型。N 和 S 是一对固定的磁极，可以是电磁铁，也可以是永久磁铁。磁极之间有一个可以转动的铁质圆柱体，称为电枢铁芯。铁芯表面固定一个

我国直流大型电机的
发展现状分析

用绝缘导体构成的电枢线圈 abcd，线圈的两端分别接到相互绝缘的两个半圆形铜片（换向片）上，它们组合在一起称为换向器，在每个半圆铜片上分别放置一个固定不动且与铜片滑动接触的电刷 A 和 B，线圈 abcd 通过换向器和电刷接通外电路。

3.1.1　直流电动机的基本工作原理

加于直流电动机的直流电源，通过电刷和换向器的共同作用，使得同磁极下的导体边流过的电流方向不变，导体受力方向不变，进而产生方向恒定的电磁转矩，使电机连续转动，这就是直流电动机的基本工作原理。如图 3－1(a)所示，导体 ab 在磁极 N 下，电流方向为流入，受到顺时针方向的电磁力拖动；当转到磁极 S 下时，电流方向变为流出（见图 3－1(b)），受到的电磁力仍然为顺时针方向，则导体 ab 在整个运动周期内都为顺时针方向转动。

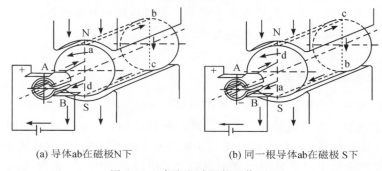

(a) 导体ab在磁极N下　　　　　　　　(b) 同一根导体ab在磁极S下

图 3－1　直流电动机的工作原理

在实际的直流电动机中，电枢圆周上均匀地嵌放许多线圈，相应的换向器由许多换向片组成，使电枢线圈所产生的总的电磁转矩足够大，并且比较均匀，电动机的转速也就比较均匀。直流电动机有两套输入电源，即励磁电源和电枢电源，也称双边励磁系统，其电路接线如图 3－2 所示，其工作原理如图 3－3 所示。

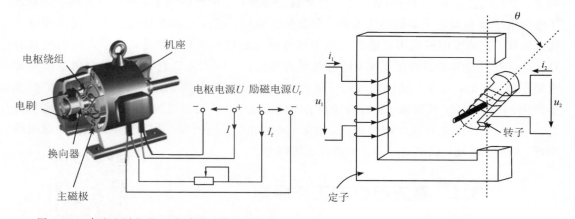

图 3－2　直流电动机的双边励磁系统电路接线　　　　图 3－3　双边励磁系统的工作原理

3.1.2　直流发电机的基本工作原理

如图 3－4 所示是直流发电机工作原理图，同直流电动机一样，直流发电机电枢线圈中的感应电动势的方向也是交变的，而通过换向器和电刷的整流作用，在电刷 A、B 上输出的电动势是极性不变的直流电动势。在电刷 A、B 之间接上负载，发电机就能向负载供给直流电能。这就是直流发电机的基本工作原理。

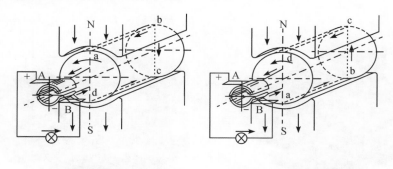

(a) 导体 ab 在磁极 N 下　　　　　　　　(b) 同一根导体 ab 在磁极 S 下

图 3-4　直流发电机的工作原理

从以上分析可以看出：一台直流电机原则上既可以作为电动机运行，也可以作为发电机运行，取决于外界不同的条件。将直流电源加于电刷，输入电能，电机能将电能转换为机械能，拖动生产机械旋转，作电动机运行；如用原动机拖动直流电机的电枢旋转，输入机械能，电机能将机械能转换为直流电能，从电刷上引出直流电动势，作发电机运行。同一台电机，既能作电动机运行，又能作发电机运行的原理，称为电机的可逆原理。

由上述分析可得出以下结论：

(1) 电机内部(以电刷为界)：线圈中产生的感应电动势、流过的电流是交流电。

(2) 电机外部(电刷两端)：电动机运行外加直流电，发电机运行输出直流电。

(3) 从原理上讲，同一台电机既可以作电动机运行又可以作发电机运行，是可逆的。

(4) 直流电动机及发电机的电压与电流方向惯例如图 3-5 所示。

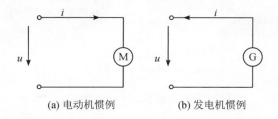

(a) 电动机惯例　　　　　　　　(b) 发电机惯例

图 3-5　直流电机惯例

3.2　直流电机的结构和额定值

3.2.1　直流电机的结构

由直流电动机和发电机工作原理示意图可以看到，直流电机的结构应由定子和转子两大部分及基座附件等组成，如图 3-6 所示。直流电机运行时静止不动的部分称为定子，定子的主要作用是产生磁场，由机座、主磁极、换向极、端盖和电刷装置等组成。直流电机运行时转动的部分称为转子，其主要作用是产生电磁转矩和感应电动势，是直流电机进行能量转换的枢纽，所以通常又称为电枢，它是由主轴、电枢铁芯、电枢绕组、换向器和风扇等组成的。

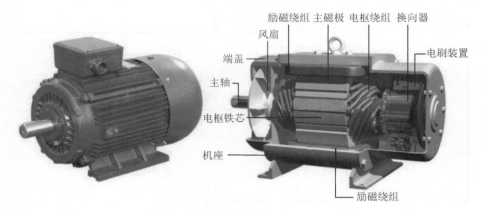

图 3-6　直流电机外观及内部结构

直流电机内部由静止的定子部分和转动的转子部分构成，如图 3-7 所示，定、转子之间有一定大小的间隙(称为气隙)。

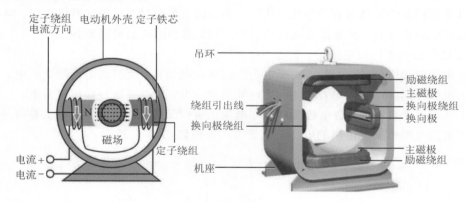

(a) 定子部分

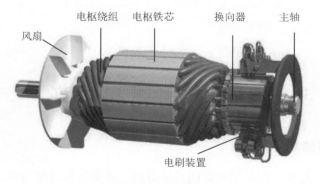

(b) 转子(电枢)部分

图 3-7　直流电机定、转子结构

1. 定子部分

直流电机定子部分主要由主磁极、换向极、机座和电刷装置组成,如图 3 − 7(a)所示。

(1) 主磁极:又称主极。在一般大中型直流电机中,主磁极是一种电磁铁。

机座与主磁极铁芯、磁轭(极掌)和电枢铁芯一起构成直流电动机的磁路,磁场通过整个磁路的情形如图 3 − 8 所示。

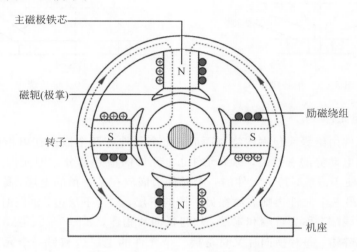

图 3 − 8　直流电动机主磁极和磁路

(2) 换向极:容量在 1 kW 以上的直流电机,在相邻两主磁极之间要装上换向极。换向极又称附加极或间极,其作用是改善直流电机的换向性能。

(3) 机座:一般直流电机都用整体机座。所谓整体机座,就是一个机座同时起两方面的作用:一方面起导磁的作用;一方面起机械支撑的作用。

(4) 电刷装置:电刷装置是把直流电压、直流电流引入或引出的装置,电刷装置在图 3 − 7(b)中画出。

2. 转子部分

直流电机转子部分主要由电枢铁芯和电枢绕组、换向器、转轴和风扇等组成,如图 3 − 7(b)所示。

(1) 电枢铁芯:电枢铁芯作用有二,一个是作为主磁路的主要部分,另一个是嵌放电枢绕组。

(2) 电枢绕组:它是直流电机的主要电路部分,通过电流和电磁感应产生电动势以实现机电能量转换。

(3) 换向器:在直流发电机中,它的作用是将绕组内的交变电动势转换为电刷上的直流电动势;在直流电动机中,它将电刷上所通过的直流电流转换为绕组内的交变电流。

3.2.2　直流电机的电枢绕组

按照连接规律的不同,电枢绕组分为单叠绕组(见图 3 − 9)、单波绕组(见图 3 − 10)、复叠绕组、复波绕组、蛙绕组等多种类型。本节先介绍电枢绕组元件的基本特点,再以单叠绕组和单波绕组为例阐述电枢绕组的构成原理和连接规律。

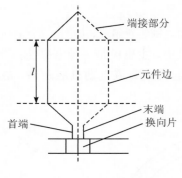

图 3-9　单叠绕组

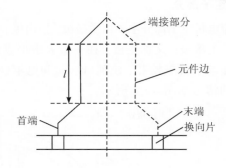

图 3-10　单波绕组

1. 电枢绕组元件

电枢绕组元件由绝缘漆包铜线绕制而成，每个元件有两个嵌放在电枢槽内、能与磁场作用产生转矩或电动势的有效边，称为元件边。元件的槽外部分亦即元件边以外的部分称为端接部分。为便于嵌线，每个元件的一个元件边嵌放在某一槽的上层，称为上层边，画图时以实线表示；另一个元件边则嵌放在另一槽的下层，称为下层边，画图时以虚线表示。每个元件有两个出线端，称为首端和末端，均与换向片相连，如图 3-9、图 3-10 所示。每一个元件有两个元件边，每片换向片又总是接一个元件的上层边和另一个元件的下层边，所以元件数 S 总等于换向片数 K，即 $S=K$；而每个电枢槽分上下两层，嵌放两个元件边，所以元件数 S 又等于槽数 Z，即 $S=K=Z$。

2. 节距

节距是用来表征电枢绕组元件本身和元件之间连接规律的数据。直流电机电枢绕组的节距有第一节距 y_1、第二节距 y_2、合成节距 y 和换向器节距 y_k 四种，如图 3-11 所示。

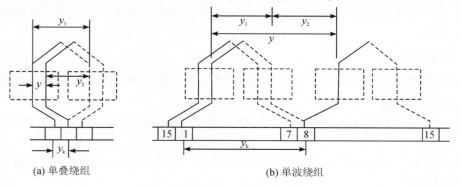

(a) 单叠绕组　　　　　　　　　　　(b) 单波绕组

图 3-11　节距示意图

（1）第一节距。同一元件的两个元件边在电枢圆周上所跨的距离，用槽数来表示，称为第一节距 y_1。一个磁极在电枢圆周上所跨的距离称为极距 τ，当用槽数表示时，节距的表达式为

$$y_1 = \frac{Z}{2n_p} \tag{3-1}$$

式中，n_p 为磁极对数。

　　为使每个元件的感应电动势最大，第一节距 y_1 应尽量等于一个极距 τ，但 τ 不一定是整数，而 y_1 必须是整数，为此，一般取第一节距为

$$y_1 = \frac{Z}{2n_{\mathrm{p}}} \pm \varepsilon = \text{整数} \tag{3-2}$$

式中，ε 为小于 1 的分数。

　　$y_1 = \tau$ 的元件为整距元件，其绕组称为整距绕组；$y_1 < \tau$ 的元件称为短距元件，其绕组称为短距绕组；$y_1 > \tau$ 的元件称为长距元件，其电磁效果与 $y_1 < \tau$ 的元件相近，但端接部分较长，耗铜多，一般不用。

　　（2）第二节距。第一个元件的下层边与直接相连的第二个元件的上层边之间在电枢圆周上的距离，用槽数表示，称为第二节距 y_2，如图 3-11 所示。

　　（3）合成节距。直接相连的两个元件的对应边在电枢圆周上的距离，用槽数表示，称为合成节距 y，如图 3-11 所示。

　　（4）换向器节距。每个元件的首、末两端所连接的两片换向片在换向器圆周上所跨的距离，用换向片数表示，称为换向器节距 y_{k}。由图 3-11 可见，换向器节距 y_{k} 与合成节距 y 总是相等的，即 $y_{\mathrm{k}} = y$。

　　下面通过一个实例来说明单叠绕组的连接方法和特点。

　　[例题 3-1]　设一台直流发电机 $2n_{\mathrm{p}} = 4$，$Z = S = K = 16$，连接成单叠右行绕组，试计算各节距并绘制绕组展开图。

　　解　第一节距 y_1 为

$$y_1 = \frac{Z}{2n_{\mathrm{p}}} \pm \varepsilon = \frac{16}{4} = 4$$

合成节距 y 和换向器节距 y_{k} 为

$$y = y_{\mathrm{k}} = 1$$

第二节距 y_2 为

$$y_2 = y_1 - y = 3$$

绘制的绕组展开图如图 3-12 所示。

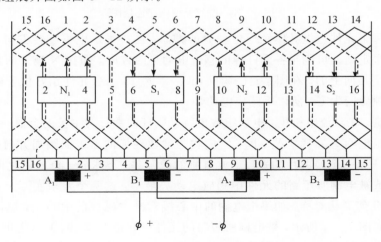

图 3-12　绕组展开图

所谓绕组展开图，是假想将电枢及换向器沿某一齿的中间切开，并展开成平面的连接图。作图步骤如下：

（1）先画 16 根等长等距的实线，代表各槽上层元件边，再画 16 根等长等距的虚线，代表各槽下层元件边。让虚线与实线靠近一些。实际上一根实线和一根虚线代表一个槽，依次把槽编上号码。

（2）放置主磁极。让每个磁极的宽度大约等于 0.7τ，4 个磁极均匀放置在电枢槽之上，并标上 N、S 极性。假定 N 极的磁力线是进入纸面，S 极的磁力线是从纸面穿出。

（3）画 16 个小方块代表换向片，并标上号码，为了作图方便，使换向片宽度等于槽与槽之间的距离。为了能连出形状对称的元件，换向片的编号应与槽的编号有一定对应关系（由第一节距 y_1 来考虑）。

（4）连绕组。为了便于连接，将元件、槽和换向片按顺序编号。编号时把元件号码、元件上层边所在槽的号码以及元件上层边相连接的换向片号码编得一样，即 1 号元件的上层边放在 1 号槽内并与 1 号换向片相连接。这样，当 1 号元件的上层边放在 1 号槽（实线）并与 1 号换向片相连后，因为 $y_1=4$，则 1 号元件的下层边应放在第 3 号槽（$1+y_1=5$）的下层（虚线）；因 $y=y_k=1$，所以 1 号元件的末端应连接在 2 号换向片上（$1+y_k=2$）。一般应使元件左右对称，这样 1 号换向片与 2 号换向片的分界线正好与元件的中心线相重合。然后将 2 号元件的上层边放入 2 号槽的上层（$1+y=2$），下层边放在 6 号槽的下层（$2+y_1=6$），2 号元件的上层边连在 2 号换向片上，下层边连在 3 号换向片上。按此规律排列与连接下去，一直把 16 个元件都连起来为止。

校核第 2 节距：1 号元件放在 3 号槽的下层边与放在 2 号槽 2 号元件的上层边之间满足 $y_2=3$ 的关系。其他元件也如此，如图 3-13 所示。

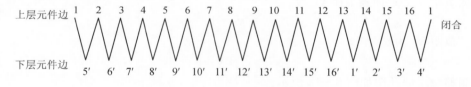

图 3-13　绕组元件顺序连接图

（5）确定每个元件边里导体感应电动势的方向。箭头表示电枢旋转方向，即自右向左运动，根据右手定则就可判定各元件边的感应电动势的方向，即在 N 极下的导体电动势是向下，在 S 极下是向上的。在图示这一瞬间，1、3、9、13 四个元件正好位于两个主磁极的中间，该处气隙磁密为零，所以不感应电动势。

（6）放电刷。在直流电机里，电刷组数也就是刷杆的数目与主极的个数一样多。对本例来说，就是四组电刷 A_1、B_1、A_2、B_2，它们均匀地放在换向器表面圆周方向的位置。每个电刷的宽度等于每一个换向片的宽度。放电刷的原则是，要求正、负电刷之间得到最大的感应电动势，或被电刷所短路的元件中感应电动势最小，这两个要求实际上是一致的。由于每个元件的几何形状对称，如果把电刷的中心线对准主磁极的中心线，就能满足上述要求。绕组电路如图 3-14 所示，被电刷所短路的元件正好是 1、5、9、13，这几个元件中的电动势恰好为零。实际运行时，电刷是静止不动的，电枢在旋转，但是，被电刷所短路的元件，永远都是处于两个主磁极之间的地方，当然感应电动势为零。

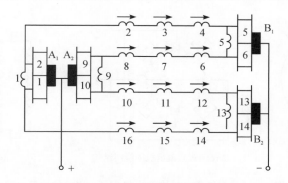

图 3-14　绕组电路

电枢绕组中单叠绕组连接规律如图 3-11(a)所示，其特点如下：

(1) 电枢绕组是一个自行闭合绕组。

(2) 单叠绕组并联支路数＝极数＝电刷数。

(3) 电枢电势就是支路电势，电枢电流是支路电流之和。

(4) 电刷放在换向器上的几何中性线上。当元件的几何形状对称，电刷放在换向器表面上的位置对准主磁极中心线时，正、负电刷间感应电动势为最大，被电刷所短路的元件里感应电动势为最小。

(5) 电刷和磁极是静止的，必须把它们的相对位置合理对称地分布在圆周上，而电枢和换向器是旋转的。

(6) 适合于大电流的电机。

电枢绕组中单波绕组连接规律如图 3-11(b)所示，其特点如下：

(1) 电枢绕组是一个自行闭合绕组。

(2) 电刷放在主磁极轴线下的换向片上。

(3) 单波绕组的支路数与极数无关，总有两个支路。

(4) 电刷数等于极数(是为了降低电刷下的电流密度)。

(5) 电枢电势就是支路电势，电枢电流是两条支路电流之和。

(6) 因每条支路元件数多，可以获得高电势，故适合于小电流高电压的电机。

[**例题 3-2**]　分别画出一对磁极(2 极)电机的定子、绕组结构，两对磁极(4 极)电机的定子、绕组结构及等效电路。

画出的定子、绕组结构及等效电路如图 3-15 所示。

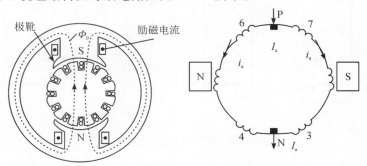

(a) 2 极直流电机定子与绕组结构

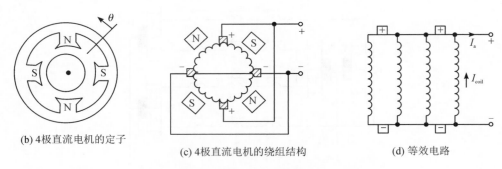

(b) 4极直流电机的定子

(c) 4极直流电机的绕组结构

(d) 等效电路

图 3-15　多级磁极的直流电机定子、绕组结构及电路

3.2.3　直流电机的励磁方式

励磁绕组的供电方式称为励磁方式。按励磁方式的不同,直流电机可以分为以下四类。

1. 他励直流电机

他励直流电机的励磁绕组由其他直流电源供电,与电枢绕组之间没有电的联系,如图 3-16(a)所示。因永磁直流电机的励磁磁场与电枢电流无关,故其也属于他励直流电机。

注: 图 3-16 中电流正方向是以电动机为例设定的。

2. 并励直流电机

并励直流电机的励磁绕组与电枢绕组并联,如图 3-16(b)所示。其励磁电压等于电枢绕组端电压。以上两类电机的励磁电流只有电机额定电流的 $1\%\sim3\%$,所以励磁绕组的导线细而匝数多。

3. 串励直流电机

串励直流电机的励磁绕组与电枢绕组串联,如图 3-16(c)所示。其励磁电流等于电枢电流,所以励磁绕组的导线粗而匝数较少。

4. 复励直流电机

复励直流电机有两个励磁绕组,一个与电枢串联,另一个与电枢并联,两个绕组产生的磁动势方向相同时称为积复励,两个磁动势方向相反时称为差复励,通常采用积复励方式,如图 3-16 (d)所示。

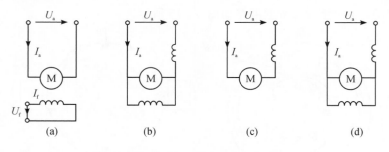

(a)　　　　　　(b)　　　　　　(c)　　　　　　(d)

图 3-16　直流电机分类

3.2.4　直流电机的额定值

电机制造厂按照国家标准，根据电机的设计和试验数据而规定的每台电机的主要性能指标称为电机的额定值。额定值一般标在电机的铭牌上或产品说明书上，直流电机的额定值包含如下几项。

1. 额定功率 P_N

额定功率是指电机按照规定的工作方式运行时所能提供的输出功率。对电动机来说，额定功率是指转轴上输出的机械功率；对发电机来说，额定功率是指电枢输出的电功率，单位为 kW（千瓦）。

2. 额定电压 U_N

额定电压是电机电枢绕组能够安全工作的最大外加电压或输出电压，单位为 V（伏）。

3. 额定电流 I_N

额定电流是电机按照规定的工作方式运行时电枢绕组允许流过的最大电流，单位为 A（安培）。

4. 额定转速 n_N

额定转速是指电机在额定电压、额定电流和输出额定功率的情况下运行时电机的旋转速度，单位为 r/min（转/分钟）。

额定值一般标在电机的铭牌上，又称为铭牌数据，如表 3-1 所示为直流电动机铭牌数据。

表 3-1　直流电动机铭牌数据

型号	Z3-95	产品编号	7009
结构类型		励磁方式	他励
功率	30 kW	励磁电压	220 V
电压	220 V	工作方式	连续
电流	160.5 A	绝缘等级	定子 B 转子 B
转速	750 r/min	质量	685 kg
标准编号	JB1104—68	出厂日期	年　月

还有一些额定值，例如额定转矩 T_N、额定效率 η_N 等，不一定标在铭牌上，可查产品说明书或由铭牌上的数据计算得到。

额定功率与额定电压和额定电流之间有如下关系：

直流电动机：

$$P_N = U_N I_N \eta_N$$

直流发电机：

$$P_N = U_N I_N$$

当直流电机运行时，如果各个物理量均为额定值，就称电机工作在额定运行状态，亦称为满载运行。在额定运行状态下，电机利用充分，运行可靠，并具有良好的性能。如果电机的电枢电流小于额定电流，则称为欠载运行；如果电机的电枢电流大于额定电流，则称为过载运行。在欠载运行时，电机利用不充分，效率低；在过载运行时，易引起电机过热损坏。

3.3　直流电机的磁场、电动势和转矩

3.3.1　直流电机的磁场

由直流电机的基本工作原理可知，直流电机无论作发电机运行还是作电动机运行，都必须具有一定强度的磁场，所以磁场是直流电机进行能量转换的媒介。因此，在分析直流电机的运行原理以前，必须先对直流电机中磁场的大小及分布规律等有所了解。

电枢电流也产生磁场，当电机负载运行时，电枢绕组流过电枢电流 I_a，产生电枢磁动势 F_a，与励磁磁动势 F_f 共同建立负载运行时的气隙合成磁密，电枢磁动势影响励磁磁动势所产生的气隙磁场，改变气隙磁密分布及每极磁通量的大小，这种现象称为电枢反应，如图 3-17 所示。

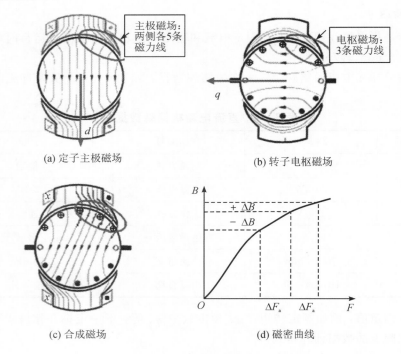

(a) 定子主极磁场　　　　　　　　　　(b) 转子电枢磁场

(c) 合成磁场　　　　　　　　　　(d) 磁密曲线

图 3-17　电机的合成磁场

实际上，电机空载工作点通常取在磁化特性的拐弯处，磁动势增加，磁密增加得很少，磁动势减少，磁密跟着减少，因此造成了半个磁极范围内合成磁密增加得很少，半个磁极范围内合成磁密减少得较多，则导致一个磁极下平均磁密减少，如图 3-17(c) 所示。

与空载运行时的主极磁场相比，电枢反应使合成磁场每极总磁通减少，这就是电枢反应的去磁效应。

由图 3-17(c) 可知，当电刷放在几何中性线上时，电枢反应产生的影响如下：

（1）使气隙磁场发生畸变。半个极下磁场削弱，半个极下磁场加强。对发电机，是前极端（电枢进入端）的磁场削弱，后极端（电枢离开端）的磁场加强；对电动机，则与此相反。气隙磁场的畸变使物理中性线偏离几何中性线。对发电机，是顺旋转方向偏离；对电动机，是逆旋转方向偏离。

（2）在磁路饱和时，有去磁作用。因为磁路饱和时，半个极下增加的磁通小于另半个极下减少的磁通，使每个极下总的磁通有所减小。

3.3.2　电枢绕组的感应电动势

电枢绕组的感应电动势是指直流电机正负电刷之间的感应电动势，也就是电枢绕组一条并联支路的电动势。在电枢旋转时，电枢绕组元件边内的导体切割电动势，由于气隙合成磁密在一个极下的分布不均匀，所以导体中感应电动势的大小是变化的。为分析推导方便起见，可把磁密看成是均匀分布的，取每个极下气隙磁密的平均值 B_{av}，从而可得一根导体在一个极距范围内切割气隙磁密产生的电动势的平均值 e_{av}，其表达式为

$$e_{av} = B_{av}lv \tag{3-3}$$

式中，B_{av} 为一个极下气隙磁密的平均值，称为平均磁通密度；l 为电枢导体的有效长度（槽内部分）；v 为电枢表面的线速度；n_p 为极对数；τ 为极距。

由于

$$B_{av} = \frac{\Phi}{\tau l} \tag{3-4}$$

$$v = \frac{n}{60}2n_p\tau \tag{3-5}$$

所以，一根导体感应电动势的平均值为

$$e_{av} = \frac{\Phi}{\tau l}l\frac{n}{60}2n_p\tau = \frac{2n_p}{60}\Phi n \tag{3-6}$$

设电枢绕组总的导体数为 N，则每一条并联支路总的串联导体数为 $N/(2a)$，因而电枢绕组的感应电动势为

$$E_a = \frac{N}{2a}e_{av} = \frac{N}{2a}\frac{2n_p}{60}\Phi n = \frac{n_p N}{60a}\Phi n = C_e\Phi n \tag{3-7}$$

式中，$C_e = n_p N/(60a)$，a 是绕组并联支路数，对已经制造好的电机来说，它是一个常数，故称为直流电机的电动势常数。

每极磁通 Φ 的单位用 Wb（韦伯），转速单位用 r/min 时，电动势 E_a 的单位为 V。上式表明：对已制成的电机，电枢电动势 E_a 与每极磁通 Φ 和转速 n 成正比。

3.3.3　直流电机的电磁转矩

电枢绕组中流过电枢电流 I_a 时，元件的导体中流过支路电流 i_a，成为载流导体，在磁场中受到电磁力的作用。电磁力 f 的方向按左手定则确定，一根导体所受电磁力的大小为

$$f_x = B_x l i_a \tag{3-8}$$

如果仍把气隙合成磁场看成是均匀分布的，气隙磁密用平均值 B_{av} 表示，则每根导体所受电磁力的平均值为

$$f_{\text{av}} = B_{\text{av}} l i_a \qquad (3-9)$$

一根导体所受电磁力形成的电磁转矩的大小为

$$T_{\text{av}} = f_{\text{av}} \frac{D}{2} \qquad (3-10)$$

式中，D 为电枢外径。

不同极性磁极下的电枢导体中电流的方向也不同，所以电枢所有导体产生的电磁转矩方向不是一致的，因而电枢绕组的电磁转矩等于一根导体电磁转矩的平均值 T_{av} 乘以电枢绕组总的导体数 N，即

$$T = N T_{\text{av}} = N B_{\text{av}} l i_a \frac{D}{2} = \frac{n_p N}{2\pi a} \Phi I_a = C_T \Phi I_a \qquad (3-11)$$

式中，$C_T = \dfrac{n_p N}{2\pi a}$，对已制成的电机来说，它是一个常数，故称为直流电机的转矩常数。

磁通的单位用 Wb，电流的单位用 A 时，电磁转矩 T 的单位为 N·m(牛·米)。式(3-11)表明：对已制成的电机，电磁转矩 T 与每极磁通 Φ 和电枢电流 I_a 成正比。

电枢电动势 $E_a = C_e \Phi n$ 和电磁转矩 $T = C_T \Phi I_a$ 是直流电机两个重要的公式。对于同一台直流电机，电动势常数 C_e 和转矩常数 C_T 之间具有以下确定的关系：

$$C_T = \frac{60a}{2\pi a} C_e = 9.55 C_e \qquad (3-12)$$

$$C_e = \frac{2\pi a}{60a} C_T = 0.105 C_T \qquad (3-13)$$

[**例题 3-3**]　一并励电动机额定电压 $U_N = 220$ V，额定电流 $I_N = 40$ A，额定励磁电流 $I_{fN} = 1.2$ A，额定转速 $n_N = 1000$ r/min，电枢电阻 $R_a = 0.5$ Ω，略去电枢反应的去磁作用。额定转速时空载特性如表 3-2 所示。

表 3-2　额定转速时的空载特性

I_{f0}/A	0.4	0.6	0.8	1.0	1.1	1.2	1.3
E_0/V	83.3	120	138	182	191	198.6	204

在负载转矩和励磁电阻不变，电源端电压为 180 V 时，试求：(1) 输入总电流；(2) 电机转速和理想空载转速。

解　根据 $E_0 = C_e \Phi n_N$ 可得 $C_e \Phi = f(I_{f0})$ 数据，如表 3-3 所示。

表 3-3　$C_e \Phi = f(I_{f0})$ 数据表

I_{f0}/A	0.4	0.6	0.8	1.03	1.1	1.2	1.3
$C_e \Phi$	0.0833	0.12	0.138	0.182	0.191	0.1986	0.204

因此，电枢额定电流为

$$I_{aN} = I_N - I_{fN} = 40 - 1.2 = 38.8 \text{ A}$$

(1) 当电源电压由 220 V 降至 180 V 时，励磁电阻不变，并励绕组的励磁电流为

$$I_f = \frac{U}{U_N} I_{fN} = \frac{180}{220} \times 1.2 = 0.982 \text{ A}$$

对照表 3-3 可知：当 $I_{fN}=1.2$ A 时，$C_e\Phi_N=0.1986$；当 $I_f=0.982$ A 时，采用插入法求 $C_e\Phi$，即

$$C_e\Phi=0.182-\frac{0.182-0.158}{1.0-0.8}(1.0-0.982)=0.18 \text{ V}/(\text{r}/\text{min})$$

降压后电机负载不变，得

$$T_e=C_m\Phi_N I_{aN}=C_m\Phi I_a, \quad I_a=\frac{\Phi_N I_{aN}}{\Phi}=\frac{0.1986}{0.18}\times38.8=42.6 \text{ A}$$

输入电流为

$$I=I_f+I_a=42.6+0.982=43.582 \text{ A}$$

（2）降压后电动机的负载转速为

$$n=\frac{U-I_a R_a}{C_e\Phi}=\frac{180-42.6\times0.5}{0.18}=\frac{180}{0.18}-\frac{42.6\times0.5}{0.18}$$

$$=1000-118.3=881.7 \text{ r}/\text{min}$$

电机的理想空载转速为

$$n_0=1000 \text{ r}/\text{min}$$

[例题 3-4]　一台串励式电动机额定电压 $U_N=230$ V，电枢电阻 $R_a=0.3$ Ω，串励绕组电阻 $R_f=0.4$ Ω，当电枢电流 $I_a=25$ A 时，转速 $n=700$ r/min，假设电机磁路不饱和。试求：（1）当电枢电流为 35 A 时，电机转速和电磁转矩；（2）当电机转速为 2000 r/min 时，电动机电枢电流和电磁转矩。

解　（1）因为串励电动机

$$I_a=I_f=I$$

若 $I_{a1}=25$ A，则感应电动势为

$$E_{a1}=U_N-I(R_a+R_f)=230-25(0.3+0.4)=212.5 \text{ V}$$

若 $I_{a2}=35$ A，则感应电动势为

$$E_{a2}=U_N-I(R_a+R_f)=230-35(0.3+0.4)=205.5 \text{ V}$$

设电机磁路不饱和，则磁通与电流成正比，即

$$E_a=C_e\Phi n\propto In$$

电枢电流为 35 A 时的转速为

$$n_2=\frac{E_{a2}I_1}{E_{a1}I_2}n_1=\frac{205.5\times25}{212.5\times35}\times700=483.5 \text{ r}/\text{min}$$

电磁转矩为

$$T=9.55\frac{E_a I_{a2}}{n}=9.55\frac{205.5\times35}{483.5}=142.1 \text{ N}\cdot\text{m}$$

（2）当转速为 2000 r/min 时，电枢电流很小，可略去电枢绕组的电压降，此时感应电动势 $E_a\approx U_N=220$ V，则电枢电流为

$$I_a=\frac{E_a n_1}{E_{a1}n}I_{a1}=\frac{220\times700}{212.5\times2000}\times25=9.06 \text{ A}$$

电磁转矩为

$$T=9.55\frac{E_a I_a}{n}=9.55\times\frac{220\times9.06}{2000}=9.52 \text{ N}\cdot\text{m}$$

3.4　直流电动机的基本平衡方程式

直流电动机的基本平衡方程式是指直流电动机稳定运行时，电路系统的电压平衡方程式、能量转换过程中的功率平衡方程式和机械系统的转矩平衡方程式。

3.4.1　电压平衡方程式

电枢回路的电压平衡方程式为

$$U_d = E_a + I_a R_a + 2\Delta u_s \qquad (3-14)$$

式中，I_a 为电枢电流，R_a 为电枢回路的电阻，$2\Delta u_s$ 为正、负电刷的接触电压降落。在额定负载时，一般情况下取 $2\Delta u_s = 2$ V。

在电动机运行状态下，由于 $U_d > E_a$，电流从电网流入电枢绕组，成为电动机运行的电能。同样，在电动机运行状态下，电枢会产生电磁转矩，电磁转矩的方向与转向相同，成为驱动转矩。

同一台电机既可作为电动机运行，又可作为发电机运行，取决于外部输入能量形式的不同。在两种运行状态下，电枢绕组中均产生感应电动势，如果端电压 U_d 大于感应电动势 E_a，即 $U_d > E_a$，电流从电网流入电枢绕组，作为电动机运行；反之，如果 $U_d < E_a$，则电枢绕组向外输送电流，作为发电机运行。同样，在这两种运行状态下，电枢均产生电磁转矩，在电动机中，电磁转矩与转向同方向，成为驱动转矩；而在发电机中，电磁转矩与转向相反，成为制动转矩。

3.4.2　功率平衡方程式

以并励电动机为例来进一步论述电动机内部的功率平衡关系。并励电动机的输入电流 I 为电枢电流 I_a 与励磁电流 I_f 之和，即 $I = I_a + I_f$。

由电网输入的电功率为

$$P_1 = U_d I = U_d I_a + U_d I_f = U_d I_a + p_f \qquad (3-15)$$

$$U_d I_a = E_a I_a + I_a^2 R_a + 2\Delta u_s I_a = P_{em} + p_{Cu} + p_b \qquad (3-16)$$

式中，P_{em} 称为电磁功率，是电枢电流 I_a 与电枢电动势 E_a 的乘积，是电枢绕组因切割主磁通而产生的电功率。

输入至电枢回路中的功率除了一小部分消耗在电枢回路的铜耗 p_{Cu} 和电刷接触损耗 p_b 外，大部分为电磁功率 P_{em}。在直流电动机情况下，电磁功率就是转变为机械功率的功率。这一转变而来的机械功率尚不能全部被利用，还需克服铁芯损耗 p_{Fe}、机械损耗 p_m 和杂散损耗 p_s 后，才是电动机轴上的输出功率 P_2，即有

$$P_{em} = P_2 + p_m + p_{Fe} + p_s \qquad (3-17)$$

电动机的功率平衡方程式为

$$P_1 = P_2 + p_m + p_{Fe} + p_s + p_f + p_{Cu} + p_b = P_2 + \sum p \qquad (3-18)$$

画出直流并励电动机的功率流程，如图 3-18 所示。

图 3-18 中各项损耗有电枢铜耗 p_{Cu}、电刷接触损耗 p_b、励磁绕组铜耗 p_f、机械损耗 p_m（包括轴承、电刷摩擦损耗，定、转子空气摩擦损耗，通风损耗）、铁芯损耗 p_{Fe}（主极磁

通在转动的电枢铁芯中交变,引起磁滞和涡流损耗)、杂散损耗 p_s(附加损耗,估算为 $(0.5\%\sim1\%)P_N$)。其中,后三项损耗在电机空载时就已经存在,且数值基本不变,称为空载损耗或不变损耗。

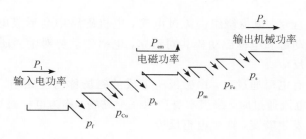

图 3 - 18　直流并励电动机功率流程

3.4.3　转矩平衡方程式

直流电动机的转矩平衡方程式为

$$T = T_2 + T_0 \tag{3-19}$$

电磁转矩为

$$T = \frac{P_{em}}{\omega} = \frac{E_a I_a}{\omega} = \frac{P_N}{2\pi a}\Phi I_a \tag{3-20}$$

其中,ω 为角速度,则电动机轴上的输出转矩为

$$T_2 = \frac{P_2}{\omega} \tag{3-21}$$

损耗引起的空载转矩为

$$T_0 = \frac{p_m + p_{Fe} + p_s}{\omega} \tag{3-22}$$

电动机轴的电磁转矩一部分与负载转矩相平衡,另一部分是空载损耗。

如表 3 - 4 所示为直流电动机和直流发电机的原理比较,从基本方程式角度说明其工作原理。

表 3 - 4　直流电动机和直流发电机原理比较

比较项目	直流发电机	直流电动机
机电能量变换	$E_a = C_e\Phi n$,$T_e = C_T\Phi I_a$	$E_a = C_e\Phi n$,$T_e = C_T\Phi I_a$
励磁和主磁通	$I_f = \dfrac{U_f}{R_f}$,$\Phi = f(I_f)$	$I_f = \dfrac{U_f}{R_f}$,$\Phi = f(I_f)$
电枢回路电平衡	$E_a = U + I_a R_a$	$U = E_a + I_a R_a$
机械子系统转矩平衡	$T_1 = T_e + T_0$	$T_e = T_2 + T_0 = T_L$
功率平衡(无励磁功率)	$P_1 = P_{em} + p_0 = (P_2 + p_{Cua}) + p_0$ $p_0 = p_m + p_{Fe}$	$P_1 = P_{em} + p_{Cua}$ $P_{em} = P_2 + p_0$

3.5　直流电机的电枢反应和换向

　　当电机带负载运行时，电枢绕组内流过电流，电机磁路中会形成电枢磁动势，电机中的气隙磁场由励磁磁动势和电枢磁动势共同建立，电枢磁动势对励磁磁动势所产生的主极磁场的影响称为电枢反应。

　　当电枢绕组中没有电流通过时，由磁极所形成的磁场称为主磁场，近似按正弦规律分布。当电枢绕组中有电流通过时，绕组本身产生一个磁场，称为电枢磁场。电枢磁场对主磁场的作用将使主磁场发生畸变，产生电枢反应。

　　电枢反应对直流电机的工作影响很大，使磁极半边的磁场加强，另半边的磁场减弱，负载越大，电枢反应引起的磁场畸变越强烈，其结果将破坏电枢绕组元件的正常换向，易引起火花，使电机工作条件恶化。同时电枢反应将使极靴尖处磁通密集，造成换向片间的最大电压过高，也易引起火花甚至造成电机环火。

3.5.1　直流电机的磁场

1. 主极磁场

　　主极磁场由励磁绕组通入励磁电流产生，分为几何中性线 nn′ 和物理中性线 mm′。在电枢电流为零的情况下，主极磁场的 nn′ 和 mm′ 是重合的。

2. 电枢磁场

　　当电机在负载下运行时，电枢绕组中有负载电流流过，此时电枢电流产生的磁场称为电枢磁场。直流电机在负载下运行，主极磁场和电枢磁场是同时存在的，它们之间互相影响，把电枢磁场对主磁场的影响叫电枢反应。

3. 直流发电机的磁场分布

　　当直流发电机的定子绕组输入励磁电流时，产生如图 3-19(a)所示的垂直方向的主磁场分布，当转子被外部的原动机拖动逆时针转动时，则转子(电枢)绕组导体上会产生感应电势，按右手螺旋定则，转子(电枢)绕组周围会产生如图 3-19(b)所示的电枢磁场。主磁场与电枢磁场合成会产生如图 3-19(c)所示的不对称的畸变合成磁场。

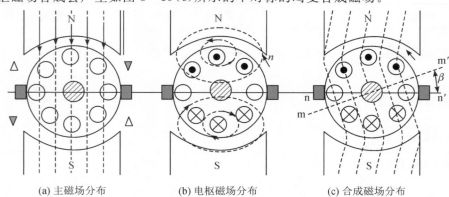

(a) 主磁场分布　　　　　(b) 电枢磁场分布　　　　　(c) 合成磁场分布

图 3-19　直流发电机的磁场分布

3.5.2　直流电机的电枢反应

当电机带负载运行时，电枢磁场对主磁场的作用将使主磁场发生畸变，这种现象称为电枢反应，电枢反应分为交轴电枢反应和直轴电枢反应。

1. 交轴电枢反应

交轴电枢反应是指交轴电枢磁动势对主极磁场的影响。这里为了分析问题简单化，假定：① 磁场是不饱和的；② 发电机电枢转向是逆时针，电动机为顺时针。这样，我们就可以将交轴、直轴进行叠加，由此可知，交轴电枢磁场在半个极内对主极磁场起去磁作用，在另半个极内起增磁作用，引起气隙磁场畸变，使电枢表面磁通密度等于零的位置偏移几何中性线。新的等于零的位置我们称之为物理中性线。在不计饱和时，交轴电枢反应既无增磁，亦无去磁作用；在考虑饱和时，则起到去磁作用。

2. 直轴电枢反应

当电刷不在几何中性线上时，会出现直轴电枢反应。① 若为发电机，电刷顺着旋转的方向移动一个夹角，对主极磁场而言，直轴起去磁反应，若电刷逆着旋转方向移动一个夹角，则直轴电枢反应将是增磁的；② 若为电动机，刚正好相反，这里不再具体分析。

电枢反应对直流电机的工作影响很大，使磁极半边的磁场加强，另半边的磁场减弱，负载越大，电枢反应引起的磁场畸变越强烈，其结果将破坏电枢绕组元件的正常换向，易引起火花，使电机工作条件恶化。同时，电枢反应将使极靴尖处磁通密集，造成换向片间的最大电压过高，也易引起火花甚至造成电机环火。

3.5.3　直流电机的换向

当直流电机运行时，随着电枢的转动，电枢绕组的元件从一条支路经过电刷短路后进入另一条支路，元件中的电流随之改变方向的过程称为换向过程，简称换向。

如图 3-20 所示，元件 1 中的电流 i_a 的换向过程为：$+ \rightarrow 0 \rightarrow -$。由于导体中有漏电感，电流变化时引起反电势，电流反向的时间滞后，在电刷后端出现火花，使换向器受损。

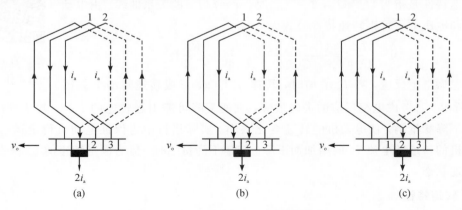

图 3-20　元件 1 中电流的换向过程

产生换向火花的原因有多种，最主要的是电磁原因，还有机械方面和化学方面的原因。

1. 机械原因

产生换向火花的机械原因有很多，主要是换向器偏心、换向片间云母绝缘凸出、转子平衡不良、电刷在刷握中松动、电刷压力过大或过小、电刷与换向器的接触面研磨得不好而接触不良等。为使电机能正常工作，应经常进行检查、维护和保养。

2. 化学原因

在电机运行时，由于空气中氧气、水蒸气以及电流通过时热和电化学的综合作用，在换向器表面形成一层氧化亚铜薄膜，这层薄膜有较高的电阻值，能有效地限制换向元件中的附加换向电流 i_k，有利于换向。同时，薄膜吸附的潮气和石墨粉能起润滑作用，使电刷与换向器之间保持良好而稳定的接触。当电机运行时，由于电刷的摩擦作用，氧化亚铜薄膜经常遭到破坏。但是在正常使用环境中，新的氧化亚铜薄膜又能不断形成，对换向不会有影响。如果周围环境氧气稀薄、空气干燥或者电刷压力过大，氧化亚铜薄膜难以生成，或者周围环境中存在的化学腐蚀性气体能破坏氧化亚铜薄膜，则都将使换向困难，火花变大。

3. 改善换向的方法

改善换向的目的是消除或削弱电刷下的火花。产生火花的原因是多方面的，其中最主要的是电磁原因。消除或削弱电磁原因引起的电磁性火花的方法有：① 选择合适的电刷，增加电刷与换向片之间的接触电阻；② 装设换向极；③ 装补偿绕组。

3.6　直流电动机的工作特性

直流电动机的工作状态和性能可用工作特性来分析，工作特性是指当 $U=U_N$，$I_f=I_{fN}$ 时，$n=f(P_2)$，$T=f(P_2)$，$\eta=f(P_2)$ 的关系曲线，因为电枢电流 I_a 正比于输出功率 P_2，所以工作特性常用 $n=f(I_a)$，$T=f(I_a)$，$\eta=f(I_a)$ 表示。

直流电动机

1. 转速特性

转速特性是指当 $U_a=U_N$，$I_f=I_{fN}$ 时，$n=f(I_a)$ 的关系曲线。由电动势公式和电压方程可得转速特性公式为

$$n=\frac{E_a}{C_e\Phi}=\frac{U_a-I_aR_a}{C_e\Phi}=\frac{U_a}{C_e\Phi}-\frac{R_a}{C_e\Phi}I_a \qquad (3-23)$$

他励直流电动
机工作特性

若忽略电枢反应，当 I_a 增加时，转速 n 下降，形成转速降 Δn，如图 3-21 所示。若考虑电枢反应的去磁效应，磁通下降可能引起转速的上升，与 I_a 增大引起的转速下降相抵消，使电动机的转速变化很小。实际运行中为保证电动机稳定运行，一般使电动机的转速随电流 I_a 的增加而下降。转速下降量 Δn 一般为额定转速的 3%~8%，呈基本恒速状态。

2. 转矩特性

转矩特性是指当 $U_a=U_N$，$I_f=I_{fN}$ 时，$T=f(I_a)$ 的关系曲线。由转矩特性公式 $T=C_T\Phi I_a$ 可知，在磁通为额定值时，电磁转矩与电枢电流成正比。若考虑电枢反应的去磁效应，则转矩随电枢电流的增加而略微下降，如图 3-21 所示。

3. 效率特性

效率特性是指当 $U_a = U_N$，$I_f = I_{fN}$ 时，$\eta = f(I_a)$ 的关系曲线。

电动机运行的总损耗为

$$\sum p = p_m + p_{Fe} + p_s + p_f + p_{Cu} + p_b \qquad (3-24)$$

电动机的损耗中仅电枢回路的铜耗与电流 I_a 成平方正比关系，其他部分与电枢电流无关。电动机的效率随 I_a 增大而上升，当 I_a 增大到一定值后，效率又逐渐下降，如图 3-21 所示。一般直流电动机的效率为 $73\% \sim 94\%$。

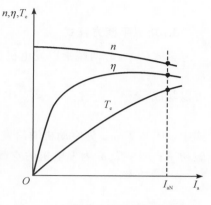

图 3-21　直流电动机的工作特性

直流电动机在使用时一定要保证励磁回路连接可靠，绝不能断开。若使励磁电流 $I_f = 0$，则电机主磁通将迅速下降至剩磁磁通，若电动机的负载为轻载，则电动机的转速迅速上升，会造成"飞车"；若电动机的负载为重载，则电动机的电磁转矩将小于负载，电机转速减小但电枢电流将飞速增大，超过电动机允许的最大电流值，引起电枢绕组因大电流过热而烧毁。因此，在闭合电动机电枢电路前应先闭合励磁电路，保证电动机可靠运行。

3.7　直流发电机

根据励磁方式的不同，直流发电机可分为他励直流发电机、并励直流发电机、串励直流发电机和复励直流发电机。励磁方式不同，发电机的特性就不同。由于本书以电力拖动为主，重点讲述电动机的特性，因此本节只分析他励直流电动机的原理和特性。

直流发电机

3.7.1　直流发电机稳态运行时的基本方程式

当电枢旋转时，电枢绕组切割主磁通，产生电枢电动势 E_a，如果外电路接有负载，则产生电枢电流 I_a，按发电机惯例，E_a 的正方向与端电压 U_d 相同。

1. 电动势平衡方程式

用基尔霍夫电压定律，可以列出电动势平衡方程式为

$$U_d = E_a - R_a I_a \qquad (3-25)$$

式(3-25)表明，直流发电机的端电压 U_d 等于电枢电动势 E_a 减去电枢回路内部的电阻压降 $R_a I_a$，所以电枢电动势 E_a 应大于端电压 U_d。

2. 转矩平衡方程式

当直流发电机以转速 n 稳态运行时，作用在电机轴上的转矩有三个：一个是原动机的拖动转矩 T_1，方向与 n 相同；一个是电磁转矩 T，方向与 n 相反，为制动性质的转矩；还有一个是由电机的机械损耗及铁损耗引起的空载转矩 T_0，它也是制动性质的转矩。因此，可以写出稳态运行时的转矩平衡方程式为

$$T_1 = T + T_0 \tag{3-26}$$

3. 功率平衡方程式

将式(3-26)两端乘以发电机的机械角速度 ω，得

$$T_1\omega = T\omega + T_0\omega \tag{3-27}$$

可以写成

$$P_1 = P_{em} + p_0 \tag{3-28}$$

式中，$P_1 = T_1\omega$，为原动机输给发电机的机械功率，即输入功率；$P_{em} = T\omega$ 为发电机的电磁功率；$p_0 = T_0\omega$ 为发电机的空载损耗功率。

电磁功率

$$P_{em} = T\omega = \frac{n_p N}{2\pi a}\Phi I_a \frac{2\pi n}{60} = E_a I_a \tag{3-29}$$

和直流电动机一样，直流发电机的电磁功率亦是既具有机械功率的性质，又具有电功率的性质，所以是机械能转换为电能的那一部分功率。直流发电机的空载损耗功率也是包括机械损耗 p_m 和铁损耗 p_{Fe} 两部分。

式(3-28)和式(3-29)表明：发电机输入功率 P_1 的其中一小部分供给空载损耗 p_0，大部分为电磁功率，是由机械功率转换为电磁功率的。

将电动势平衡方程式两边乘以电枢电流 I_a 得

$$E_a I_a = U_d I_a + I_a^2 R_a \tag{3-30}$$

即

$$P_{em} = P_2 + p_{Cua} \tag{3-31}$$

式(3-31)中，$P_2 = U_a I_a$，为发电机输出的功率；$p_{Cua} = I_a^2 R_a$，为电枢回路铜损耗。

式(3-31)可以写成如下形式：

$$P_2 = P_{em} - p_{Cua} \tag{3-32}$$

综合以上功率关系，可得功率平衡方程式为

$$P_1 = P_{em} + p_0 = P_2 + p_{Cua} + p_m + p_{Fe} \tag{3-33}$$

一般情况下，直流发电机的总损耗为

$$\sum p = p_{Cua} + p_{Cuf} + p_{Fe} + p_m \tag{3-34}$$

直流发电机的效率为

$$\eta = \frac{P_2}{P_1} \times 100\% = \left(1 - \frac{\sum p}{\sum p + P_2}\right) \times 100\% \tag{3-35}$$

3.7.2 他励直流发电机的运行特性

直流发电机运行时，有四个主要物理量，即电枢端电压 U_d、励磁电流 I_f、负载电流 I（他励时 $I = I_a$）和转速 n。其中转速 n 由原动机确定，一般保持为额定值不变。因此，运行特性就是 U、I_a、I_f 三个物理量保持其中一个不变时，另外两个物理量之间的关系。显然，运行特性应有三个。

1. 空载特性

当 $n = n_0$，$I_a = 0$ 时，端电压 U_0 与励磁电流 I_f 之间的关系 $U_0 = f(I_f)$ 称为空载特性。

空载时，他励发电机的端电压 $U_0 = E_a = C_e\Phi n$，所以空载特性 $U_0 = f(I_f)$ 与电机的空载磁化特性 $\Phi = f(I_f)$ 相似，都是一条饱和曲线。当 I_f 比较小时，铁芯不饱和，特性近似为直线；当 I_f 较大时，铁芯随 I_f 的增大而逐步饱和，空载特性出现饱和段。一般情况下，电机的额定电压处于空载特性曲线开始弯曲的线段上，如图 3 - 22 所示的 A 点附近。因为，如果工作于不饱和部分，磁路导磁截面积大，用铁量多，且较小的磁动势变化会引起电动势和端电压的明显变化，造成电压不稳定；如果工作在太饱和部分，会使励磁电流太大，用铜量增加，同时使电压的调节性能变差(见图3 - 22)。

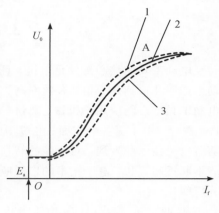

图 3 - 22　他励直流发电机的空载特性

图 3 - 22 中曲线 2 表示平均空载特性曲线，曲线 1、3 分别表示空载特性曲线上升、下降分支。

2. 外特性

当 $n = n_N$，$I_f = I_{fN}$ 时，端电压 U_d 与负载电流 I 之间的关系 $U_d = f(I)$ 称为外特性。

他励直流发电机的负载电流 I(亦即电枢电流 I_a)增大时，端电压有所下降。从电动势方程式分析可以得知，使端电压 U_d 下降的原因有两个：一是当 $I = I_a$ 增大时，电枢回路电阻上压降 $R_a I_a$ 增大，引起端电压下降；二是 $I = I_a$ 增大时，电枢磁动势增大，电枢反应的去磁作用使每极磁通 Φ 减小，E_a 减小，从而引起端电压 U_d 下降(见图 3 - 23)。

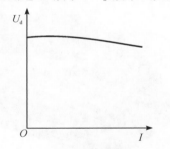

图 3 - 23　他励直流发电机的外特性

他励直流发电机外特性实验

电压变化率 Δu 是衡量发电机运行性能的一个重要数据，一般他励发电机的电压变化率约为 10%。

3. 调节特性

当 $n = n_N$，$U_d =$ 常数时，励磁电流 I_f 与负载电流 I 之间的关系 $I_f = f(I)$ 称为调节特性，如图 3 - 24 所示。

调节特性是随负载电流增大而上翘的，这是因为随着负载电流的增大，电压有下降趋势，为维持电压不变，就必须增大励磁电流，以补偿电阻压降和电枢反应去磁作用的增加，由于电枢反应的去磁作用与负载电流的关系是非线性的，所以调节特性也不是一条直线。

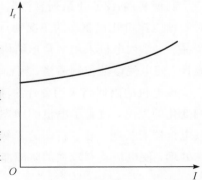

图 3 - 24　他励直流发电机的调节特性

3.8　应用实例

　　电动工具的核心部件是电机,且电动工具结构轻巧,携带方便,比手工工具可提高劳动生产率几倍到几十倍,有效率高、费用低、震动和噪声小、易于自动控制的优点。因此,电动工具已广泛应用于机械、建筑、机电、冶金设备安装、桥梁架设、住宅装修、农牧业生产、医疗、卫生等各个方面。经过100多年的技术发展,直流电动机自身的理论基本成熟。随着电工技术的发展,对电能的转换、控制以及高效使用的要求越来越高。电磁材料的性能不断提高,电工电子技术的广泛应用为直流电动机的发展注入了新的活力,发展前景十分广阔。

　　20世纪90年代以前,由于大功率晶闸管技术不过关,加上交流调速系统不成熟,大功率电机调速、精确调速在交流电机上无法实现,轧制电机多采用直流电机。随着大功率晶闸管大批量的生产和计算机控制系统的高速发展,交流电动机的调速变得非常简单。鉴于直流电机的调速优势,直流电机在很多领域还是无法替代的。在发电厂里,同步发电机的励磁机、蓄电池的充电机等,都是直流发电机;锅炉给粉机的原动机是直流电动机。此外,在许多工业部门,例如大型轧钢设备、大型精密机床、矿井卷扬机、市内电车、电缆设备、要求严格线速度一致的地方等,通常都采用直流电动机作为原动机来拖动。直流电机通常作为直流电源向负载输出电能,还可以作为测速电机、伺服电机和牵引电机(见图3-25)等。

图 3 - 25　直流牵引电机

　　制糖实例:ZYZJ系列直流电动机(见图3-26)是在Z4系列直流电动机的基础上,针对制糖压榨机轧辊驱动的工况特点,在设计和制造工艺上作了相应改进而开发的专用系列产品。本系列电机采用多角形结构,定子空间利用率高,内部结构紧凑,并采用计算机辅助设计,使电气参数控制适当,因而电机具有体积小、质量轻、转动惯量小等特点。

　　该电机的磁回路采用叠片涂漆结构及其他有效措施,使电机能承受脉动电流与电流急剧变化的工况,改善了电机的动态换向性能。电机可用三相桥式整流电流,以及不外接平波电抗器而长期工作。新颖的F级绝缘结构,保证了绝缘性能稳定和散热良好,绝缘经特殊处理,使电机具有较强的防潮能力和机械强度,可在湿热带地区使用。

图 3-26 ZYZJ 系列直流电动机

3.9 直流电机工作特性仿真

1. 直流发电机空载特性仿真

[例题 3-5] 一台他励直流发电机的额定电压 $U_N = 100$ V,额定转速 $n_N = 1300$ r/min,励磁电流 $I_{fN} = 1.4$ A,电枢绕组的电阻和电感忽略不计。在额定转速时做发电机空载特性试验,测得数据如表 3-5 所示,试绘制空载特性曲线。

表 3-5 直流发电机空载特性试验数据

I_f/A	0	0.3	0.7	0.8	1.0	1.2	1.3	1.2	1.0	0.8	0.7	0.3	0
U_0/V	3	80	93.3	102	108	113.3	120	113	110.3	103.3	99.3	83.6	14

解 用 M 语言编写绘制直流发电机空载特性曲线的 MATLAB 程序如下:

```
clc
clear
Ifdata1=[0.0, 0.3, 0.7, 0.8, 1.0, 1.2, 1.3];
Ifdata2=[0.0, 0.3, 0.7, 0.8, 1.0, 1.2, 1.3];              %励磁电流 If 值
U0data1=[3, 80, 93.3, 102, 108, 111.3, 120];
U0data2=[14, 83.6, 99.3, 103.3, 110.3, 113, 120];         %空载电压 U0 值
xdata=0:.1:1.3;                                            %y 坐标 0～120
ydata1=interp1(Ifdata1, U0data1, xdata, 'spline');
ydata2=interp1(Ifdata2, U0data2, xdata, 'spline');        %采用样条插值的方法分析数据
plot(Ifdata1, U0data1, '*')                               %用'*'描点绘制空载特性
hold on;                                                   %保持当前坐标轴和图形
plot(Ifdata2, U0data2, '*')                               %绘制 If、U0 坐标
```

```
hold on;
plot(xdata, ydata1);                          %绘制 x、y 坐标
hold on;                                       %保持当前坐标轴和图形
plot(xdata, ydata2);                          %绘制 x、y 坐标
hold on;                                       %保持当前坐标轴和图形
title('直流发电机空载特性')                    %标题'直流发电机空载特性'
xlabel('{\itI}_f(A)')                         %x 坐标标签'I_f(A)'
ylabel('{\itU}_0(V)')                         %y 坐标标签'U_0(V)'
axis([0, 2, 0, 120])
```

运行上述 MATLAB 程序得到直流发电机空载特性仿真曲线如图 3-27 所示。

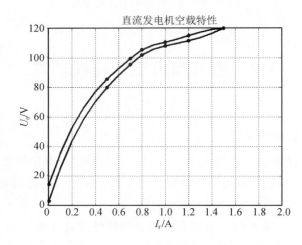

图 3-27　直流发电机空载特性仿真曲线

2. 直流电动机工作特性仿真

[例题 3-6]　一台他励直流电动机的额定数据：额定功率 $P_N = 20$ kW，额定电压 $U_N = 220$ V，额定转速 $n_N = 1300$ r/min，额定电流 $I_N = 100$ A，电枢电阻 $R_a = 0.19$ Ω，试绘制电动机的工作特性曲线。

解　用 M 语言编写绘制他励直流电动机工作特性曲线的 MATLAB 程序如下：

```
clc
clear
UN=220; PN=20; IaN=100; Nn=1300;           %输入电动机参数
Ra=0.19;                                    %输入电枢电阻
CePhiN=(UN-Ra * IaN)/Nn;                    %计算电动势常数 C_eN
CTPhiN=9.33 * CePhiN;                        %计算电磁转矩常数 C_TN
Ia=0: IaN;                                   %电枢电流从 0 到额定电流 I_aN
n=UN/CePhiN-Ra/(CePhiN) * Ia;               %计算转速
TN=CTPhiN * Ia;                              %计算电磁转矩
```

TNP＝TN＊10;　　　　　　　　　　　％为清楚起见，将电磁转矩扩大 10 倍显示

plot(Ia, n, 'b. —', Ia, TNP, 'r. —');　　％绘制转速特性和转矩特性曲线

xlabel('电枢电流{\itI}_a/A')　　　　　　％横坐标标签'电枢电流 I_a/A'

ylabel('转速{\itn}/(r/min),电磁转矩{\itT}/(N·m)') ％纵坐标'转速 r/min,电磁转矩 T/(N·m)'

text(30, 1300, '转速{\itn}');　　　　　　％标记转速曲线

text(30, 300, '电磁转矩{\itT}(X10)');　　　％标记转矩曲线

运行上述 MATLAB 程序得到他励直流电动机工作特性曲线如图 3 - 28 所示。

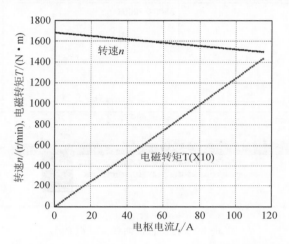

图 3 - 28　他励直流电动机工作特性仿真曲线

3. 他励直流电动机工作特性仿真实验

在电机仿真平台上，搭建他励直流电动机工作特性仿真电路如图 3 - 29 所示，测取转速、转矩、效率等特性。

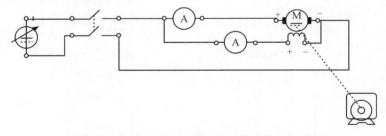

图 3 - 29　他励直流电动机工作特性仿真电路　　　　　直流电动机工作特性仿真

当负载增加时，电动机输出功率 P_2 增大，则其输入功率 UI_a 增大，因端电压 U 恒定，则输入电流(电枢电流 I_a)增大，电枢回路压降 I_aR_a 增大，转速下降。由于电阻 R_a 的值很小，所以转速下降比较平缓，即电枢电流增大，电压恒定时意味着 $n=f(P_2)$ 是一条较平的下降转速特征曲线，如图 3 - 30 所示。

在忽略电枢反应的情况下，电磁转矩 T 与电枢电流 I_a 成正比，当电枢电流较大时，电枢反应的去磁作用使实际转矩特性曲线偏离直线 $T=C_T'I_a$，则 $T=f(P_2)$ 为一条尾部略微上翘的转矩特征曲线，如图 3 - 31 所示。

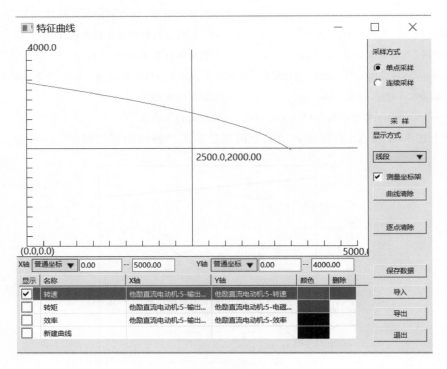

图 3 - 30　转速特征曲线 $n = f(P_2)$

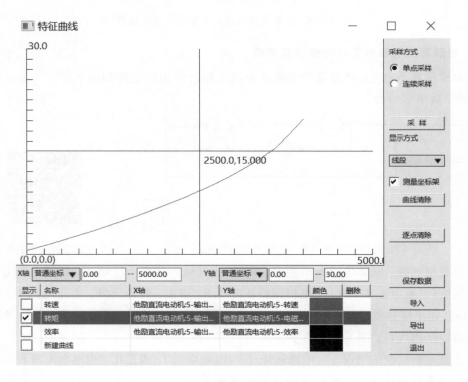

图 3 - 31　转矩特征曲线 $T = f(P_2)$

　　当他励直流电动机带负载运行时，其损耗中仅电枢回路的铜耗与电流 I_a 的平方成正比，称为可变损耗；其他部分损耗与电枢电流无关，称为不变损耗。当负载较小时，I_a 也较小，此时发电机的损耗是以不变损耗为主，但因输出功率小而效率低。随着负载增加，P_2 增大，效率上升。当可变损耗与不变损耗相等时，效率达到最大值；此后，若继续增加负载，则可变损耗将随着 I_a 增大而成为损耗的主要部分，效率又逐渐下降。所以效率特征曲线 $\eta = f(P_2)$ 先上升再略微下降，如图 3-32 所示。

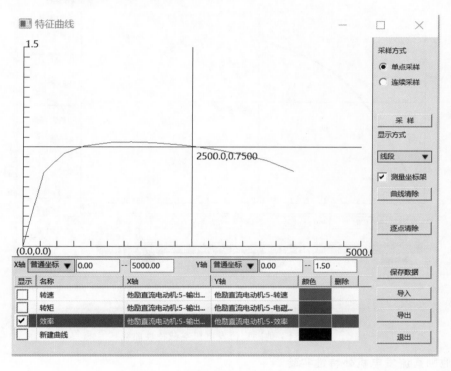

图 3-32　效率特征曲线 $\eta = f(P_2)$

4. 他励直流发电机空载特性仿真实验

　　在他励直流发电机空载时，观察励磁电流与电枢电压之间的关系，搭建如图 3-33 所示的他励直流发电机空载仿真电路。

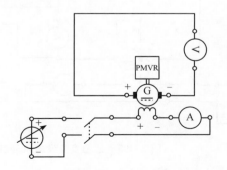

图 3-33　他励直流发电机空载仿真电路

由于空载时他励直流发电机的端电压 $U_0 = E_a = C_e\Phi n$，所以空载特性 $U_0 = f(I_f)$ 与电机的空载磁化特性 $\Phi = f(I_f)$ 相似，都是一条饱和曲线，如图 3-34 所示。当 I_f 比较小时，铁芯不饱和，特性曲线近似为直线；当 I_f 较大时，铁芯随 I_f 的增大而逐渐饱和，空载特性曲线出现饱和段。

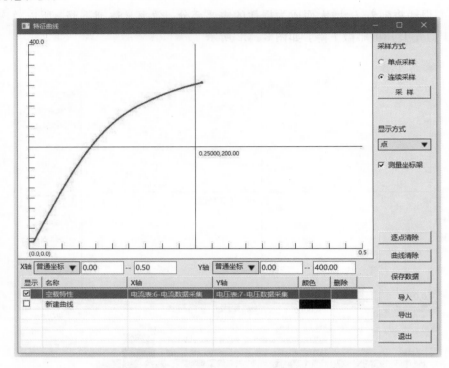

图 3-34　他励直流发电机空载特性曲线

5. 他励直流发电机外特性实验

搭建如图 3-35 所示的他励直流发电机外特性仿真电路，观察他励直流发电机在额定励磁电流、额定转速的情况下，负载变化时电枢电压和电枢电流的关系，即图 3-36 所示的他励直流发电机外特性曲线。

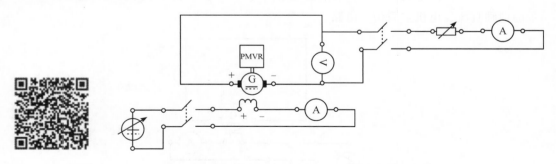

直流发电机外特性仿真　　　　　　　　图 3-35　他励直流发电机外特性仿真电路

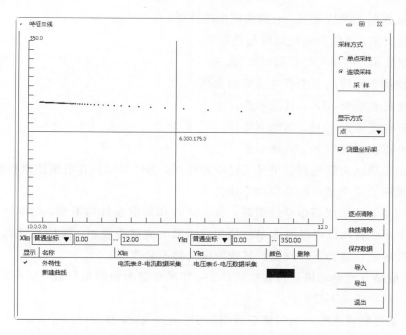

图 3-36 他励直流发电机外特性曲线 $E_a = f(I_a)$

本 章 小 结

作为直流电能与机械能互相转换的运动装置，直流电机在结构上保证了直流电动机和直流发电机工作状态的可逆性。直流电动机定子绕组的励磁方式有他励、并励、串励和复励。

直流电机的电枢绕组是实现能量转换的主要部件。直流电机的空载磁场是由定子绕组接通直流电源建立的，在电枢绕组通电也可产生磁场，并且与定子绕组的磁场合成后产生了电机的电枢反应效应，该效应会影响电机的工作状态。

直流电机在运行时电枢产生的感应电动势和电磁转矩公式、直流电动机的基本方程包括电压平衡方程、转矩平衡方程和功率平衡方程。利用这些方程可分析电机的运行特性，进而可以获得不同励磁方式下直流电动机的工作特性。本章最后对直流电动机和直流发电机的工作特性进行了仿真。

思考题与习题

3-1 作为直流电机主要组成的定子、转子及气隙在电机工作原理中各起什么作用？

3-2 换向器在直流电机中起什么作用？

3-3 直流电机铭牌上的额定功率是指什么功率？

3-4 下列哪个参数通常不被标注在电动机的铭牌上？（   ）

A. 额定电压   B. 额定转矩   C. 额定电流   D. 额定转速

3-5　试判断下列情况下，电刷两端电压性质：

(1) 磁极固定，电刷与电枢同时旋转；

(2) 电枢固定，电刷与磁极同时旋转。

3-6　说明下列情况下空载电动势的变化：

(1) 每极磁通减少 10%，其他不变；

(2) 励磁电流增大 10%，其他不变；

(3) 电机转速增加 20%，其他不变。

3-7　主磁通既交链电枢绕组又交链励磁绕组，为什么却只在电枢绕组里感应电动势？

3-8　他励直流电动机的电磁功率指什么？

3-9　用单波绕组代替单叠绕组时，若导体数和其他条件均不变，则电机额定容量有无改变？例如，一台六极电机原为单波绕组，如果改成单叠绕组，保持元件数和元件匝数不变，则电机额定容量会不会改变？其他额定量会不会改变？

3-10　他励直流电动机运行在额定状态，如果负载为恒转矩负载，减小磁通，则电枢电流是增大、减小还是不变？

3-11　某他励直流电动机的额定数据为 $P_N = 17$ kW，$U_N = 220$ V，$n_N = 1300$ r/min，$\eta_N = 83\%$，计算 I_N、T_{2N} 及额定负载时的 P_1。

3-12　已知直流电机的极对数 $n_p = 2$，槽数 $Z = 22$，元件数及换向片数均为 22，连成单叠绕组。计算绕组各节距，画出展开图及磁极和电刷的位置，并求并联支路数。

3-13　他励直流电动机的额定数据为 $P_N = 3$ kW，$U_N = 220$ V，$n_N = 1000$ r/min，$p_{Cua} = 300$ W，$p_0 = 393$ W。计算额定运行时电动机的 T_N、T_L、T_0、P_T、η_N 和 R_a。

3-14　一台他励直流电动机的额定数据为 $P_N = 7.3$ kW，$U_N = 220$ V，$I_N = 40$ A，$n_N = 1000$ r/min，$R_a = 0.3$ Ω，$T_L = 0.3T_N$，求电动机的转速和电枢电流。

3-15　一台并励直流发电机，$P_N = 33$ kW，$U_N = 110$ V，$n_N = 1430$ r/min，电枢电路各绕组总电阻 $R_a = 0.0243$ Ω，一对电刷压降 $\Delta u = 2$ V，励磁电路电阻 $R_f = 20.1$ Ω。求额定负载时的电磁转矩及电磁功率。

第 4 章　直流电动机拖动控制及仿真

学习目标

- 掌握直流电动机的机械特性；
- 掌握直流电动机的起动方法；
- 掌握直流电动机的调速方法及调速指标；
- 掌握直流电动机的制动方法；
- 熟悉直流电动机的各种运行状态仿真；
- 了解直流电动机控制应用实例仿真。

　　原动机为直流电动机的电机拖动系统称直流电力拖动控制系统，或称直流电机拖动系统。在此系统中，电动机有他励、串励和复励三种，其中最主要的是他励直流电动机，本章重点介绍由他励直流电动机组成的直流电力拖动控制系统。

　　直流电力拖动控制系统主要研究直流电动机拖动负载运行时，各种运行状态的动、静态性能，解决直流电动机的起动、制动、调速三大问题。

4.1　他励直流电动机的机械特性及仿真

　　电动机的机械特性是指电动机的转速 n 与电磁转矩 T 之间的关系，即 $n=f(T)$，机械特性是电动机机械性能的主要表现，它与运动方程式相联系，是分析电动机起动、调速、制动等问题的重要工具。

4.1.1　机械特性的一般表达式

　　他励直流电动机的机械特性方程式可从电动机的基本方程式导出。他励直流电动机的电路原理如图 4-1 所示。

　　根据图 4-1 可以列出电动机的基本方程式为

感应电动势方程：

$$E_a = C_e \Phi n$$

电磁转矩：

$$T = C_T \Phi I_a$$

电压平衡方程式：

$$U_d = I_a R_\Sigma + E_a$$

电枢总电阻：

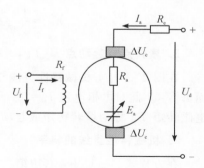

图 4-1　他励直流电动机的电路原理

$$R_{\Sigma}=R_{a}+R_{e}$$

磁通：

$$\Phi=f(I_{f})$$

励磁电流：

$$I_{f}=\frac{U_{f}}{R_{f}}$$

将 E_a 和 T 的表达式代入电压平衡方程式中，可得机械特性方程式的一般表达式为

$$n=\frac{U_d}{C_e\Phi}-\frac{R_{\Sigma}}{C_eC_T\Phi^2}T \qquad (4-1)$$

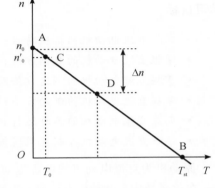

图 4-2　他励直流电动机的机械特性

在机械特性方程式(4-1)中，当电源电压 U_d、电枢总电阻 R_{Σ}、磁通 Φ 为常数时，即可画出他励直流电动机的机械特性 $n=f(T)$，如图 4-2 所示。

由图 4-2 中的机械特性曲线可见，转速 n 随电磁转矩 T 的增大而降低，是一条向下倾斜的直线。这说明电动机加上负载后，转速会随负载的增加而降低。

下面讨论机械特性上的两个特殊点和机械特性直线的斜率。

1. 理想空载点 $A(0, n_0)$

在方程式(4-1)中，当 $T=0$ 时，$n=U_d/(C_e\Phi)=n_0$ 称为理想空载转速，即

$$n_0=\frac{U_d}{C_e\Phi} \qquad (4-2)$$

由式(4-2)可见，调节电源电压 U_d 或磁通 Φ，可以改变理想空载转速 n_0 的大小。必须指出，电动机的实际空载转速 n_0' 比 n_0 略低，如图 4-2 所示。这是因为，电动机在实际的空载状态下运行时，其输出转矩 $T_2=0$，但电磁转矩 T 不可能为零，必须克服空载阻力转矩 T_0，即 $T=T_0$，所以实际空载转速 n_0' 为

$$n_0'=\frac{U_d}{C_e\Phi}-\frac{R_{\Sigma}}{C_eC_T\Phi^2}T_0=n_0-\frac{R_{\Sigma}}{C_eC_T\Phi^2}T_0 \qquad (4-3)$$

2. 堵转点或起动点 $B(T_{st}, 0)$

在图 4-2 中，机械特性直线与横轴的交点 B 为堵转点或起动点。在堵转点，$n=0$，因而 $E_a=0$，此时电枢电流 $I_a=U_d/R_{\Sigma}=I_{st}$ 称为堵转电流或起动电流。与堵转电流相对应的电磁转矩 T_{st} 称为堵转转矩或起动转矩。

3. 机械特性直线的斜率

在方程式(4-1)中，右边第二项表示电动机带负载后的转速降，用 Δn 表示，则

$$\Delta n=\frac{R_{\Sigma}}{C_eC_T\Phi^2}T=\beta T \qquad (4-4)$$

式中，$\beta=\dfrac{R_{\Sigma}}{C_eC_T\Phi^2}$ 为机械特性直线的斜率，在同样的理想空载转速下，β 越小，Δn 越小，

即转速随电磁转矩的变化较小，称此机械特性为硬特性。β 越大，Δn 也越大，即转速随电磁转矩的变化较大，称此机械特性为软特性。

将式(4-2)及式(4-4)代入式(4-1)，可得机械特性方程式的简化式为

$$n = n_0 - \beta T \tag{4-5}$$

4.1.2　固有机械特性及仿真

1. 固有机械特性

当他励直流电动机的电源电压 $U_d = U_N$，磁通 $\Phi = \Phi_N$，电枢回路中没有附加电阻，即 $R_e = 0$ 时，电动机的机械特性称为固有机械特性。固有机械特性的方程式为

$$n = \frac{U_N}{C_e \Phi_N} - \frac{R_a}{C_e C_T \Phi_N^2} T \tag{4-6}$$

根据式(4-4)可绘出他励直流电动机的固有机械特性，如图4-3所示。其中 D 点为额定运行点。由于 R_a 较小，$\Phi = \Phi_N$ 数值最大，所以特性的斜率 β 最小，他励直流电动机的固有机械特性较硬。

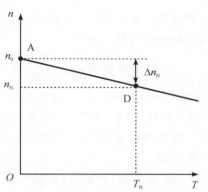

图 4-3　他励直流电动机的固有机械特性

2. 固有机械特性仿真

在电机虚拟仿真平台上搭建直流电动机机械特性实验电路，如图4-4左半部分所示，观察并励直流电动机、串励直流电动机、复励直流电动机的转速与输出转矩的关系，如图4-4右半部分所示的曲线图。

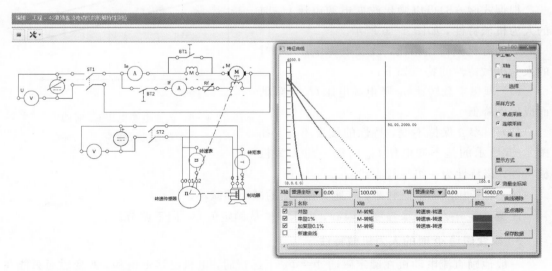

图 4-4　各种励磁方式的直流电动机的固有机械特性仿真

4.1.3　人为机械特性及仿真

改变固有机械特性方程式中的电源电压 U_d，气隙磁通 Φ 和电枢回路串接电阻 R_e 这三

个参数中的任意一个、两个或三个参数，所得到的机械特性即为人为机械特性。

1. 电枢回路串接电阻 R_e 时的人为机械特性

此时，$U_d = U_N$，$\varPhi = \varPhi_N$，$R_\Sigma = R_a + R_e$，电枢回路串接电阻 R_e 时的人为机械特性方程为

$$n = \frac{U_N}{C_e\varPhi_N} - \frac{R_a + R_e}{C_e C_T \varPhi_N^2} T \qquad (4-7)$$

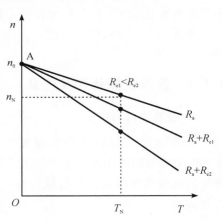

图 4 - 5　不同 R_e 时的人为机械特性

与固有机械特性相比，电枢回路串接电阻 R_e 时的人为机械特性的特点如下：

（1）理想空载点 $n_0 = \dfrac{U_N}{C_e\varPhi_N}$ 保持不变。

（2）斜率 β 随 R_e 的增大而增大，使转速降 Δn 增大，特性变软。如图 4 - 5 所示是串接不同 R_e 时的一组人为机械特性，它是从理想空载点 n_0 发出的一簇射线。

（3）对于相同的电磁转矩，转速 n 随 R_e 的增大而减小（图 4 - 5 中标出了对应的转速点）。

2. 改变电源电压 U_d 时的人为机械特性

当 $\varPhi = \varPhi_N$，电枢不串接电阻（$R_e = 0$），改变电源电压 U_d 时的人为机械特性方程式为

$$n = \frac{U_d}{C_e\varPhi_N} - \frac{R_a}{C_e C_T \varPhi_N^2} T \qquad (4-8)$$

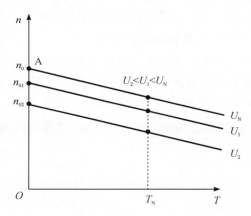

图 4 - 6　改变电源电压 U_d 时的人为机械特性

根据式（4-8）可以画出改变电源电压 U_d 时的人为机械特性，如图 4 - 6 所示。

与固有机械特性相比，改变电源电压 U_d 时的人为机械特性的特点如下：

（1）理想空载转速 n_0 随电源电压 U_d 的降低而成比例降低。

（2）斜率 β 保持不变，特性的硬度不变。如图 4 - 6 所示的是不同电压 U_d 时的一组人为机械特性，该特性为一组平行直线。

（3）对于相同的电磁转矩，转速 n 随 U_d 的减小而减小。

注意：由于受到绝缘强度的限制，电压只能从额定值 U_N 向下调节。

3. 改变磁通 $\varPhi$ 时的人为机械特性

一般他励直流电动机在额定磁通 $\varPhi = \varPhi_N$ 下运行时，电机已接近饱和。改变磁通只能在额定磁通以下进行调节。此时 $U_d = U_N$，电枢不串接电阻（$R_e = 0$）、减弱磁通时的人为机械特性方程式为

$$n = \frac{U_N}{C_e\varPhi} - \frac{R_a}{C_e C_T \varPhi^2} T \qquad (4-9)$$

根据式(4-9)可以画出改变磁通 Φ 时的人为机械特性,如图 4-7 所示。(这组曲线的斜率变化不太明显)

与固有机械特性相比,减弱磁通 Φ 时的人为机械特性的特点如下:

(1)理想空载点 $n_0 = U_N / (C_e \Phi)$ 随磁通 Φ 减弱而升高。

(2)斜率 β 与磁通 Φ 成反比,减弱磁通 Φ,使斜率 β 增大,特性变软。如图 4-7 所示为弱磁时的一组人为机械特性,该特性随磁通 Φ 的减弱,理想空载转速 n_0 升高,曲线斜率变大。

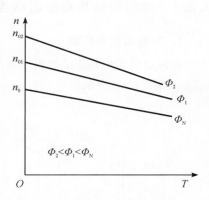

图 4-7　改变磁通 Φ 时的人为机械特性

显然,在实际应用中,同时改变两个、甚至三个参数时,人为机械特性同样可根据特性方程式得到。改变人为机械特性参数通常用于起动、调速及制动的控制,它们的虚拟仿真测试见后续章节直流电动机的各种运行状态的控制仿真。

4.2　他励直流电动机的起动控制及仿真

所谓起动就是指电动机接通电源后,由静止状态加速到某一稳态转速的过程。他励直流电动机起动时,必须先加额定励磁电流建立磁场,然后再加电枢电压。

当忽略电枢电感时,他励直流电动机的电枢电流 I_a 为

$$I_a = \frac{U_N - E_a}{R_a} \qquad (4-10)$$

在起动瞬间,电动机的转速 $n = 0$,反电动势 $E_a = 0$,电枢回路只有电枢绕组电阻 R_a,此时电枢电流为起动电流 I_{st},对应的电磁转矩为起动转矩 T_{st},则有

$$I_{st} = \frac{U_N}{R_a} \qquad (4-11)$$

$$T_{st} = C_T \Phi_N I_{st} \qquad (4-12)$$

由于电枢绕组电阻 R_a 很小,因此起动电流 $I_{st} \gg I_N$(约为 $10 \sim 20$ 倍的 I_N),这么大的起动电流会使电机换向困难,在换向片表面产生强烈的火花,甚至形成环火;同时电枢绕组可能会因过热损坏;其次,由于大电流产生的转矩过大,将损坏拖动系统的传动机构,这都是不允许的。因此除了微型直流电机由于 R_a 较大、惯量较小可以直接起动外,一般直流电机都不允许直接起动。

直流电动机拖动负载顺利起动的一般条件如下:

(1)起动电流限制在一定范围内,即 $I_{st} \leqslant \lambda I_N$,$\lambda$ 为电机的过载倍数。

(2)要有足够大的起动转矩,$T_{st} \geqslant (1.1 \sim 1.2) T_N$。

(3)起动设备简单、可靠。

如何限制起动时的电枢电流呢?由 $I_{st} = \dfrac{U_N}{R_a}$ 可见,限制起动电流的措施有两个:一是降低电源电压,二是增加电枢回路电阻,即直流电动机的起动方法有降压和电枢串电阻两种,

下面分别叙述。

4.2.1　电枢回路串电阻起动控制及仿真

1. 串电阻起动控制

在额定电源电压下，电枢回路串入分级起动电阻 R_{st}，在起动过程中再将起动电阻逐步切除。如图 4-8 所示为他励直流电动机三级电阻起动时的起动电路和机械特性。

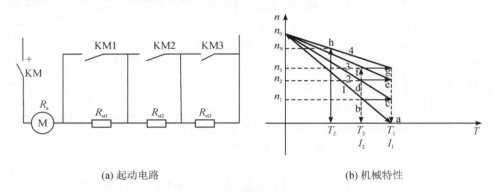

(a) 起动电路　　　　　　　　　　　(b) 机械特性

图 4-8　他励直流电机三级电阻起动

如图 4-8(a)所示，起动时，应串入全部电阻，即接触器 KM_1、KM_2、KM_3 不得电，其触点处于常开状态。此时起动电流为

$$I_{st} = \frac{U_N}{R_a + R_{st}} \tag{4-13}$$

式中，$R_{st} = R_{st1} + R_{st2} + R_{st3}$ 应使 I_{st} 不超过电机允许的过载能力。

起动过程如图 4-8(b)所示，其中 T_Z 为电动机所带的恒转矩负载。由起动电流 I_{st} 产生起动转矩 T_{st}，由于 $T_{st} > T_Z$，起动电流和起动转矩都为最大。接入全部起动电阻时的人为机械特性如图 4-8(b)所示的曲线 1。电机从 a 点开始起动，随着转速的上升，电动势逐渐增大，电枢电流和电枢转矩逐渐变小，工作点沿曲线 1 向 b 点移动，当转速升到 n_1 时，电流降到 I_2，电磁转矩降到 T_2，KM_3 闭合，断开 R_{st3}，电枢回路电阻为 $R_2 = R_a + R_{st1} + R_{st2}$，与之相应的机械特性为曲线 2。断开电阻瞬间，由于转速不能突变，所以电机工作点由 b 点水平跳变到曲线 2 上的 c 点。选择合适的各级电阻值，可以使 c 点的电流仍为 I_1，这样电机又在最大转矩 T_1 先加速，工作点沿曲线 2 移动到 d 点，转速升到 n_2，电流降到 I_2，电磁转矩降到 T_2。此时闭合 KM_2，断开 R_{st2}，电枢回路电阻为 $R_1 = R_a + R_{st1}$，工作点由 d 点沿水平方向跳变到曲线 3 上的 e 点。e 点的电流仍为 I_1，电机在最大转矩 T_1 加速。工作点沿曲线 3 移动到 f 点，转速升到 n_3，电流降到 I_2，电磁转矩降到 T_2。此时闭合 KM_1，断开 R_{st1}，电枢回路电阻为 $R_1 = R_a$，工作点由 f 点沿水平方向变到固有机械特性曲线上的 g 点，并加速到 h 点后稳定运行，起动过程结束。

2. 仿真测试

搭建他励直流电动机的电枢回路串接电阻起动仿真电路，如图 4-9 左半部分所示，其中串接的起动电阻 R 分别为 10 Ω、20 Ω、30 Ω 时，观察转速与输出转矩的特性关系，如图 4-9 右半部分的仿真测试曲线图所示。

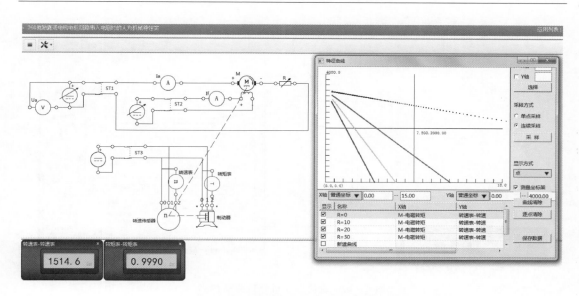

图 4 - 9　直流电动机电枢回路串电阻起动仿真

4.2.2　降压起动控制及仿真

1. 降压起动控制

降压起动是在电动机起动时将加在电枢两端的电压降低以限制起动电流的起动方式，在起动时，以较低的电压起动，随着电动机转速的上升，逐渐提高电源的电压，起动电流和起动转矩保持在一定的数值上，保证按需要的加速度升速。

在已知负载转矩 T_z 时，根据起动条件确定起动电压的初始值；当 T_z 未知时，起动电压也可以从 0 V 升高到 U_N，起动开始后，转速从 0 开始上升，E_a 随之由 0 开始增大，由此可知，起动电流 I_a 随之下降，引起起动转矩 T_{st} 下降，如果不及时增加电压，起动转矩会减少到与负载转矩相等时建立低压的稳定转速，不再升速。为了达到起动过程短，电磁转矩较大，一直保持升速，同时控制电枢电流一直较小的目的，可随着转速的加快，逐步提高加在电枢两端的电压，直至电动机额定电压。他励电动机采用降压起动时，起动电流较小，起动转矩较大，起动迅速平稳，能量损耗小。

降压起动方法一般用于大容量起动频繁的直流电动机，这时必须有专用的可调直流稳压电源。可调直流电源电路的种类很多，较早用的是发电机-电动机组。由于大功率晶体管和晶闸管的出现，目前多使用大功率晶体二极管或晶闸管组成的可控整流装置作为直流电动机的电源。

降压起动需要专用电源，设备投资较大，但起动平稳，起动过程能耗小，还可以和调压调速共用一套设备，因此得到广泛应用。

2. 仿真测试

在不同电枢电压情况下，观察他励直流电动机转速和输出转矩之间的关系，直流电动机降压起动仿真电路如图 4 - 10 左半部分所示，其特性测试如图 4 - 10 右半部分的曲线图所示。

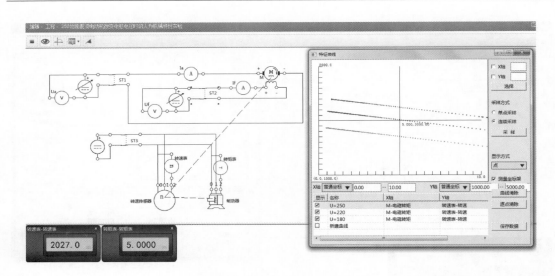

图 4 - 10　直流电动机降压起动仿真

4.3　他励直流电动机的调速控制及仿真

为了提高生产率和满足生产工艺的要求，大量生产机械的运行速度随其具体工作情况的不同而不一样。例如，在车床切削工件时，精加工用高速，粗加工用低速；轧钢机在轧制不同钢种和不同规格的钢材时，须用不同的轧制速度。这就是说，生产机械的工作速度需要根据工艺要求而人为调节。所谓调速就是根据生产机械工艺要求人为地改变速度。

注意：调速和由于负载变化引起的速度变化是截然不同的概念。

调速可用机械调速（改变传动机构速比进行调速的方法）、电气调速（改变电动机参数进行调速的方法）或二者配合起来实现。本节只讨论他励直流电动机的调速性能和几种常用的电气调速方法。

为生产机械选择调速方法，必须在技术和经济两方面进行比较，那么，评价调速方法的主要指标是什么呢？

4.3.1　调速指标

1. 调速范围

调速范围是指电动机在额定负载下可能达到的最高转速 n_{max} 和最低转速 n_{min} 之比，通常用 D 来表示，即

$$D = \frac{n_{max}}{n_{min}} \qquad\qquad (4-14)$$

对于一些经常轻载运行的生产机械，可以用实际负载时的最高转速和最低转速之比来计算调速范围 D。

调速范围 D 反映了生产机械对调速的要求，不同的生产机械对电动机的调速范围有不同的要求，例如，车床 $D=20\sim120$，龙门刨床 $D=10\sim40$，轧钢机 $D=3\sim120$，造纸机 $D=3\sim20$ 等。

　　要扩大调速范围，必须尽可能提高 $n_{\max}$ 与降低 $n_{\min}$，而最高转速 $n_{\max}$ 受电动机的换向及机械强度限制，最低转速 $n_{\min}$ 受生产机械对低速静差率的限制。

2. 静差率

　　静差率是指在同一条机械特性上，从理想空载到额定负载时的转速降与理想空载转速之比，用百分比表示为

$$\delta = \frac{\Delta n_{\mathrm{N}}}{n_0} \times 100\% = \frac{n_0 - n_{\mathrm{N}}}{n_0} \times 100\% \qquad (4-15)$$

　　静差率 δ 反映了拖动系统的相对稳定性。不同的生产机械，其允许的静差率是不同的，例如，普通车床 $\delta \leqslant 30\%$，而精度高的造纸机则要求 $\delta \leqslant 0.1\%$。

　　静差率 δ 值与机械特性的硬度及理想空载转速 n_0 有关。当理想空载转速 n_0 一定时，机械特性越硬，额定速降 Δn_{N} 越小，则静差率越小。调速范围 D 与静差率 δ 两项性能指标是互相制约的。在同一种调速方法中，δ 值较大即静差率要求较低时，可得到较宽的调速范围。

　　调速范围 D 与低速静差率 δ 之间的关系为

$$D = \frac{n_{\max}}{n_{\min}} = \frac{n_{\max}}{n_0 - \Delta n_{\mathrm{N}}} = \frac{n_{\max}}{n_0 \left(1 - \dfrac{\Delta n_{\mathrm{N}}}{n_0}\right)} = \frac{n_{\max}}{n_0(1 - \delta_{\max})} \qquad (4-16)$$

　　分子分母同乘以 Δn_{N}，则得

$$D = \frac{n_{\max}\delta}{\Delta n_{\mathrm{N}}(1 - \delta_{\max})} \qquad (4-17)$$

　　式 (4-17) 中的 $n_{\max}$ 一般由电动机的额定转速决定，低速时的静差率 $\delta_{\max}$ 由生产机械提出允许值。

　　[例题 4-1]　一台他励直流电动机，$P_{\mathrm{N}} = 10$ kW，$U_{\mathrm{N}} = 220$ V，$I_{\mathrm{N}} = 53$ A，$n_{\mathrm{N}} = 1100$ r/min，$R_{\mathrm{a}} = 0.3\ \Omega$，试求要求静差率 $\delta \leqslant 30\%$ 和 $\delta \leqslant 20\%$ 时，调压调速时的调速范围。

　　解　调压调速时的 $n_{\max} = n_{\mathrm{N}} = 1100$ r/min。有

$$C_{\mathrm{e}}\Phi_{\mathrm{N}} = \frac{U_{\mathrm{N}} - I_{\mathrm{N}}R_{\mathrm{a}}}{n_{\mathrm{N}}} = \frac{220 - 53 \times 0.3}{1100} = 0.186\ \text{V/(r/min)}$$

$$n_0 = \frac{U_{\mathrm{N}}}{C_{\mathrm{e}}\Phi_{\mathrm{N}}} = \frac{220}{0.186} = 1183\ \text{r/min}$$

$$\Delta n_{\mathrm{N}} = n_0 - n_{\mathrm{N}} = 1183 - 1100 = 83\ \text{r/min}$$

　　因此，当 $\delta \leqslant 30\%$ 时，

$$D = \frac{n_{\max}\delta}{\Delta n_{\mathrm{N}}(1 - \delta_{\max})} = \frac{1100 \times 0.3}{83 \times (1 - 0.3)} = 5.68$$

　　当 $\delta \leqslant 20\%$ 时，

$$D = \frac{n_{\max}\delta}{\Delta n_{\mathrm{N}}(1 - \delta_{\max})} = \frac{1100 \times 0.2}{83 \times (1 - 0.2)} = 3.3$$

可见，对 δ 要求越高，即 δ 越小，D 越小。

　　一般设计调速方案前，调速范围和静差率的要求已由生产机械给定，这时可算出允许的转速降 Δn_{N}，式 (4-17) 可改写成

$$\Delta n_{\mathrm{N}} = \frac{n_{\max}\delta}{D(1-\delta)} \qquad (4-18)$$

当生产机械对 D 和 δ 提出较高的要求（D 大，δ 小）时，则低速允许的转速降 Δn_{N} 较低，就他励直流电动机本身而言，提高机械特性硬度的余地并不大，如采用降低电压的调速方法（不引入反馈）不能满足要求，则必须考虑采用电压或转速负反馈的闭环系统，以提高机械特性的硬度，减小转速降，来满足生产机械的要求。关于这方面的内容将在后续课程中介绍。

3. 平滑性

在一定的调速范围内，调速的级数越多，则认为调速越平滑。平滑性用平滑系数来衡量，它是相邻两级转速之比

$$\varphi = \frac{n_i}{n_{i-1}} \qquad (4-19)$$

式中，φ 越接近于 1，则系统调速的平滑性越好。当 $\varphi = 1$ 时，称无级调速，即转速可以连续调节，采用调压调速的方法可实现系统的无级调速。

4. 经济性

经济性主要考虑调速设备的初投资、调速时电能的损耗及运行时的维修费用等。

4.3.2　他励直流电动机的调速方法及仿真

拖动负载运行的他励直流电动机，其转速是由负载特性和机械特性的交点（称工作点）决定的，工作点改变了，电动机的转速也就改变了。对于具体的负载，其转矩特性是一定的，不能改变，但电动机的机械特性却可以人为改变。这样，通过人为改变电动机的机械特性而使电动机与负载两条特性的交点随之改变，可以达到调速的目的。前面曾介绍过他励直流电动机具有三种人为的机械特性，因而他励直流电动机有三种调速方法，下面分别介绍。

1. 电枢回路串电阻调速

在他励直流电动机拖动生产机械运行时，保持电枢电压额定，励磁电流（磁通）额定，在电枢回路串入不同的电阻时，电动机运行于不同的速度。电枢串电阻调速的机械特性方程式为

$$n = \frac{U_{\mathrm{N}}}{C_e \Phi_{\mathrm{N}}} - \frac{R_{\mathrm{a}} + R}{C_e C_{\mathrm{T}} \Phi_{\mathrm{N}}^2} T \qquad (4-20)$$

机械特性如图 4-5 所示，是一组过理想空载点 n_0 的直线，串入的电阻越大，其斜率 $\beta = \dfrac{R_{\mathrm{a}} + R}{C_e C_{\mathrm{T}} \Phi_{\mathrm{N}}^2}$ 越大。

电枢回路串电阻调速的特点如下：

（1）实现简单，操作方便。

（2）低速时机械特性变软，静差率增大，相对稳定性变差。

（3）只能在基速以下调速，因而调速范围较小，一般 $D \leqslant 2$。

（4）由于电阻是分级切除的，所以只能实现有级调速，平滑性差。要提高平滑系数，串入的级数增多，控制也更复杂。

（5）由于串接电阻上要消耗电功率，因而经济性较差。转速越低，能耗越大。

因此，电枢串电阻调速的方法多用于对调速性能要求不高的场合，如起重机、电车等。

2. 调压调速

当他励直流电动机拖动负载运行时，保持励磁电流（磁通）额定，电枢回路不串电阻，改变电枢两端的电压，可以得到不同的转速。由于受电机绝缘耐压的限制，其电枢电压不允许超过额定电压，因此调压调速只能在额定电压 U_N 以下进行，即只能在基速以下调节。

其机械特性方程式为

$$n = \frac{U_d}{C_e \Phi_N} - \frac{R_a + R_0}{C_e C_T \Phi_N^2} T \qquad\qquad (4-21)$$

式中，U_d 为整流装置输出电压，R_0 为整流装置内阻。

在调压调速时，改变 U_d 可得到一组平行的机械特性，如图 4-6 所示，其 n_0 与 U_d 成正比，并具有相同的斜率 $\beta = \dfrac{R_a + R_0}{C_e C_T \Phi_N^2}$。

设电动机拖动额定恒转矩负载 T_Z 在固有特性（$U = U_N$）上稳定运行，其转速为额定转速 n_N。当电枢电压降至 U_1 时，电动机由于机械惯性过渡到人为特性，这时 $T < T_L$，电动机减速，之后电动机又处于稳定运行状态。

调压调速的特点如下：

（1）由于调压电源可连续平滑调节，所以拖动系统可实现无级调速。

（2）调速前后机械特性硬度不变，因而相对稳定性较好。

（3）在基速以下调速，调速范围较宽，D 可达 $10\sim20$。如采用反馈控制，特性的硬度可再提高，从而获得更宽的调速范围。

（4）调速过程中能量损耗较少，因此调速经济性较好。

（5）需要一套可控的直流电源。

调压调速多用在对调速性能要求较高的生产机械上，如机床、轧钢机、造纸机等。

3. 弱磁调速

弱磁调速原理可用图 4-11 来说明。

设电动机带恒转矩负载 T_L，运行于固有特性 1 上的 A 点。弱磁后，机械特性变为直线 BC，因转速不能突变，电动机的运行点由 A 点变为 C 点。由于磁通减小，反电动势也减小，导致电枢电流增大。尽管磁通减小，但由于电枢电流增加很多，使电磁转矩大于负载转矩，电动机将加速，一直加速到新的稳态运行点 B，使电机的转速大于固有特性的理想空载转速，所以一般弱磁调速用于升速。

弱磁调速是在励磁回路中调节，因电压较低，电流较小而较为方便，但调速范围一般较小。

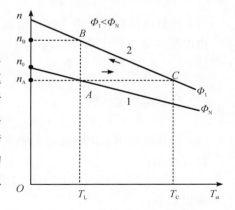

图 4-11　他励直流电动机弱磁调速

当他励直流电动机的气隙磁通变化时，观察转速与输出转矩的关系，弱磁调速的仿真电路如图 4-12 左半部分所示，其特性测试如图 4-12 右半部分的曲线图所示。

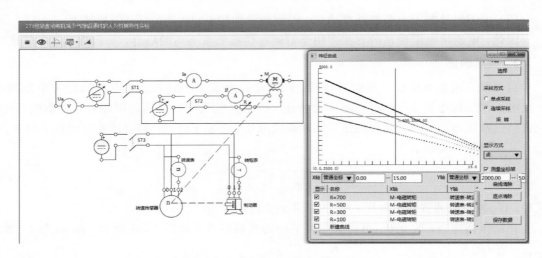

图 4-12 直流电动机弱磁调速仿真

[**例题 4-2**]　某台他励直流电动机，额定功率 $P_N=22$ kW，额定电压 $U_N=220$ V，额定电流 $I_N=115$ A，额定转速 $n_N=1500$ r/min，电枢回路总电阻 $R_a=0.1$ Ω，忽略空载转矩 T_0，当电动机带恒转矩额定负载运行时，要求把转速降到 1000 r/min，计算：

（1）采用电枢串电阻调速需串入的电阻值。

（2）采用调压调速需将电枢电压降到多少？

（3）上述两种调速情况下，电动机输入功率（不计励磁功率）与输出功率各是多少？

（4）当负载转矩 $T_L=0.4T_N$ 时，采用弱磁调速，使转速上升至 1800 r/min，此时磁通 Φ 应降到额定值的多少倍？若不使电枢电流超过额定值，该电动机所能输出的最大转矩是多少？

解　计算 $C_e\Phi_N$：

$$C_e\Phi_N=\frac{U_N-I_NR_a}{n_N}=\frac{220-115\times0.1}{1500}=0.139\ \text{V/(r/min)}$$

（1）计算电枢回路应串入的电阻值：

由电枢回路电压平衡方程式可得

$$R=\frac{U_N-C_e\Phi_Nn}{I_N}-R_a=\frac{220-0.139\times1000}{115}-0.1=0.605\ \Omega$$

（2）计算电枢电压值：

$$U_a=C_e\Phi_Nn+I_NR_a=0.139\times1000+115\times0.1=150.5\ \text{V}$$

（3）计算电枢串电阻调速时的输入功率与输出功率：

输入功率：

$$P_1=U_NI_N=220\times115=25.3\ \text{kW}$$

输出功率：

$$P_2=T_2\omega=T_2\frac{2\pi n}{60}$$

因 T_L 为额定恒转矩负载，故调速前后电动机输出转矩 T_2 不变。

$$T_2=9550\frac{P_N}{n_N}=9550\times\frac{22}{1500}=140.1\ \text{N·m}$$

$$P_2 = T_2 \frac{2\pi n}{60} = 140.1 \times \frac{2 \times 3.14 \times 1000}{60} = 14.66 \text{ kW}$$

下面计算调压调速时的输入功率与输出功率。

输入功率：

$$P_1 = U_a I_N = 150.5 \times 115 = 17.308 \text{ kW}$$

输出功率：

$$P_2 = T_2 \omega = 14.67 \text{ kW}$$

（4）确定减弱磁通的程度：

弱磁调速时，

$$T_L = 0.6 T_N = 0.6 C_m \Phi_N I_N = 0.6 \times 9.55 \times 0.139 \times 115 = 91.6 \text{ N} \cdot \text{m}$$

$$n = \frac{U_N}{C_e \Phi} - \frac{R_a}{9.55(C_e \Phi)^2} T$$

将 $n = 1800$ r/min，$T = T_L$ 带入上式，得

$$1800 = \frac{220}{C_e \Phi} - \frac{0.1}{9.55(C_e \Phi)^2} \times 91.6$$

$$1800(C_e \Phi)^2 - 220 C_e \Phi + 0.959 = 0$$

解得

$$C_e \Phi = 0.1177, \quad 0.00453 \text{（舍去）}$$

磁通减少到额定值的倍数为

$$\frac{\Phi}{\Phi_N} = \frac{C_e \Phi}{C_e \Phi_N} = \frac{0.1177}{0.139} = 0.847$$

此题还可用近似方法计算：在弱磁升速时，反电动势 $E = C_e \Phi n$ 近似不变，由此可得

$$\frac{C_e \Phi}{C_e \Phi_N} = \frac{n_N}{n} = \frac{1500}{1800} = 0.833$$

在磁通减少的情况下，不致使电枢电流超过额定值，电动机可能输出的最大转矩为

$$T_m = 9.55 C_e \Phi I_N = 9.55 \times 0.1177 \times 115 = 129.26 \text{ N} \cdot \text{m}$$

4.3.3　调速方式与负载类型的配合

1. 电动机的容许输出与充分利用

电动机的容许输出，是指电动机在某一转速下长期可靠工作时所能输出的最大功率和转矩。容许输出的大小主要取决于电机的发热，而发热又主要决定于电枢电流。因此，在一定转速下，对应额定电流时的输出功率和转矩便是电动机的容许输出功率和转矩。

所谓电动机得到充分利用，是指在一定转速下电动机的实际输出达到了容许值，即电枢电流达到了额定值。

显然，在大于额定电流下工作的电机，其实际输出将超过它的容许值，这时电机会因过热而损坏；而在小于额定电流下工作的电机，其实际输出会小于它的允许值，这时电机便会因得不到充分利用而造成浪费。因此，最充分使用电动机，就是让它工作在 $I_a = I_N$ 情况下。

当电动机运行时，电枢电流 I_a 的实际大小取决于所拖动的负载。因此，正确使用电动

机，应使电动机既满足负载的要求，又得到充分利用，即让电动机始终处于额定电流下工作。对于恒速运行的电动机，非常容易做到这一点。但是，当电动机调速时，在不同的转速下，电动机电枢电流能否保持额定值呢？即电动机能否在不同的转速下都得到充分利用？下面进行阐述。

2. 调速方式

在电力拖动系统中，负载有不同的类型，电动机有不同的调速方法，具体分析电动机采用不同调速方法拖动不同类型负载时的电枢电流 I_a 的情况，对于充分利用电动机来说，是十分必要的。

他励直流电动机的调速方法可以分为恒转矩调速和恒功率调速两种。

所谓恒转矩调速方式，指的是采用某种调速方法，在整个调速过程中保持电枢电流 $I_a = I_N$ 不变，若该电动机电磁转矩 T_{em} 不变，则称这种调速方式为恒转矩调速方式。

因为 $T = C_m \Phi_N I_a$，当 $I_a = I_N$ 时，若 $\Phi = \Phi_N$，则 $T =$ 常数。他励直流电动机电枢回路串电阻调速和降低电源电压调速就属于恒转矩调速方式，此时 $P_{em} = T\omega$，当转速上升时，输出功率也上升。

所谓恒功率调速方式，指的是采用某种调速方法，在整个调速过程中保持电枢电流 $I_a = I_N$ 不变，若该电动机电磁功率 P_{em} 不变，则称这种调速方式为恒功率调速方式。

因为 $T = C_T \Phi_N I_a$，$P_{em} = T\omega$，当 $I_a = I_N$ 时，若 Φ 减小，则转速上升，同时转矩减小，保持 $P =$ 常数。他励直流电动机改变磁通调速就属于恒功率调速方式。

3. 调速方式与负载类型的配合

为了使电机得到充分利用，应根据不同的负载选用不同的调速方式。

1）调速方式与负载类型相匹配

恒转矩负载采用恒转矩调速方式，恒功率负载采用恒功率调速方式，我们就说调速方式与负载类型相匹配，电动机可以被充分利用。例如：初轧机主传动机构在转速比较低时，电压下降较大，即负载转矩大，可采用恒转矩调速方式；转速高时，电压下降量减小，即负载转矩随转速的升高而减小，为恒功率负载，因此，要与恒功率调速方式相配合。所以，在采用他励直流电动机拖动的初轧机主传动系统中，在额定转速 n_N 以下一般用改变供电电压调速，在 n_N 以上用弱磁调速，这样的配合较恰当。

2）调速方式与负载类型不匹配

如果将恒转矩调速方式与恒功率负载配合，为了使电动机在任何转速下都能拖动负载正常运行，应按最低转速 n_{min} 时的负载转矩大小选择电动机。使电动机允许输出转矩 T_r 等于负载转矩 T_L，电动机的电流 I_a 等于额定电流 I_N，随着转速的上升，负载转矩 T_L 减小，而电动机允许的输出转矩 T_r 却不变。所以，只有在最低速时，电动机才得到充分利用。在其他转速下，电动机实际输出的转矩 T_e（与负载转矩 T_L 相等）都比电动机本身允许输出的转矩小，使电动机得不到充分利用。

如果恒功率调速方式与恒转矩负载相配合，则只有在高速时，电动机允许输出转矩 T_r 等于负载转矩 T_L，在其他转速下，电动机允许输出转矩 T_r 都比实际输出转矩 T（与负载转矩 T_L 相等）大，因此电动机得不到充分利用。

对于泵类负载，既非恒转矩类型，也非恒功率类型，那么采用恒转矩调速方式或恒功率调速方式的电动机拖动泵类负载时，无论怎样都不能做到调速方式与负载性质匹配。这里要注意的是，恒转矩调速、恒功率调速和恒转矩负载、恒功率负载是完全不同的概念。前者是电动机本身允许输出的转矩和功率，表示输出转矩和功率的限度，实际输出多少取决于它所拖动的负载；后者则是负载所具有的转矩和功率，表示负载本身的性质。如表 4－1 所示为他励直流电动机三种调速方法的性能比较。

表 4－1　他励直流电动机三种调速方法性能比较

调速方法	电枢串电阻调速	降电压调速	弱磁调速
调速方向	基速以下	基速以下	基速以上
调速范围(对 δ 一般要求时)	约 2	约 10～12	1.2～2(一般电动机) 3～4(殊电动机)
相对稳定性	差	好	较好
平滑性	差	好	好
经济性	初投资少，电能损耗大	初投资多，电能损耗少	初投资较少，电能损耗少
应用	对调速要求不高的场合，适于与恒转矩负载配合	对调速要求高的场合，适于与恒转矩负载配合	一般与降压调速配合使用，适于与恒功率负载配合

[**例题 4－3**]　某一生产机械采用他励直流电动机作原动机，该电动机用弱磁调速，其参数为：$P_N=18.5$ kW，$U_N=220$ V，$I_N=103$ A，$n_N=500$ r/min，$n_{max}=1500$ r/min，$R_a=0.18$ Ω。

(1) 若电动机拖动额定恒转矩负载，当把磁通减弱至 $\Phi=\frac{1}{3}\Phi_N$ 时电动机的稳定转速和电枢电流，能否长期运行？为什么？

(2) 若电动机拖动额定恒功率负载，当把磁通减弱至 $\Phi=\frac{1}{3}\Phi_N$ 时电动机的稳定转速和电枢电流，能否长期运行？为什么？

解　先求 $C_e\Phi_N$

$$C_e\Phi_N=\frac{U_N-I_NR_a}{n_N}=\frac{220-103\times0.18}{500}=0.403$$

(1) 拖动额定恒转矩负载，即 $T_L=T_N$；$\Phi=\frac{1}{3}\Phi_N$ 时的 n 及 I_a

因为

$$T_L=T_N=C_T\Phi_NI_N=C_T\Phi I_a$$

所以

$$I_a=\frac{\Phi_N}{\Phi}I_N=\frac{\Phi_N}{\frac{1}{3}\Phi_N}I_N=3I_N=309\text{ A}$$

$$n = \frac{U_N - I_a R_a}{C_e \Phi} = \frac{220 - 309 \times 0.18}{\frac{1}{3} \times 0.403} = 1225 \text{ r/min}$$

可见由于电枢电流 I_a 远大于额定电流，会造成电机不能换向及过热烧坏的结果，故此种情况下，电机不能长期运行。

(2) 拖动额定恒功率负载，即 $P_L = P_N$，$\Phi = \frac{1}{3}\Phi_N$ 时的 n 及 I_a 拖动恒功率负载，采用弱磁调速时，电枢电流大小不变，因而反电动势不变，得

$$E_a = C_e \Phi_N n_N = C_e \Phi n$$

$$n = \frac{\Phi_N}{\Phi} n_N = 3n_N = 1500 \text{ r/min}$$

$$I_a = I_N = 103 \text{ A}$$

此时转速和电枢电流均在允许范围内，机械强度、换向及温升都允许，故可长期运行。

从本例题可看出，弱磁升速时，若带恒转矩负载，转速升高后电枢电流增大；若带恒功率负载，转速升高后电枢电流不变。因此，弱磁升速适合于拖动恒功率负载。对于具体的负载，可以选择合适的电动机使 I_a 等于或接近 I_N，达到匹配。

4.4　他励直流电动机的制动及仿真

对于一个拖动系统，制动的目的是使电力拖动系统停车（制停），有时也为了限制拖动系统的转速（制动运行），以确保设备和人身安全。制动的方法有自由停车、机械制动、电气制动。

自由停车是指切断电源，系统就会在摩擦转矩的作用下转速逐渐降低，最后停车，这称为自由停车。自由停车是最简单的制动方法，但自由停车一般较慢，特别是空载自由停车，更需要较长的时间。机械制动就是靠机械装置所产生的机械摩擦转矩进行制动。这种制动方法虽然可以加快制动过程，但机械磨损严重，增加了维修工作量。电气制动是指通过电气的方法进行制动，对需要频繁快速起动、制动和反转的生产机械，一般采用电气制动。

他励直流电动机的制动属于电气制动，这时电机的电磁转矩与被拖动的负载转向相反。电机的电磁转矩称为制动转矩，制动时，可以使能量回馈到电网，节约能源消耗。

电气制动便于控制，容易实现自动化，比较经济。常用的他励直流电动机的制动方法有能耗制动、反接制动、回馈制动（再生制动）。

下面分别讨论三种电气制动的物理过程、特性及制动电阻的计算等问题。

4.4.1　能耗制动及仿真

1. 能耗制动

能耗制动是把正在作电动运行的他励直流电动机的电枢从电网上切除，并接到一个外加的制动电阻 R_b 上构成闭合回路。如图 4-13 所示为他励直流电动机能耗制动的电路及发电机运行时的参考方向。

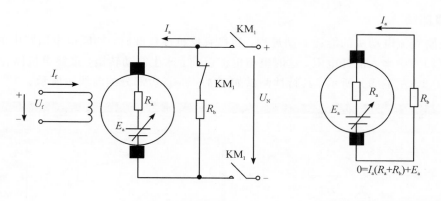

(a) 能耗制动的电路　　　　　　　　(b) 发电机运行时的参考方向

图 4 - 13　他励直流电动机能耗制动

　　为了便于比较，在图 4 - 13(a) 中标出了电机在电动状态时各物理量的方向。在制动时，保持磁通不变，接触器 KM_1 常开触点断开，电枢切断电源，同时常闭触点闭合把电枢接到制动电阻 R_b 上，电动机进入制动状态，如图 4 - 13(b) 所示。电动机开始制动瞬间，由于惯性，转速 n 仍保持与原电动状态相同的方向和大小，因此电枢电势 E_a 在此瞬间的大小和方向也与电动状态时相同，此时 E_a 产生电流 I_a，其 I_a 的方向与 E_a 相同（$I_a < 0$）。能耗制动时根据电势平衡方程可得：

$$0 = E_a + I_a(R_a + R_b) \tag{4 - 22}$$

$$I_a = -\frac{E_a}{R_a + R_b} \tag{4 - 23}$$

式中，电枢电流 I_a 为负值，其方向与电动状态时的正方向相反。由于磁通保持不变，因此，电磁转矩反向，与转速方向相反，反抗由于惯性而继续维持的运动，起制动作用，使系统较快地减速。在制动过程中，电动机把拖动系统的动能转变成电能并消耗在电枢回路的电阻上，因此称为能耗制动。

　　能耗制动时的特点是：$U_d = 0$，$R_\Sigma = R_a + R_b$。能耗制动机械特性方程式为

$$n = \frac{U_d}{C_e\Phi} - \frac{R_\Sigma}{C_e C_T \Phi^2}T = -\frac{R_a + R_b}{C_e C_T \Phi^2}T \tag{4 - 24}$$

　　由式(4 - 24)可见，n 为正时，T 为负，$n = 0$ 时，$T = 0$，所以能耗制动时的机械特性曲线是一条过坐标原点的直线，如图 4 - 14 所示。

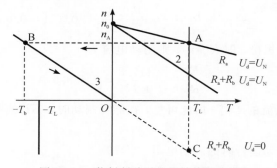

图 4 - 14　能耗制动时的机械特性曲线

2. 仿真测试

观察他励直流电动机的能耗制动过程,当接有反抗性负载时,切断电枢回路中的电源,同时在电枢回路中串入能耗电阻,这时电枢电流反向,产生制动转矩,最终电机停转,仿真电路如图 4-15 左半部分所示,其特性测试如图 4-15 右边部分的曲线图所示。

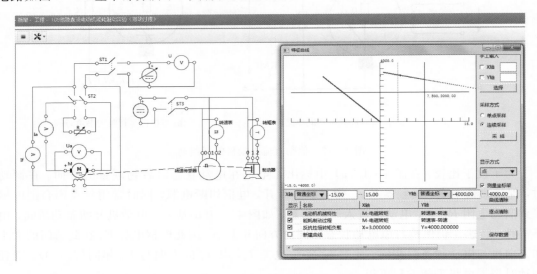

图 4-15　他励直流电动机能耗制动仿真

[例题 4-4]　一台他励直流电动机额定数据为 $U_N = 220$ V, $I_N = 116$ A, $P_N = 22$ kW, $R_a = 0.174$ Ω, $n_N = 1500$ r/min,用这台电动机来拖动起升机构。

(1) 在额定负载下进行能耗制动,欲使制动电流等于 $2I_N$,则电枢回路中应串接多大制动电阻?

(2) 在额定负载下进行能耗制动,如果电枢直接短接,则制动电流应为多大?

(3) 当电动机轴上带有一半额定负载时,要求在能耗制动中以 800 r/min 的稳定低速下放重物,则电枢回路中应串接多大制动电阻?

解　(1) 根据直流电机电压方程 $U_N = E_a + I_N R_a$,在额定负载时,电动机的电动势为
$$E_a = U_N - I_N R_a = 220 - 116 \times 0.174 = 199.8 \text{ V}$$

能耗制动时,电枢电路中应串入的制动电阻
$$0 = E_a + I_a(R_a + R_b) = E_a + (-2I_N) \times (R_a + R_b)$$
$$R_b = -\frac{E_a}{-2I_N} - R_a = -\frac{199.8}{-2 \times 116} - 0.174 = 0.687 \text{ Ω}$$

(2) 如果电枢直接短接,即 $R_b = 0$,则制动电流为
$$I_a = -\frac{E_a}{R_a} = -\frac{119.8}{0.174} = -688.5 \text{ A}$$

此电流约为额定电流的 4 倍,由此可见,在能耗制动时,不许直接将电枢短接,必须接入一定数值的制动电阻。

(3) 求稳定能耗制动运行时的制动电阻:
$$U_N = E_a + I_N R_a = C_e \Phi_N n_N + I_N R_a$$

$$C_e \Phi_N = \frac{U_N - I_N R_a}{n_N} = \frac{199.8}{1500} = 0.133$$

因负载为额定负载的一半，则稳定运行时的电枢电流为 $I_a = 0.5 I_N$，把已知条件代入直流电机能耗制动时的电动势方程式，得

$$0 = E_a + I_a (R_a + R_b) = C_e \Phi_N n + (0.5 I_N) \times (R_a + R_b)$$

$$0 = 0.133 \times (-800) + (0.5 I_N) \times (R_a + R_b)$$

$$R_b = 1.66 \ \Omega$$

4.4.2 反接制动及仿真

1. 电压反接制动

反接制动就是将正向运行的他励直流电动机的电源电压突然反接，同时在电枢回路串入制动电阻 R_b 来实现，如图 4-16 所示。

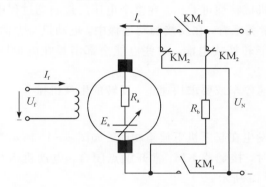

图 4-16 他励直流电动机的电压反接制动电路

从图 4-16 可见，当接触器 KM_1 接通，KM_2 断开时，电动机稳定运行于电动状态。为使生产机械迅速停车或反转，突然断开 KM_1，并同时接通 KM_2，这时电枢电源反接，同时串入了制动电阻 R_b。在电枢反接瞬间，由于转速 n 不能突变，电枢电势 E_a 不变，但电源电压 U_d 的方向改变，为负值，此时电动势方程和电枢电流为

$$-U_N = E_a + I_a (R_a + R_b) \tag{4-25}$$

$$I_a = \frac{-U_N - E_a}{R_a + R_b} \tag{4-26}$$

从式(4-26)可见，反接制动时 I_a 为负值，说明制动时电枢电流与制动前相反，电磁转矩也相反(负值)。由于制动时转速未变，电磁转矩与转速方向亦相反，起制动作用。电机处于制动状态，此时电枢被反接，故称为反接制动。拖动系统在电磁转矩和负载转矩的共同作用下，电机转速迅速下降。

反接制动的电路特点是 $U_d = -U_N$，$R_\Sigma = R_a + R_b$。由此可得反接制动时他励直流电动机的机械特性方程式为

$$n = \frac{U_d}{C_e \Phi} - \frac{R_\Sigma}{C_e C_T \Phi^2} T = \frac{-U_N}{C_e \Phi} - \frac{R_a + R_b}{C_e C_T \Phi^2} T \tag{4-27}$$

可画出机械特性曲线，如图 4-17 中 $\overline{BCED}$ 所示，是一条通过 $-n_0$ 点，位于第二、三、四象限。

如果制动前电机运行于电动状态，如图 4-17 中的 A 点。在电枢电压反接瞬间，由于转速 n 不能突变，电动机的工作点从 A 点跳变至电枢反接制动机械特性的 B 点。此时，电磁转矩反向（与负载转矩同方向），在它们的共同作用下，电动机的转速迅速降低，工作点从 B 点沿特性下降到 C 点，此时 $n=0$，但 $T \neq 0$，机械特性为第二象限的 $\overline{BC}$ 段，为电枢电压反接制动过程的特性曲线。

如果制动的目的是停车，则必须在转速到零以前，及时切断电源，否则系统有自行反转的可能性。

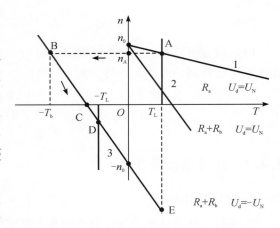

图 4-17　电枢电压反接制动的机械特性

从电压反接制动的机械特性可看出，在整个电压反接制动过程中，制动转矩都比较大，因此制动效果好。从能量关系看，在反接制动过程中，电动机一方面从电网吸取电能，另一方面将系统的动能或位能转换成电能，这些电能全部消耗在电枢回路的总电阻（$R_a + R_b$）上，很不经济。

反接制动适用于快速停车或要求快速正、反转的生产机械。

2. 倒拉反转制动

倒拉反转制动一般发生在起重机下放重物时，如图 4-18 所示为其制动电路。

在电动机提升重物时，接触器 KM_1 常开触点闭合，电动机运行在固有机械特性的 A 点（电动状态），如图 4-19 所示。

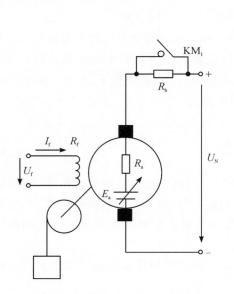

图 4-18　他励直流电动机的倒拉
　　　　　反转制动电路

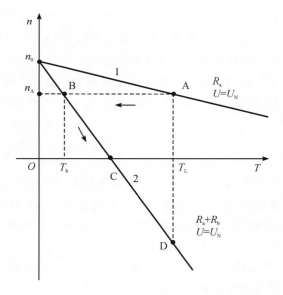

图 4-19　他励直流电动机速度反向的
　　　　　机械特性

在下放重物时，将接触器 KM_1 常开触点打开，此时电枢回路内串入了较大电阻 R_b，由于电机转速不能突变，工作点从 A 点跳至对应的人为机械特性 B 点上，在 B 点，由于 $T<T_L$，电机减速，工作点沿特性曲线下降至 C 点。在 C 点，$n=0$，但仍有 $T<T_L$，在负载重力转矩的作用下，电动机接着反转，重物被下放。此时，由于 n 反向（负值），E_a 也反向（负值），电枢电流为

$$U_N = -E_a + I_a(R_a + R_b) \tag{4-28}$$

$$I_a = \frac{U_N + E_a}{R_a + R_b} \tag{4-29}$$

式中，电枢电流为正值，说明电磁转矩保持原方向，与转速方向相反，电动机运行在制动状态，由于 n 与 n_0 方向相反，即负载倒拉着电动机转动，因而称为倒拉反转制动。这种反接制动状态是由位能性负载转矩拖动电动机反转而形成的。

重物在下放的过程中，随着电机反向加速，E_a 增大，I_a 与 T 也相应增大，直至 D 点，$T=T_L$，电动机在 D 点以此速度匀速下放重物。

倒拉反转制动的特点是 $U_d=U_N$，$R_\Sigma=R_a+R_b$，其机械特性方程式为

$$n = \frac{U_d}{C_e\Phi} - \frac{R_\Sigma}{C_e C_T \Phi^2}T = n_0 - \frac{R_a + R_b}{C_e C_T \Phi^2}T \tag{4-30}$$

当倒拉反转制动时，由于电枢回路串入了大电阻，电动机的转速会变为负值，所以倒拉反转制动运行的机械特性在第四象限的 CD 段。电动机要进入倒拉反转制动状态必须满足两个条件：一是负载一定为位能性负载；二是电枢回路必须串入大电阻。

倒拉反转制动的能量转换关系与反接制动时相同，区别仅在于机械能的来源不同。倒拉反转制动中的机械能来自负载的位能，所以此制动方式不能用于停车，只可用于下放重物。

3. 仿真测试

观察他励直流电动机的电压反接制动，当电枢回路中的电源电压反向时，会产生强烈的制动作用，如图 4-20 所示为电压反接制动仿真。

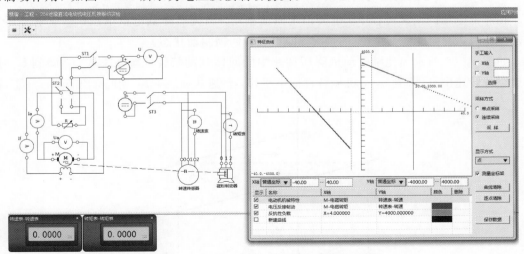

图 4-20　电压反接制动仿真测试

4.4.3 回馈制动及仿真

他励直流电动机在电动状态下运行时，由于电源电压 U_d 大于电枢电势 E_a，电枢电流 I_a 从电源流向电枢，电流与磁场作用产生拖动转矩，电源向电动机输入的电功率 $U_d I_a > 0$；回馈制动是指当电源电压 U_d 小于电枢电势 E_a 时，E_a 迫使 I_a 改变方向，电磁转矩也随之改变方向成为制动转矩，此时由于 U_d 与 I_a 方向相反，I_a 从电枢流向电源，$U_d I_a < 0$，电动机向电源回馈电功率，所以把这种制动称为回馈制动。也就是说，回馈制动就是电动机工作在发电机状态。

1. 反接制动时的回馈制动

电枢反接制动，当负载为位能性负载，且 $n=0$ 时，如不切除电源，电机便在电磁转矩和位能性负载转矩的作用下迅速反向加速；当 $|-n| > |-n_0|$ 时，电机进入反向回馈制动状态，此时因 n 为负，$T > 0$，机械特性位于第四象限。反向回馈制动状态在高速下放重物的系统中应用较多。

2. 电车下坡时的回馈制动

当电动车下坡时，虽然基本运行阻力转矩依然存在，但由电车重力所形成的坡道阻力为负值，并且坡道阻力转矩绝对值大于基本阻力转矩，则合成后的阻力转矩 $-T_b$ 与 n 同方向（为负值），在 $-T_b$ 和电磁转矩的共同作用下，电动机作加速运动，工作点沿固有机械特性上移。到 $n > n_0$ 时，$E_a > U_d$，I_a 反向（与 E_a 同方向），T 反向（与 n 反方向），电动机运行在发电机状态，这就是正向回馈制动状态。随着转速的继续升高，起制动作用的电磁转矩在增大，当 $-T = -T_b$ 时，电动机便稳定运行，工作点在固有机械特性的 B 点。

这种制动的特点是电动机的电源接线不变，但在正向回馈制动时，由于起制动作用的电磁转矩是负值，所以 $n > n_0$，特性曲线位于第二象限。

3. 降低电枢电压调速时的回馈制动过程

在降低电压的调速过程中，也会出现回馈制动。当突然降低电枢电压，感应电势还来不及变化时，就会发生 $E_a > U$ 的情况，即出现了回馈制动状态。

如图 4-21 所示为他励电动机降压调速中的回馈制动特性。当电压从 U_N 降到 U_1 时，理想空载转速由 n_0 降到 n_{01}，机械特性向下平移，转速从 n_A 到 n_{01} 期间，由于 $E_a > U_d$，将

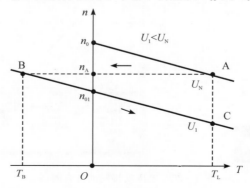

图 4-21　他励电动机降压调速回馈制动特性

产生回馈制动，此时电流 I_a 将与正向电动状态时反向，即 I_a 与 T 均为负，而 n 为正，故回馈制动特性在第二象限。

如果减速到 n_{01} 时，不再降低电压，则转速将继续降低，但转速低于 n_{01}，则 $E_a < U_d$，电流 I_a 将恢复到正向电动机状态时的方向，电机恢复到电动状态下工作。

如果想继续保持回馈制动状态，必须不断降低电压，以实现在回馈制动状态下系统的减速。回馈制动同样会出现在他励电动机增加磁通 Φ 的调速过程中。在回馈制动过程中，电功率 $U_d I_a$ 回馈给电网。因此与能耗制动及反接制动相比，从电能消耗角度来看，回馈制动是经济的。

4. 仿真测试

观察他励直流电动机的回馈制动，降低电枢的电源电压，当降得足够多时，电机电动势大于电枢电压，使得电枢电流反向，电磁转矩变为负值，产生制动作用。在第二象限上，转速为正，转矩为负，电动机向电网作正向回馈，其仿真测试如图 4-22 所示。

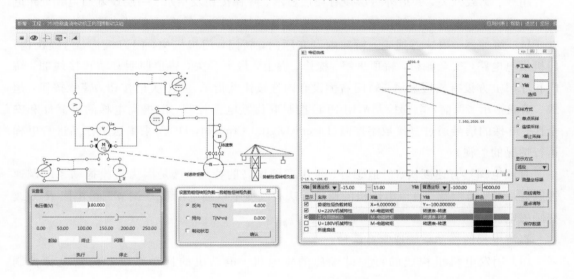

图 4-22　直流电动机回馈制动仿真测试

[**例题 4-5**]　某一调速系统，在额定负载下，最高转速特性为 $n_{0\max} = 1500$ r/min，最低转速特性为 $n_{0\min} = 150$ r/min，带额定负载时的速度降落 $\Delta n_N = 15$ r/min，且在不同转速下额定速降不变，则系统能够达到的调速范围有多大？系统允许的静差率是多少？

解　调速范围：

$$D = \frac{n_{\max}}{n_{\min}} \quad （均指额定负载情况下）$$

$$n_{\max} = n_{0\max} - \Delta n_N = 1500 - 15 = 1485 \text{ r/min}$$

$$n_{\min} = n_{0\min} - \Delta n_N = 150 - 15 = 135 \text{ r/min}$$

$$D = \frac{n_{\max}}{n_{\min}} = \frac{1485}{135} = 11$$

静差率：

$$s = \frac{\Delta n_N}{n_0} = \frac{15}{150} = 10\%$$

4.5　直流电动机控制应用实例——电梯控制系统仿真

由于直流电动机具有良好的起动和调速性能，常用于对起动和调速有较高要求的场合，如大型可逆式轧钢机、矿井卷扬机、宾馆高速电梯、龙门刨床、电力机车、内燃机车、城市电车、地铁列车、电动自行车、造纸和印刷机械、船舶机械、大型精密机床和大型起重机等生产机械中。

本节以电梯控制系统为例，电梯控制系统是一个多层多站的系统，井道内设有轿厢、安全窗、配重、安全钳、感应器、平层、楼层隔磁板、端站打板及各种动作开关，轿厢底部设有超载、满载开关，井道外每层设有楼层显示、呼梯按钮及指示、一层设基站电锁，井道顶部有机房，内设机房检修按钮，慢上、慢下开关，曳引机，导向轮和限速器，井道底部设有底坑、缓冲器、限速器绳轮；轿厢内设有厅门，轿门，门机机构，门刀机构，门锁机构，门机供电电路，安全触板，轿顶急停、检修，慢上、慢下开关，轿顶照明和轿顶接线厢，轿门和厅门上方设有楼层显示，轿门右侧设有内选按钮及指示，开、关门按钮，警铃按钮，超载、满载指示。目前，电梯控制都用 PLC 控制取代继电器控制，以提高电梯的可靠性和安全性；电梯的信号通过直接数字控制（Direct Digital Control，DDC）采集送工作站进行电梯运行情况的监视。

直流电梯具有速度快、舒适感好、平层准确度高的特点，这是因为直流拖动系统调速性能好、调速范围宽。直流电动机的调速方法有改变电枢端电压 U_a、调节调整电阻 R_{tj}、改变励磁电流。

直流电梯的拖动系统通常有两种：

（1）用发电机组构成的可控硅励磁的发电机—电动机的拖动系统和门禁电梯控制系统。

（2）可控硅直接供电的可控硅—电动机拖动系统。

两者都是利用调整电动机端电压 U_a 的方法进行调速的，前者是通过调节发电机的励磁电流改变发电机的输出电压进行调速的，所以称为可控硅励磁系统；后者是用三相可控硅整流器，把交流变为可控直流，供给直流电动机的调速系统，省去了发电机组，因此降低了造价，使结构更加紧凑，直流电梯因其设备多，维护较为复杂，造价高，因此常用于速度要求较高的高层建筑，它具有舒适感好、平层准确高的特点，速度有 1.5～1.75 m/s 的快速梯和 2.5～5 m/s 的高速梯。

首先，我们搭建如图 4-23 所示的电梯电气控制电路仿真模型，接着模拟仿真电梯 PLC 控制。

电气控制 PLC 元件是可以导入外部 PLC 程序，然后在系统测试完成后导出程序使用的。系统仿真模型搭建完成后，关联电梯设备虚拟仿真场景测试控制应用如图 4-24 所示。

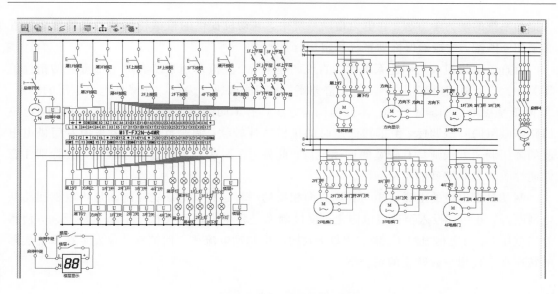

图 4 - 23 电梯的电气控制电路图

图 4 - 24 中有三个界面,最底层黑白界面是搭建的电梯控制仿真电路,中间层浅蓝界面是 PLC 程序控制及运行时的情况显示,最上层的界面是电梯运行的虚拟仿真场景,模拟四个楼层两台电梯的控制运行。

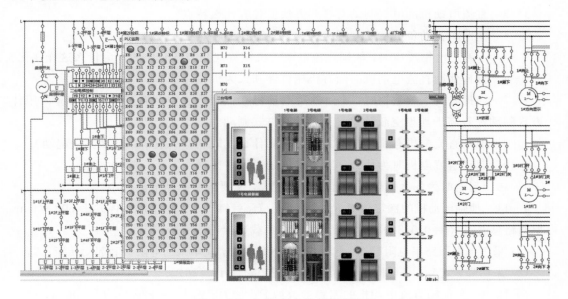

图 4 - 24 电梯 PLC 控制仿真运行

本 章 小 结

电力拖动系统是指由电动机提供动力使生产机械运动的系统。它一般是由电动机、电力电子交流器、控制系统以及生产机械等几部分组成。描述该系统运动规律的方程称为电力拖动系统的动力学方程。在电力拖动系统中，电动机提供的机械特性和负载的转矩特性必须相互匹配，才能确保拖动系统稳定运行。

　　由直流电机组成的调速系统称为直流调速系统。直流调速系统有两个很重要的指标值得关注：一个是调速范围；另一个是静差率。常用的调速方法有：① 降低电枢电压的降速；② 降低励磁电流的弱磁升速。不同的调速方法具有不同的调速范围和静差率。例如，电枢回路串电阻的降压调速，由于其低速时的机械特性较软，调速范围较窄；采用专门供电电源的降压调速方法则具有较宽的调速范围。此外，在调速方案的选择过程中，应特别注意调速性质与负载类型的匹配问题。

　　制动是指电机的电磁转矩与转速方向相反的一种运行状态。能耗制动是将电枢回路从电网断开，并将其投入至外接电阻上。反接制动是将电枢回路反接或电枢电势反向，使得外加电压 U_1 与电枢电势 E_a 顺向串联，共同产生制动电流 I_a。回馈制动仅发生在系统实际的转速高于理想空载转速的场合下。

思考题与习题

　　4-1　改变直流电机的旋转方向有哪些方法？

　　4-2　在什么条件下能实现直流电动机的能耗制动？

　　4-3　直流电动机的电气制动有哪些方法？各有什么特点？

　　4-4　生产机械的负载特性有哪些种类？各有什么特点？

　　4-5　不考虑电枢反应时，他励直流电动机机械特性是怎样变化的？为什么这样变化？

　　4-6　分析他励直流电动机的固有机械特性和人为机械特性？

　　4-7　当提升机下放重物时，要使他励电动机在低于理想空载转速下运行，应采用什么方式制动？若高于理想空载转速又采用什么方式制动？

　　4-8　他励直流电机有哪些起动方法？各有什么优缺点？一般采用什么方法起动？

　　4-9　起动直流电机时为什么一定要保证励磁回路接通？

　　4-10　起动时为什么既要限制起动电流过大，又要限制起动电流过小？

　　4-11　他励电动机的额定功率 $P_N = 96$ kW，$U_N = 440$ V，$I_N = 53.8$ A，$n_N = 500$ r/min，电枢回路总电阻 $R_a = 0.078$ Ω，拖动额定恒转矩负载运行，求：

　　(1) 采用电枢回路串电阻起动，起动电流 $I = 2$ A 时，应串入的电阻值和起动转矩；

　　(2) 采用降压起动，条件同上，电压应降至多少？并计算转矩。

　　4-12　一台他励直流电动机的铭牌参数为 $P_N = 17$ kW，$U_N = 220$ V，$I_N = 90$ A，$n_N = 1500$ r/min，$R_a = 0.23$ Ω。求：

　　(1) 当轴上负载转矩为额定值时，在电枢回路串入调节电阻 $R_c = 1$ Ω，电机转速为多少？

　　(2) 当负载要求的调速范围 $D = 2$ 时，电动机的最低转速是多少？要得到此转速，应串多大电阻？

　　4-13　一台他励直流电动机额定电压 $U_N = 440$ V，电枢电流 $I_N = 53.8$ A，电枢回路电

阻 $R_a=0.7\ \Omega$。如果负载转矩和励磁电流不变,将电枢电压降到一半,转速如何变化?

4-14　一台并励电动机 $P_N=10\ kW$, $U_N=220\ V$, $n_N=1500\ r/min$, $\eta=84.5\%$, $I_{fN}=1.178\ A$, $R_{a75°}=0.354\ \Omega$, 试求: 在额定电枢电流下,用下列制动方式制动时,电枢电路内所需串联的电阻值,电枢电路内的损耗以及电磁制动转矩。

(1) 反接制动,$n=200\ r/min$;

(2) 反馈制动,$n=200\ r/min$;

(3) 能耗制动,$n=200\ r/min$。

4-15　一台他励直流电动机接到电网上负载运行,当电压极性改变时,电动机转向如何变化?为什么?

4-16　一台他励直流电动机的铭牌参数为 $P_N=9\ kW$, $U_N=220\ V$, $I_N=60\ A$, $n_N=1200\ r/min$, $R_a=0.3\ \Omega$。当电源电压降到 140 V 时,电动机拖动额定负载转矩时的转速和电枢电流各为多少?

4-17　两台完全相同的直流并励电机,机械上用同一轴联在一起,并联于 230 V 的电网上运行,轴上不带负载。在转速为 1000 r/min 时空载特性为

I_f/A	1.3	1.4
U_0/V	186.7	195.9

现在电机甲的励磁电流为 1.4 A,电机乙的为 1.3 A,转速为 1200 r/min,电枢回路总电阻(包括电刷接触电阻)均为 0.1 Ω,若忽略电枢反应影响,试问:

(1) 哪一台是发电机?哪一台是电动机?

(2) 总的机械损耗和铁耗是多少?

(3) 若只改变励磁电流,能否改变两电机的运行状态(保持转速不变)?

(4) 是否可以在转速为 1200 r/min 时两台电机都从电网吸收功率或向电网送去功率?

第5章　三相交流电动机及仿真

学习目标

- 掌握三相交流异步电动机、同步电动机的工作原理；
- 了解三相交流电机的磁场；
- 掌握三相交流电机的电动势；
- 了解三相交流异步电动机的结构；
- 掌握三相交流异步电动机的空载及负载运行、等效电路及功率转矩方程；
- 了解三相交流同步电动机的结构；
- 掌握三相交流同步电动机的功率转矩方程、功角特性及励磁调节和 V 形曲线。

5.1　三相交流电动机的基本工作原理和定子结构

由于直流电机自身机械结构复杂，制约了它的瞬时过载能力和电机转速的进一步提高，且在长时间工作的情况下，直流电机的电刷结构会产生损耗，从而增大维护成本。另外，直流电机运转时的电刷火花会使转子发热，散热比较困难。而交流电机的定子、转子之间没有相互接触的机械部件，结构简单，运行可靠耐用，维修方便。与直流电机一样，异步电机也满足电机的可逆原理，即在某一种条件下异步电机作为发电机运行，而在另一种条件下可作为电动机运行。但是由于异步发电机的运行性能较差，因而异步电

我国电机行业的品牌企业

机主要用作电动机去拖动各种生产机械。例如，在工业方面，用于拖动中小型轧钢设备、各种金属切削机床、轻工机械、矿山机械等；在农业方面，用于拖动水泵、脱粒机、粉碎机以及其他农副产品的加工机械等；在民用电器方面的电扇、洗衣机、电冰箱、空调机等也都是用异步电动机拖动的。

5.1.1　三相交流电动机的基本工作原理

1. 三相交流异步电动机的基本工作原理

三相交流电动机根据工作时转子的转速是否与磁场转速相同分为异步交流电动机和同步交流电动机，或简称为异步电机和同步电机。

空间上相差 120°电角度的定子三相绕组通以时间相位相差 120°电角度的电流后，可产生一个旋转的磁场（磁动势），该磁场的旋转转速为同步转速 n_1。同时，在这种空间分布的

定子绕组中，被旋转磁场切割时产生三相、时间相位相差120°电角度的三相感应电动势，于是转子绕组中将有感应电流流过。该电流在磁场中将产生磁场力，并进而产生顺时针方向的电磁转矩。电磁转矩的方向与旋转磁动势同方向，转子便在该方向上旋转起来，转子转速为n，如图5-1所示。

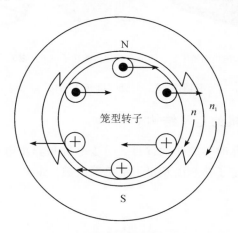

图 5-1　交流异步电动机工作原理

转子旋转后，转速为n，只有在转子转速不等于磁场转速$n<n_1$（异步）的情况下，磁场的磁力线才能切割转子导条，即转子的导条与磁场仍有相对运动，因而在导条中产生感应电动势及感应电流，感应电流受到磁力线切割而产生仍旧为顺时针方向的电磁转矩T，电磁转矩使转子继续旋转，稳定运行在$T=T_L$情况下。正是因为两者转速有差异才能工作，所以这种电机称为"异步"电动机。

2. 三相交流同步电动机的基本工作原理

同步电机的定子结构与异步电机的相同。当三相同步电机的定子接入三相电源后，将在电机中产生旋转的磁场。该磁场与同步电机的转子磁场相互作用，转子受到磁拉力的作用，从而产生旋转运动，俗话"一个磁铁拉着另一个磁铁旋转"。同步电机的转子磁场可以由转子励磁线圈产生，也可以由永久磁铁产生。前者称电励磁同步电机，后者称永磁同步电机。和异步电机一样，正常工作时定子产生的磁场与转子产生的磁场保持相对静止。由于同步电机的转子磁场与转子以相同转速旋转，因此稳定工作时，同步电机的转子与旋转磁场保持严格的同步，因此称作同步电机。

3. 同步、异步电动机原理比较

同步电机特点：转子已经是个磁铁（见图5-2(a)），所以其磁极转动的角速度总是等于外部磁铁（定子磁动势）旋转的角速度（同步，可以有角度差）。异步电机特点：只有在转子转速不等于磁场转速（异步）的情况下，磁场的磁力线才能切割转子导条，因而在导条中产生感应电动势及感应电流；感应电流受到磁力线切割而产生电磁转矩，转子受力后才能旋转，所以也称其为感应电机。异步电机转子结构如图5-2(b)所示，其中，鼠笼式异步电机的转子结构如图5-2(c)所示。

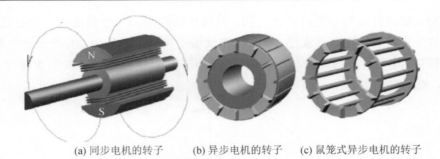

(a) 同步电机的转子　　　(b) 异步电机的转子　　　(c) 鼠笼式异步电机的转子

图 5-2　交流电机转子结构

5.1.2　三相交流电动机的定子结构

所谓定子，即电机工作时不旋转的部件。同步电机和异步电机有着相似的定子。交流电机的定子一般由机座、定子铁芯以及定子绕组等组成，如图 5-3 所示为交流电机定子的典型结构。

图 5-3　交流电机的定子结构

5.2　旋 转 磁 动 势

交流电机的定子是由硅钢片叠压而成的，在定子铁芯内圆周上冲有若干定子槽，三相电枢绕组（也称为定子绕组）就嵌放在定子槽中。三相电枢绕组是对称分布的，它们匝数相等，在空间互差 120°电角度。交流电机电枢绕组的分类比较复杂，如果按照线圈节距来分，可分为整距绕组和短距绕组；如果按照每极每相槽数来分，可分为整数槽绕组和分数槽绕组；如果按照槽内嵌放导体的层数来分，可分为单层绕组和双层绕组。如图 5-4 所示为三相交流电机电枢绕组的示意图，其中 AX、BY、CZ 分别代表三相电枢绕组的 3 个线圈边。

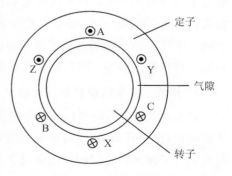

图 5-4　三相交流电机电枢绕组

5.2.1 单相脉振磁动势

由于电枢绕组结构形式的多样性，为简明计，这里以整距集中绕组为例来说明单相电枢绕组磁动势的性质。如图 5-5(a)所示为一台两极电机的示意图，定子及转子铁芯是同心的圆柱体，定、转子间的气隙是均匀的。在定子上画出了一相的整距集中绕组，当线圈中通过电流时，便产生了一个两极磁场。按照右手螺旋定则，磁场的方向如图中箭头所示。显然，磁场的强弱取决于定子线圈的匝数 N 和线圈中电流 i 的乘积 Ni，我们将乘积 Ni 称为磁动势，其单位为安匝。

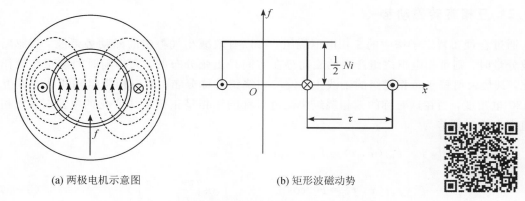

(a) 两极电机示意图　　　　　　(b) 矩形波磁动势

图 5-5　整距集中绕组的磁动势

脉动磁场

根据磁路基尔霍夫第二定律，在磁通流过的整个闭合回路中，总的磁压降应该等于作用于该段磁路的磁动势，即等于磁力线所包围的全部安匝数 Ni。由图 5-5(a)可以看出，每一条磁力线所包围的安匝数都是 Ni，所以作用于任何一条磁力线回路中的磁动势都是 Ni。每一条磁力线都要通过定、转子铁芯，并两次穿过气隙。由于铁芯材料的磁阻率远远小于空气的磁阻率，可以忽略定、转子铁芯中的磁阻，近似认为磁动势 Ni 全部消耗在两段气隙上，即任一磁力线在每段气隙上所消耗的磁动势都是 $\frac{1}{2}Ni$。将直角坐标系放在定子中，纵坐标表示气隙磁动势的大小，规定磁动势从定子到转子的方向为正方向，横坐标位于气隙正中，单位为空间电角度，规定逆时针为正方向，坐标原点选在磁极轴线上。将图 5-5(a)展开便得到如图 5-5(b)所示的磁动势分布，这是一个矩形波，其高度为

$$f_y = \frac{1}{2}Ni \tag{5-1}$$

假定线圈中的电流 i 是稳恒电流，其数值和方向恒定不变，那么矩形波磁动势的高度也将恒定不变。而实际上交流电机电枢绕组中流过的是交变电流，其电流的大小和方向都随时间而变化，因此矩形波磁动势的高度也将随时间而变化。设线圈电流为 $i = \sqrt{2}\,I\cos\omega t$，则

$$f_y = F_y\cos\omega t \tag{5-2}$$

其中，矩形波磁动势的幅值 $F_y = \frac{\sqrt{2}}{2}NI$，$I$ 为线圈流过电流的有效值。上式说明，在任何时刻，单相电枢绕组的磁动势在空间以矩形波分布，矩形波的高度随时间按正弦规律变化。这种在空间位置固定，而大小随时间变化的磁动势称为脉振磁动势。

对如图 5-5(b)所示的矩形波磁动势进行傅立叶分析，可以得到相应的基波分量

$$f_{y1}(x,\ t)=\frac{4}{\pi}\left(\frac{Ni}{2}\right)\cos\frac{\pi x}{\tau} \tag{5-3}$$

式中，x 表示定子内表面的圆周距离，极距 τ 表示相邻极间的圆周距离。

上式可进一步写为

$$f_{y1}(x,\ t)=F_{y1}\cos\omega t\cos\frac{\pi x}{\tau} \tag{5-4}$$

式中，磁动势基波分量的幅值 $F_{y1}=0.9NI$。

5.2.2　三相旋转磁动势

通过合理布置定子槽中的三相电枢绕组，可以有效减小气隙中的磁动势谐波。当忽略谐波分量时，则每相电枢绕组产生的磁动势在空间是正弦分布的，大小随时间按正弦规律变化，其最大值位于每相绕组的轴线上。设三相绕组对称分布，即三相绕组轴线在空间互差 120°电角度，当在这对称的三相绕组中流过对称的三相呈正弦规律变化的电流时，三相绕组产生的磁动势为

$$\begin{cases} f_{A1}(x,\ t)=F_{\varphi 1}\cos\omega t\ \cos\dfrac{\pi x}{\tau} \\[2mm] f_{B1}(x,\ t)=F_{\varphi 1}\cos\left(\omega t-\dfrac{2\pi}{3}\right)\cos\left(\dfrac{\pi x}{\tau}-\dfrac{2\pi}{3}\right) \\[2mm] f_{C1}(x,\ t)=F_{\varphi 1}\cos\left(\omega t+\dfrac{2\pi}{3}\right)\cos\left(\dfrac{\pi x}{\tau}+\dfrac{2\pi}{3}\right) \end{cases} \tag{5-5}$$

式中，$F_{\varphi 1}$ 是每相磁动势基波分量的幅值，其精确的计算需要考虑绕组分布及短距等因素。

根据三角函数的积化和差公式，式(5-5)可以分解如下

$$\begin{cases} f_{A1}(x,\ t)=\dfrac{1}{2}F_{\varphi 1}\cos\left(\omega t-\dfrac{\pi x}{\tau}\right)+\dfrac{1}{2}F_{\varphi 1}\cos\left(\omega t+\dfrac{\pi x}{\tau}\right) \\[2mm] f_{B1}(x,\ t)=\dfrac{1}{2}F_{\varphi 1}\cos\left(\omega t-\dfrac{\pi x}{\tau}\right)+\dfrac{1}{2}F_{\varphi 1}\cos\left(\omega t+\dfrac{\pi x}{\tau}+\dfrac{2\pi}{3}\right) \\[2mm] f_{C1}(x,\ t)=\dfrac{1}{2}F_{\varphi 1}\cos\left(\omega t-\dfrac{\pi x}{\tau}\right)+\dfrac{1}{2}F_{\varphi 1}\cos\left(\omega t+\dfrac{\pi x}{\tau}-\dfrac{2\pi}{3}\right) \end{cases} \tag{5-6}$$

将式(5-6)中三相磁动势相加，得到合成磁动势为

$$f_1(x,\ t)=F_1\cos\left(\omega t-\frac{\pi x}{\tau}\right) \tag{5-7}$$

式中，合成磁动势的幅值 $F_1=\dfrac{3}{2}F_{\varphi 1}$。

从式(5-7)可以看出，当 $\omega t=0$ 时，$f_1(x,0)=F_1\cos(\pi x/\tau)$，按选定的坐标轴，可画出相应的曲线，如图 5-6 中的实线所示；当经过一定时间，$\omega t=\theta$ 时，$f_1(x,\theta)=F_1\cos(\theta-\pi x/\tau)$，相应的曲线如图 5-6 中的虚线所示。将这两个瞬时的磁动势进行比较，发现磁动势的幅值不变，但后者比前者沿坐标轴方向向前推移了一个 θ 角度，说明 $f_1(x,\ t)$

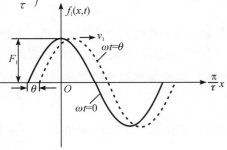

图 5-6　合成磁动势的行波性质

是一个幅值恒定、正弦分布的行波。由于 $f_1(x, t)$ 表示三相电枢绕组基波合成磁动势沿气
隙圆周的空间分布,因此,这个行波沿着气隙圆周旋转。

　　根据对式(5-7)的分析,从式(5-6)可以看出,定子 A、B、C 三相绕组的磁动势均可
以分解为两个大小相等、转向相反的旋转磁动势。正向旋转的磁动势相位相同,其合成磁
动势的幅值是每相正转磁动势幅值的 3 倍,而反向旋转的磁动势相位互差 120°,其合成磁
动势为零。

　　由以上分析可见,当三相对称绕组通入三相对称电流时,所产生的合成磁动势为一个圆形
的旋转磁场。这个概念不仅可以用上面的数学方法来证明,还可以进一步用图 5-7 来解释。

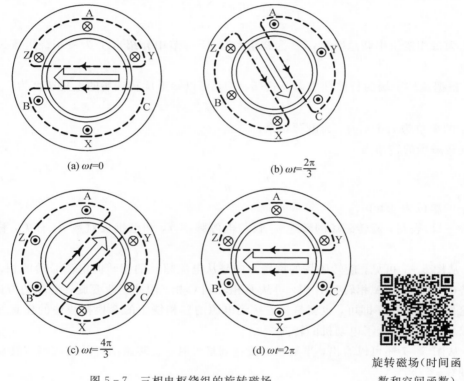

(a) $\omega t = 0$　　　　　　　　　　　(b) $\omega t = \dfrac{2\pi}{3}$

(c) $\omega t = \dfrac{4\pi}{3}$　　　　　　　　　　　(d) $\omega t = 2\pi$

旋转磁场(时间函
数和空间函数)

图 5-7　三相电枢绕组的旋转磁场

　　在图 5-7 中假定:正值电流从绕组的首端流入而从尾端流出,负值电流从绕组的尾端
流入而从首端流出。设三相电流为

$$\begin{cases} i_A = I_m \cos \omega t \\ i_B = I_m \cos \left(\omega t - \dfrac{2\pi}{3} \right) \\ i_C = I_m \cos \left(\omega t + \dfrac{2\pi}{3} \right) \end{cases} \tag{5-8}$$

式中,I_m 为三相电流的最大值。

　　当 $\omega t = 0$ 时,$i_A = I_m$,$i_B = i_C = -I_m/2$,根据右手螺旋定则,合成磁动势的轴线与
A 相绕组的轴线重合,如图 5-7(a)所示;当 $\omega t = 2\pi/3$ 时,$i_B = I_m$,$i_A = i_C = -I_m/2$,
合成磁动势的轴线与 B 相绕组的轴线重合,如图 5-7(b)所示;当 $\omega t = 4\pi/3$ 时,$i_C = I_m$,

$i_A = i_B = -I_m/2$，合成磁动势的轴线与 C 相绕组的轴线重合，如图 5-7(c)所示。比较这三个图的变化，可以明显看出：三相电枢绕组的合成磁动势是一个旋转磁动势。

根据以上分析，可以归纳出三相电枢绕组旋转磁场的基本特点如下：

（1）三相对称绕组通入三相对称电流所产生的三相基波合成磁动势是一个旋转行波，合成磁动势的幅值是单相电枢绕组脉振磁动势幅值的 3/2 倍。同理可以证明，对于 m 相对称绕组通入 m 相对称电流，所产生的基波合成磁动势也是一个旋转行波，其幅值为每相脉振幅值的 $m/2$ 倍。参考式(5-5)、式(5-6)和式(5-7)，当电机极对数为 n_p 时，三相对称绕组流过对称的正弦变化的交流电流时，电机中产生的合成磁动势基波的幅值为

$$F_1 = \frac{3}{2} \frac{4}{\pi} \frac{\sqrt{2}}{2} \frac{Nk_wI}{n_p} \tag{5-9}$$

式中，N 为每相绕组串联总匝数，k_w 为绕组系数（下一节中介绍），I 为每相绕组流过电流的有效值。

（2）根据旋转磁场的行波性质以及式(5-7)，可以知道旋转磁场的电角速度为

$$\omega_1 = \omega = 2\pi f_1 \tag{5-10}$$

式中，ω_1 的单位为 rad/s，f_1 为电源频率。

则旋转磁场的转速为

$$n_1 = \frac{60f_1}{n_p} \tag{5-11}$$

式中，n_1 的单位为 r/min。

式(5-11)表明，旋转磁场的转速 n_1 仅与电源频率 f_1 和电机极对数 n_p 有关，称为同步转速。

（3）从图 5-7 可见，旋转磁场的旋转方向是从电流超前的相转向电流滞后的相，即合成磁动势的轴线是从 A 相转到 B 相，再从 B 相转到 C 相。因此要改变旋转磁场的方向，只要改变电枢绕组的相序即可，也就是将连接到电源的三相绕组的 3 根接线中的任意 2 根对调就可以了，也就改变了电动机的转向。

（4）从图 5-7 还可以看出，当某相电流达到最大时，旋转磁动势的波幅刚好转到该相绕组的轴线。

5.3　交流绕组感应电动势

5.3.1　主磁通和漏磁通

当交流电机的定子绕组通入三相对称电流时，便在气隙中建立了基波旋转磁动势，同时产生相应的基波旋转磁场。与基波旋转磁场相对应的磁通称为主磁通，用 Φ_m 表示。由于旋转磁场是沿气隙圆周的行波，而气隙的长度是非常小的，所以相应的主磁通实际上是与定、转子绕组同时相交链的，这也是判断主磁通的重要依据。主磁通又称为气隙磁通，交流电机就是依靠气隙磁通来实现定、转子之间的能量转换的。如图 5-8 所示是一台四极交流电机的主磁通分布情况，主磁通经过的路径为：气隙→定子齿→定子轭→定子齿→气隙→转子齿→转子轭→转子齿→气隙，与直流电机相类似。

交流电机定子绕组除产生主磁通外，还产生与定子绕组相交链而不与转子绕组相交链的磁通，称为定子漏磁通，用 $\Phi_{1\sigma}$ 表示。定子漏磁通按磁通路径可分为以下三类：

（1）槽漏磁通：由一侧槽壁横越至另一侧槽壁的漏磁通，如图 5-9(a)所示；

（2）端部漏磁通：交链于绕组端部的漏磁通，如图 5-9(b)所示；

（3）谐波漏磁通：当定子绕组通入三相交流电时，在气隙中除产生基波旋转磁场外，还产生一系列高次谐波旋转磁场，以及相应的高次谐波磁通。这些谐波磁通虽然同时交链定、转子绕组，但一般不利于电机的正常运行，所以我们把它们作为漏磁通处理。

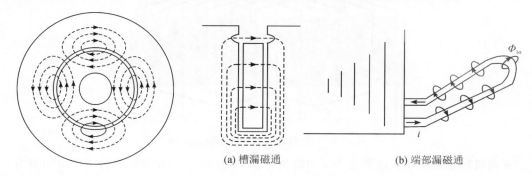

(a) 槽漏磁通　　　　　　　　(b) 端部漏磁通

图 5-8　四极交流电机的主磁通分布情况　　　　图 5-9　漏磁通

如果转子绕组中有电流通过，也会在气隙中建立基波旋转磁动势，这时主磁通将由定、转子基波磁动势联合产生。当然，转子电流也会产生只与转子绕组相交链而不与定子绕组相交链的磁通，称为转子漏磁通，用 $\Phi_{2\sigma}$ 表示。

由于漏磁通不能同时与定、转子绕组相交链，因此它们虽然也能在两个绕组中感应电动势，影响电机的电磁过程，但却不直接参与定、转子之间的机电能量转换。

5.3.2　线圈感应电动势

气隙中旋转的主磁通将在绕组中产生感应电动势。设线圈为整距，即线圈两边在电枢圆周表面跨过的距离正好等于电机的节距 τ。此种情况下，线圈两有效边在电枢圆周表面跨过的距离正好等于电机节距 τ，也就是 $180°$ 电角度，两线圈边位于相邻 N、S 极下的相同位置。设线圈匝数为 N_c，只考虑气隙基波磁场，每极磁通量为 Φ_m，由于定子静止，呈正弦分布的旋转磁通与线圈之间有相对运动，因而与线圈交链的磁链将产生变化，于是在线圈中将产生感应电动势。根据法拉第电磁感应定律，线圈中的感应电动势的大小为

$$e_C = N_C \frac{\mathrm{d}\Phi}{\mathrm{d}t} = N_C \Phi_m \frac{\mathrm{d}}{\mathrm{d}t}\cos\omega t = -2\pi f_1 N_C \Phi_m \sin\omega t \tag{5-12}$$

式中，Φ 为匝链整距线圈的瞬时磁通，其与线圈匝数的乘积称为与线圈交链的磁链。当线圈的跨距小于电机的节距时，则与该线圈匝链的最大磁通将小于 Φ_m。为方便计，一般的处理方法，我们将实际跨距小于整距的线圈等效成整距线圈，这样与此线圈匝链的最大磁通依然为 Φ_m，这样线圈的感应电动势仍然使用式(5-12)，但需乘以一个系数，我们称其为短距系数，用符号 k_y 表示，则一般情况下，线圈的感应电动势为

$$e_C = -2\pi f_1 N_C k_y \Phi_m \sin\omega t \tag{5-13}$$

5.3.3　一相绕组感应电动势

在一对极范围内，一相绕组的一个线圈边若全部集中在一个槽中，那这样的绕组称为集中绕组，否则称为分布绕组。如图 5-10 所示的 2 极电机中，若 2 极三相电机有 12 个槽，每级下每相绕组占 2 个以上的槽，则为分布绕组。因此判别电机是否为集中绕组，就看每极每相有几个槽。若每极每相占一槽，就是集中绕组，否则为分布绕组。

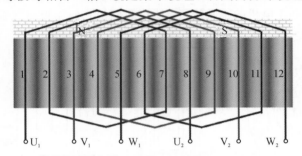

图 5-10　三相单层整距分布绕组接线

若电机每相绕组串联匝数为 N，当电机为集中绕组时，一相绕组中的感应电动势为

$$e = -2\pi f_1 N k_y \Phi_m \sin\omega t \tag{5-14}$$

当电机为分布绕组时，绕组电动势将在式(5-14)的基础上乘一个由于分布引入的分布系数 k_q，此时绕组的感应电动势为

$$e = -2\pi f_1 N k_y k_q \Phi_m \sin\omega t = -2\pi f_1 N k_w \Phi_m \sin\omega t \tag{5-15}$$

式中，k_w 称作绕组系数，等于短距系数与分布系数的乘积。这几个系数都是小于 1 但接近于 1 的系数。其物理意义可以理解成，因为采用了短距和分布绕组，而使得绕组的实际匝数稍微变小了点。

由式(5-15)可求得一相绕组基波感应电动势的有效值为

$$E = 4.44 f_1 N k_w \Phi_m \tag{5-16}$$

在实际的电机中，气隙中的旋转磁动势不可能是纯粹的正弦波，因此绕组中除了基波电动势外，还存在谐波电动势。谐波电动势的频率一般为基波频率的奇数倍。电机中最主要的谐波为 5 次和 7 次谐波。谐波的存在对电机有许多不利的影响，比如增加电机的损耗，使电机过热，引起额外的电磁噪声等。因此电机设计时要设法削弱谐波，其中采用短距以及分布的主要目的是削弱谐波。

5.4　三相异步电动机

异步电动机的优点是结构简单、制造方便、价格低廉、运行可靠、坚固耐用、运行效率较高和具有普遍适用的工作特性。其缺点是功率因数较差，在异步电动机运行时，必须从电网吸收滞后性的无功功率，功率因数总是小于 1。由于电网的功率因数可以用其他方法进行补偿，所以这并不妨碍异步电动机的广泛使用。

异步电机也可作为异步发电机使用。在单机使用时，常用于电网尚未达到的地区，又找不到同步发电机的情况，或用于风力发电等特殊场合。在异步电动机的电力拖动中，有时利用异步电机作回馈制动，即运行在异步发电机状态。

异步电动机的种类很多，从不同的角度考虑，有不同的分类方法。按定子相数分有单相异步电动机和三相异步电动机等；按转子结构分有绕线式异步电动机和鼠笼式异步电动机，根据电机定子绕组上所加电压大小，电动机又可分为高压异步电动机、低压异步电动机。从其他角度看，还可以分为高起动转矩异步电动机、高转速异步电动机、防爆型异步电动机、变频调速型异步电动机等。

5.4.1　三相异步电动机的基本结构和铭牌数据

1. 三相异步电动机的基本结构

如图 5-11 所示为三相异步电动机的结构图，其中，图 5-11(a)所示为笼型异步电动机，图 5-11(b)所示为绕线型异步电动机。电机由定子和转子两大部分组成，其中静止部分称为定子，转动部分叫作转子。定子与转子之间有一个很小的空气隙，此外，还有端盖、轴承、机座、风扇等部件。

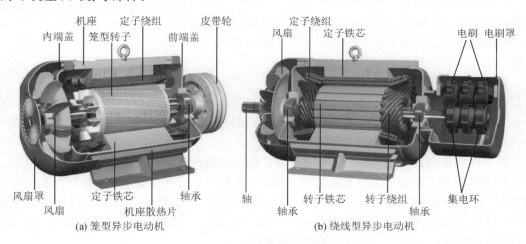

图 5-11　三相异步电动机结构

1）异步电动机的定子

异步电动机的定子主要由机座、定子铁芯和定子绕组三个部分组成，主要用于产生旋转磁场。

定子铁芯是异步电动机主磁通磁路的一部分，装在机座里。由于电机内部的磁场是交变的磁场。为了降低定子铁芯里的铁损耗(磁滞、涡流损耗)，定子铁芯采用 0.5～0.55 mm 厚的硅钢片叠压而成，在硅钢片的两面涂上绝缘漆或进行氧化处理。如图 5-12 所示是异步电动机的定子铁芯。当定子铁芯的直径小于 1 m 时，定子铁芯用整圆的硅钢片叠成；大于 1 m 时，由于受硅钢片材料规格的制约，定子铁芯用扇形的硅钢片叠成。

在定子铁芯的内圆上开有槽，称为定子槽，用来放置和固定定子绕组(也叫电枢绕组)。如图 5-13 所示为定子槽，图 5-13(a)是开口槽，用于大、中型容量的高压异步电动机中；图 5-13(b)是半开口槽，用于中型容量的异步电动机

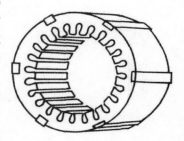

图 5-12　定子铁芯

中；图 5-13(c)是半闭口槽，用于低压小型异步电动机中。

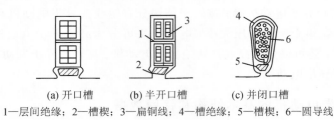

(a) 开口槽　　　　(b) 半开口槽　　　　(c) 并闭口槽

1—层间绝缘；2—槽楔；3—扁铜线；4—槽绝缘；5—槽楔；6—圆导线

图 5-13　定子槽

高压大、中型容量的异步电动机三相定子绕组通常采用 Y 形接法，只有三根引出线。对中、小容量的低压异步电动机，通常把定子三相绕组的六根出线头都引出来，根据需要可接成 Y 形或△形，如图 5-14 所示。定子绕组用绝缘的铜（或铝）导线绕成，按一定的分布规律嵌在定子槽内，绕组与槽壁间用绝缘材料隔开。

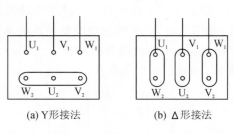

(a) Y 形接法　　　　(b) △形接法

图 5-14　三相异步电动机定子绕组接法

机座的作用主要是固定与支撑定子铁芯。如果是端盖轴承电机，还要支撑电机的转子部分。因此机座应有足够的机械强度和刚度。对中、小型异步电动机，通常采用铸铁机座。对大型异步电动机，一般采用钢板焊接的机座。

2）异步电动机的转子

异步电动机的转子主要由转子铁芯、转子绕组和转轴三部分组成。

转子铁芯也是电动机主磁通磁路的一部分，它用 0.35～0.5 mm 厚的硅钢片叠压而成。如图 5-15 所示是转子冲片的槽形图，其中，图 5-15(a)是绕线式异步电动机转子槽形，图 5-15(b)是单鼠笼转子槽形，图 5-15(c)是双鼠笼转子槽形。整个转子铁芯固定在转轴上，或固定在转子支架上，转子支架再套在转轴上。

如果是绕线式异步电动机，则转子绕组也是按一定规律分布的三相对称绕组，它可以连接成 Y 形或△形。转子绕组的三条引线分别接到三个滑环上，用一套电刷装置引出来，如图 5-16 所示。其目的是把外接的电阻串联到转子绕组回路里，用以改善异步电动机的特性或者为了异步电动机的调速。

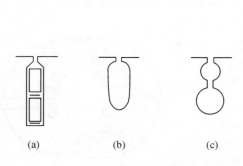

(a)　　　　(b)　　　　(c)

图 5-15　转子冲片的槽形

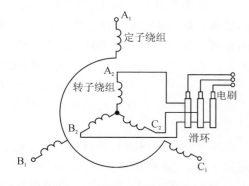

图 5-16　绕线式异步电动机定、转子绕组接线方式

如果是鼠笼式异步电动机，则转子绕组与定子绕组大不相同，它是一个自己短路的绕组。在转子的每个槽里放上一根导体，每根导体都比铁芯长，在铁芯的两端用两个端环把所有的导条都短路起来，形成一个自己短路的绕组。如果把转子铁芯拿掉，则可看出，剩下来的绕组形状像一个松鼠笼子，因此又叫鼠笼式转子。导条的材料有用铜的，也有用铝的。如果导条采用的是铜材料，就需要把事先做好的裸铜条插入转子铁芯的槽里，再用铜端环套在伸出两端的铜条上，最后焊接在一起，如图 5-17(a)所示。如果导条采用的是铝材料，就用熔化了的铝液直接浇铸在转子铁芯上的槽里，连同端环、风扇一次铸成，如图 5-17(b)所示。

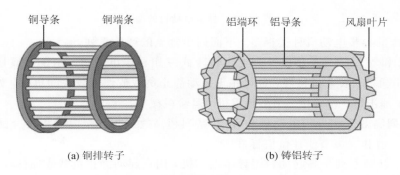

(a) 铜排转子　　　　　　　　　　(b) 铸铝转子

图 5-17　鼠笼式转子

3）异步电动机的气隙

异步电动机定、转子之间的空气间隙简称为气隙，它比同容量直流电动机的气隙要小得多。在中、小型异步电动机中，气隙一般为 0.2～1.5 mm。

异步电动机的励磁电流是由定子电源供给的。当气隙较大时，磁路的磁阻较大。若要使气隙中的磁通达到一定的要求，则相应的励磁电流也就大了，从而影响电动机的功率因数。为了提高功率因数，尽量让气隙小些，但也不应太小，否则，定、转子有可能发生摩擦与碰撞。如果从减少附加损耗以及减少高次谐波磁动势产生的磁通的角度来看，气隙大点也有好处。

根据不同的冷却方式和保护方式，异步电动机有开启式、防护式、封闭式和防爆式几种。

防护式异步电动机能够防止外界杂物落入电机内部，并能在与垂直线成 55°角的任何方向防止水滴、铁屑等掉入电机内部。这种电机的冷却方式是在电动机的转轴上装有风扇，冷空气从端盖的两端进入电动机，冷却了定、转子以后再从机座旁边出去。

封闭式异步电动机是电动机内部的空气和机壳外面的空气彼此互相隔开。电动机内部的热量通过机壳的外表面散出去。为了提高散热效果，在电动机外面的转轴上装有风扇和风罩，并在机座的外表面铸出许多冷却片。这种电机用在灰尘较多的场所。

防爆式异步电动机是一种全封闭的电动机，它把电动机内部和外界的易燃、易爆气体隔开，多用于有汽油、酒精、天然气等易爆性气体的场所。

2. 三相异步电动机的铭牌数据

三相异步电动机的铭牌上标明了电机的型号、额定值等。

1）型号

电机产品的型号一般采用大写印刷体的汉语拼音字母和阿拉伯数字组成，其中汉语拼音字母是根据电机的全名称选择有代表意义的汉字的第一个拼音字母组成。例如，Y 系列三相异步电动机型号含义如图 5-18 所示。

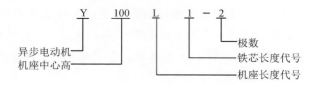

图 5-18　异步电动机的型号

我国生产的异步电动机种类很多，下面列出常见的产品系列。

Y5、Y2 和 Y 系列为小型鼠笼全封闭自冷式三相异步电动机，用于金属切削机床、通用机械、矿山机械、农业机械等，也可用于拖动静止负载或惯性较大的机械，如压缩机、传送带、磨床、锤击机、粉碎机、小型起重机、运输机械等。

YE2 系列高效三相异步电动机和 YE5 系列超高效三相异步电动机符合国家标准中的三级能效限定值和二级节能评价值标准。

JQ2 和 JQO2 系列是高起动转矩异步电动机，用在起动静止负载或惯性较大的机械上。JQ2 是防护式，JQO2 是封闭式。

JS 系列是中型防护式三相鼠笼式异步电动机。

JR 系列是防护式三相绕线式异步电动机，用在电源容量较小、不能用同容量鼠笼式异步电动机起动的生产机械上。

JSL2 和 JRL2 系列是中型立式水泵用的三相异步电动机，其中 JSL2 是鼠笼式，JRL2 是绕线式。

JZ2 和 JZR2 系列是起重和冶金用的三相异步电动机，JZ2 是鼠笼式，JZR2 是绕线式。

JD2 和 JDO2 系列是防护式和封闭式多速异步电动机。

YB2 系列是防爆式三相异步电动机。

2）额定值

异步电动机的额定值包含下列内容：

（1）额定功率 P_N：指电动机在额定运行时轴上输出的机械功率，单位是 kW。

（2）额定电压 U_N：指额定运行状态下加在定子绕组上的线电压，单位为 V。

（3）额定电流 I_N：指电动机在定子绕组上加额定电压、轴上输出额定功率时，定子绕组中的线电流，单位为 A。

（4）额定频率 f_N：我国规定工业用电的频率是 50 Hz。异步电动机定子边的量加下标 1 表示，转子边的量加下标 2 表示。

（5）额定转速 n_N：指电动机定子加额定频率的额定电压，且轴端输出额定功率时电机的转速，单位为转/分，或 r/min。

（6）额定功率因数 $\cos\varphi_N$：指电动机在额定负载时，定子边的功率因数。

（7）绝缘等级与温升：各种绝缘材料耐温的能力不一样，按照不同的耐热能力，绝缘材料可分为一定的等级。温升是指电动机运行时高出周围环境的温度值。我国规定了环境最高温度为 50℃。

电动机的额定输出转矩可以由额定功率、额定转速计算，公式为

$$T_{2N} = 9550 \frac{P_N}{n_N} \tag{5-17}$$

式中，功率的单位是 kW，转速的单位是 r/min，转矩的单位是 N·m。

此外，铭牌上还标明了工作方式、连接方法等。对绕线式异步电动机还要标明转子绕组的接法、转子绕组额定电动势 E_{2N}（指定子绕组加额定电压、转子绕组开路时滑环之间的电动势）和转子的额定电流 I_{2N}。如何根据电机的铭牌进行定子的接线？如果电动机定子绕组有六根引出线，并已知其首、末端，分以下两种情况讨论。

① 当电动机铭牌上标明"电压 580/220V，接法 Y/△"时，这种情况下，究竟是接成 Y 形还是△形，要看电源电压的大小。如果电源电压为 580 V，则接成 Y 形；电源电压为 220 V，则接成△形。

② 当电动机铭牌上标明"电压 580 V，接法△"时，则只有一种△形接法。但是在电动机起动过程中，可以接成 Y 形，接在 580 V 电源上，起动完毕，恢复△形接法。对有些高压电动机，往往定子绕组有三根引出线，只要电源电压符合电动机铭牌电压，便可使用。

[例题 5-1]　已知一台三相异步电动机的额定功率 $P_N = 5$ kW，额定电压 $U_N = 580$ V，额定功率因数 $\cos\varphi_N = 0.77$，额定效率 $\eta_N = 0.85$，额定转速 $n_N = 960$ r/min，则额定电流 I_N 为多少？

解　额定电流为

$$I_N = \frac{P_N}{\sqrt{3}U_N\cos\varPhi_N\eta_N} = \frac{4\times10^3}{\sqrt{3}\times380\times0.77\times0.85} = 9.3 \text{ A}$$

5.4.2　三相异步电动机的空载运行

1. 转差率

三相异步电动机只有在 $n \neq n_1$ 时，转子绕组与气隙旋转磁密之间才有相对运动，才能在转子绕组中感应电动势、电流，产生电磁转矩。可见，异步电动机运行时转子的转速 n 总是与同步转速不相等。

通常把同步转速 n_1 和电动机转子转速 n 二者之差与同步转速 n_1 的比值叫做转差率（也叫转差或者滑差），用 s 表示。

关于转差率 s 的定义可以理解如下：

如果同步转速 n_1 和电动机转子转速 n 二者同方向，则

$$s = \frac{n_1 - n}{n_1} \tag{5-18}$$

如果同步转速 n_1 和电动机转子转速 n 二者反方向，则

$$s = \frac{n_1 + n}{n_1} \tag{5-19}$$

式中，n_1、n 都应理解为转速的绝对值。

s 是一个没有单位的数，它的大小也能反应电动机转子的转速。例如，当 $n=0$ 时，$s=1$；当 $n=n_1$ 时，$s=0$；当 $n>n_1$ 时，s 为负数。正常运行的异步电动机，转子转速 n 接近于同步

转速 n_1，转差率 s 很小，一般 $s=0.01\sim0.05$。

[例题 5-2]　已知一台额定转速 $n_N=960$ r/min 的三相异步电动机，定子绕组接到频率 $f_1=50$ Hz 的电源上，问：

(1) 该电动机的极对数 n_p 是多少？

(2) 额定转差率 s_N 是多少？

(3) 当转速方向与旋转磁场方向一致时，转速分别为 950 r/min、1050 r/min 时的转差率。

(4) 当转速方向与旋转磁场方向相反时，转速为 500 r/min 时的转差率。

解　(1) 求极对数 n_p。因为额定转差率较小，根据电动机的额定转速 $n_N=960$ r/min，可以判定旋转磁场的转速 $n_1=1000$ r/min。所以

$$n_p=\frac{60f_1}{n_1}=\frac{60\times50}{1000}=3$$

(2) 求额定转差率：

$$s_N=\frac{n_1-n_N}{n_1}=\frac{1000-960}{1000}=0.04$$

(3) 当转速方向与旋转磁场方向相同时，若 $n=950$ r/min，则

$$s_N=\frac{n_1-n}{n_1}=\frac{1000-950}{1000}=0.05$$

若 $n=1050$ r/min，则

$$s_N=\frac{n_1-n}{n_1}=\frac{1000-1050}{1000}=-0.05$$

(4) 当转速方向与旋转磁场方向相反时，若 $n=500$ r/min，则

$$s_N=\frac{n_1+n}{n_1}=\frac{1000+500}{1000}=1.5$$

2. 空载运行状态

当三相异步电动机的定子绕组接上对称的三相电源时，电机气隙中将产生旋转磁场，电机的转子绕组中将产生电动势，若转子绕组形成闭合回路，则转子绕组中将有感应电流流过。该电流与旋转磁场相互作用，产生电磁转矩。电机转轴不带任何机械负载，这种工况称作电机的空载运行。此种情况下，电磁转矩只要克服很小的空载转矩，电机就可以旋转了。当电机空载运行时，由于需要很小的电磁转矩，因此转子绕组中的感应电流也很小，因而其中的感应电动势同样很小，因此转子与旋转磁场之间的相对运动速度不大，转子的转速非常地接近磁场的同步转速。比如一台四极异步电动机，其磁场转速为 1500 r/min，空载转速为 1597 r/min，空载转差率仅为 0.002。若电机的转速等于磁场转速，则转子与磁场之间无相对运动，此时转差率为 0，电磁转矩等于 0，转子绕组中的感应电动势和感应电流也为 0，我们将这种情况称作异步电机的理想空载运行状态。

综上所述，异步电机的空载运行，其本质上也是一种负载运行，即电机必须克服相应的空载转矩。

5.4.3　三相异步电动机的负载运行

当电机转轴上带有一定的机械负载时，这种情况就称作电机的负载运行。若转轴输出

的机械功率 P_2 等于电机的额定功率，或输出转矩 T_2 等于额定转矩，这时便称电机满载运行。若输出功率为额定功率的 50%，则称电机的负载率为 50% 或电机在 50% 负载下运行，依此类推。与电机的空载运行相比，负载运行时电机的电磁转矩增加，因而转子绕组中的感应电流和感应电动势都相应增加，因此与空载相比，异步电机的转速下降。比如一台四极异步电动机，其磁场转速为 1500 r/min，满载转速为 1470 r/min，则满载转差率为 0.02。

为了分析异步电机正常运行时的电磁关系，为理解方便，可先从转子绕组开路时的特殊情况进行分析，然后再过渡到转子旋转时的一般情况进行分析。在下面的分析过程中，先对绕线式异步电动机进行讨论，再对鼠笼式异步电动机进行讨论。

1. 转子绕组开路时的电磁关系

1) 正方向规定

如图 5 - 19 所示是一台绕线式异步电动机，定、转子绕组都是 Y 接法。定子绕组接在三相对称电源上，转子绕组开路。其中，图 5 - 19(a)所示是定、转子三相等效绕组在定、转子铁芯中的布置图。图 5 - 19(b)所示为仅仅画出定、转子三相绕组的连接方式，并在图中标明了各有关物理量的正方向。

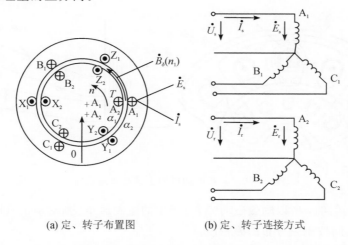

(a) 定、转子布置图　　　　　　　(b) 定、转子连接方式

图 5 - 19　转子绕组开路时三相绕线式异步电动机的正方向

在图 5 - 19 中，$\dot{U}_s$、$\dot{E}_s$、$\dot{I}_s$ 分别是定子绕组的相电压、相电动势、相电流；$\dot{U}_r$、$\dot{E}_r$、$\dot{I}_r$ 分别是转子绕组的相电压、相电动势、相电流；图中的箭头指向，表示各物理量的正方向，还规定磁动势、磁通和磁密都是从定子出来进入转子的方向为它们的正方向。

2) 励磁磁动势和磁通

当三相异步电动机的定子绕组接到三相对称的电源上时，定子绕组里就会有三相对称电流流过，三相电流的有效值分别用 I_{0A}、I_{0B}、I_{0C} 表示。由于对称，只需考虑 A 相的电流即可。为了简单起见，A 相电流下标中的 A 也省略，用 I_0 表示即可。从对交流绕组产生磁动势的分析中知道，三相对称电流流过三相对称绕组所产生的合成磁动势是圆形旋转磁动势。

三相异步电动机定子绕组流过三相对称电流 $\dot{I}_{0A}$、$\dot{I}_{0B}$、$\dot{I}_{0C}$，产生的空间合成旋转磁动势用 $\dot{F}_0$ 表示。其特点如下：

(1) 幅值为

$$F_0 = \frac{3}{2} \frac{4}{\pi} \frac{\sqrt{2}}{2} \frac{N k_w}{n_p} I_0 \tag{5-20}$$

式中，N 为定子一相绕组串联的匝数，k_w 为定子绕组的绕组系数。

(2) 由于定子绕组中电流的相序为 A→B→C，所以磁动势 $\dot{F}_0$ 的转向是从绕组的 A 相轴转向 B 相轴再转向 C 相轴。在图 5-19(a)里，是逆时针方向旋转的。

(3) 定子磁动势 $\dot{F}_0$ 相对于定子绕组以同步转速 n_1 旋转，$n_1 = 60 f_1 / n_p$，单位是 r/min。

由于转子绕组开路，转子绕组中没有电流流过，当然也不会产生转子磁动势。这时作用在磁路上的只有定子磁动势 $\dot{F}_0$，于是磁动势 $\dot{F}_0$ 就要在磁路里产生磁通。为此，$\dot{F}_0$ 也称为励磁磁动势，电流 $\dot{I}_0$ 称为励磁电流。

作用在磁路上的励磁磁动势 $\dot{F}_0$ 在电机中产生磁通。如 5.3 节所述，磁通有主磁通和漏磁通之分，如图 5-20 所示。

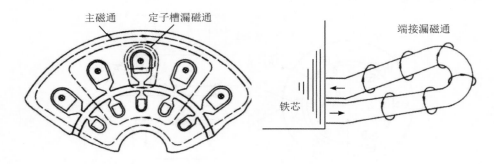

图 5-20　异步电动机的主磁通和漏磁通

由于气隙是均匀的，所以励磁磁动势 $\dot{F}_0$ 产生的主磁通 Φ_m 所对应的气隙磁密是一个在气隙中旋转，在空间按正弦分布的磁密波。

3) 感应电动势

旋转着的气隙每极主磁通 Φ_m 在定、转子绕组中感应电动势的有效值分别为 E_s 和 E_r（指相电动势）。其表达式与双绕组变压器相似，有以下关系：

$$E_s = 4.44 f_1 N_1 k_{w1} \Phi_m \tag{5-21}$$

$$E_r = 4.44 f_1 N_2 k_{w2} \Phi_m \tag{5-22}$$

式中，N_1、N_2 为定、转子每一相绕组的串联匝数，k_{w1}、k_{w2} 为定、转子绕组的绕组系数。

而 $\dot{E}_s$ 与 $\dot{E}_r$ 在相位上均滞后 $\dot{\Phi}_m 90°$，所以 $\dot{E}_s$ 与 $\dot{E}_r$ 的相量表达式分别为

$$\dot{E}_s = -\mathrm{j}4.44 f_1 N_1 k_{w1} \dot{\Phi}_m \tag{5-23}$$

$$\dot{E}_r = -\mathrm{j}4.44 f_1 N_2 k_{w2} \dot{\Phi}_m \tag{5-24}$$

定、转子每相的电动势之比称作电压比，用 k_e 表示，即

$$k_e = \frac{E_s}{E_r} = \frac{N_1 k_{w1}}{N_2 k_{w2}} \tag{5-25}$$

为了分析问题方便，采用折算算法把转子绕组向定子边折算，即把转子原来的 $N_2 k_{w2}$ 看成和定子边的 $N_1 k_{w1}$ 一样，转子绕组中每相的感应电动势便为 $\dot{E}'_r$，折算后，有

$$\dot{E}_s = \dot{E}'_r \tag{5-26}$$

4）励磁电流

由于气隙磁密 $\dot{B}_\delta$ 与定、转子都有相对运动，定、转子铁芯中磁场是交变的，所以在铁芯中要产生磁滞和涡流损耗，即铁损耗。与变压器一样，这部分损耗是电源送入的。相应的励磁电流 I_0 也由 I_{0a} 和 I_{0r} 两分量组成。I_{0a} 提供铁损耗，是有功分量；I_{0r} 建立磁动势产生磁通 $\varPhi_m$，是无功分量。因此

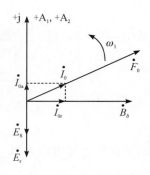

$$\dot{I}_0 = \dot{I}_{0a} + \dot{I}_{0r} \tag{5-27}$$

由于有功分量 I_{0a} 很小，因此 $\dot{I}_0$ 领先 $\dot{I}_{0r}$ 一个不大的角度。在时间空间向量图上，$\dot{I}_0$ 与 $\dot{F}_0$ 相位相同，$\dot{I}_{0r}$ 与 $\dot{B}_\delta$ 相位一样，$\dot{I}_0$ 和 $\dot{F}_0$ 领先 $\dot{B}_\delta$ 一个不大的角度，如图 5-21 所示。

图 5-21　考虑铁损耗后的励磁电流

5）电压方程式

定子绕组的漏磁通在定子绕组里的感应电动势用 $\dot{E}_{ls}$ 表示，叫定子漏电动势。一般来说，由于漏磁通走的磁路大部分是空气，因此漏磁通本身比较小，并且由漏磁通产生的漏电动势的大小与定子电流 I_0 成正比。用变压器里学过的方法，把漏磁通在定子绕组里的感应电动势看成是定子电流 I_0 在漏电抗 X_{ls} 上的压降。根据图 5-19(b) 中规定的电动势、电流正方向，$\dot{E}_{ls}$ 在相位上要滞后 $\dot{I}_0$ 90°电角度，可表示成

$$\dot{E}_{ls} = -\mathrm{j}\dot{I}_0 X_{ls} \tag{5-28}$$

式中，X_{ls} 为定子每相的漏电抗，它主要包括定子槽漏抗、端接漏抗等。

需要注意的是：X_{ls} 虽然是定子一相的漏电抗，但是它所对应的漏磁通却是由三相电流共同产生的。有了漏电抗这个参数，就能把电流产生的漏磁通，漏磁通又在绕组中感应电动势的复杂关系，简化成电流在电抗上的压降形式，这使以后的分析计算都很方便。定子绕组 R_s 上的电压降为 $\dot{I}_0 R_s$。

根据图 5-19 中所给出各量的正方向，我们可以列出定子一相回路的电压方程式为

$$
\begin{aligned}
\dot{U}_s &= -\dot{E}_s - \dot{E}_{ls} + \dot{I}_0 R_s \\
&= -\dot{E}_s + \mathrm{j}\dot{I}_0 X_{ls} + \dot{I}_0 R_s \\
&= -\dot{E}_s + \dot{I}_0 (R_s + \mathrm{j}X_{ls}) \\
&= -\dot{E}_s + \dot{I}_0 Z_{ls}
\end{aligned} \tag{5-29}
$$

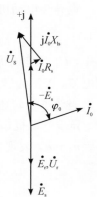

式中，$Z_{ls} = R_s + \mathrm{j}X_{ls}$ 为定子一相绕组的漏阻抗。

可将式（5-29）用相量表示，画成的相量图如图 5-22 所示。

异步电动机转子绕组开路时的电压方程以及相量图，与三相变压器副绕组开路时的情况完全一样。

图 5-22　相量图

6) 等效电路

与三相变压器空载时一样，也能找出并联或串联的等效电路。如果用励磁电流 $\dot{I}_0$ 在参数 Z_m 上的压降表示，则

$$-\dot{E}_s = \dot{I}_0(R_m + jX_m) = \dot{I}_0 Z_m \qquad (5-30)$$

式中，$Z_m = R_m + jX_m$ 为励磁阻抗，R_m 为励磁电阻，它是等效铁损耗的参数，X_m 为励磁电抗。

于是，定子一相电压平衡方程式为

$$\begin{aligned}
\dot{U}_s &= -\dot{E}_s + \dot{I}_0(R_s + jX_s) \\
&= \dot{I}_0(R_m + X_m) + \dot{I}_0(R_s + jX_{ls}) \\
&= \dot{I}_0(Z_m + Z_{ls})
\end{aligned} \qquad (5-31)$$

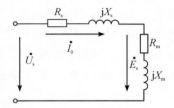

转子回路电压方程式为

$$\dot{U}_r = \dot{E}_r \qquad (5-32)$$

图 5-23　转子绕组开路时的
等效电路

如图 5-23 所示为转子绕组开路时的等效电路。

2. 转子绕组闭合时的电磁关系

当电机正常工作时，转子绕组回路是闭合的。对于鼠笼式异步电机，转子导条两端由短路环将导条短路；对于绕线式异步电机，通过滑环将三相绕组短路。在转子绕组闭合后，感应电动势将在转子回路中产生感应电流。如图 5-24 所示为转子绕组闭合时的情况。

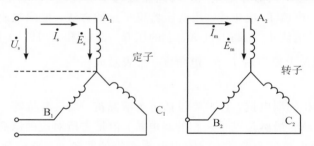

图 5-24　转子绕组闭合时的三相异步电动机

1) 转子电动势

设异步电动机转子以转速 n 恒速运转，则可列出转子回路的电压方程式为

$$\dot{E}_{rn} = \dot{I}_{rn}(R_r + jX_{lrn}) \qquad (5-33)$$

式中，$\dot{E}_{rn}$ 为转子转速为 n 时，转子绕组的相电动势，$\dot{I}_{rn}$ 为转子转速为 n 时，转子绕组的相电流，X_{lrn} 为转子转速为 n 时，转子绕组每一相的漏电抗，R_r 为转子绕组一相的电阻。

当转子以转速 n 恒速运转时，转子绕组的感应电动势、电流和漏电抗的频率用 f_2 表示。异步电动机运行时，转子的转向与气隙旋转磁密的转向一致，它们之间的相对转速为 $n_2 = n_1 - n$，表现在电动机转子上的频率 f_2 为

$$f_2 = \frac{n_p n_2}{60} = \frac{n_p(n_1 - n)}{60} = \frac{n_p n_1}{60} \frac{n_1 - n}{n_1} = sf_1 \qquad (5-34)$$

转子频率 f_2 等于转差率 s 乘以定子频率 f_1，因此又称此频率为转差频率。对 s 为任何值时，上式的关系都成立。当转速为零（电机不转）时，比如上述的转子绕组开路的情况，或

者电机通电的瞬间，此时电机的转差率为 1，因此转子绕组中感应电动势频率与定子绕组频率相同。

正常运行的异步电动机，转子频率 f_2 约为 0.5～2.5 Hz。电机功率越大，负载越轻，转速越快，转子频率越低。

当转子旋转时，转子绕组中感应电动势有效值为

$$E_{rn} = 4.44 f_2 N_2 k_{w2} \Phi_m = 4.44 s f_1 N_2 k_{w2} \Phi_m = s E_r \tag{5-35}$$

式中，E_r 为转子不转时转子绕组中的一相感应电动势。

转子漏电抗 X_{rn} 是对应转子转速为 n 时（对应频率为 f_2）的一相漏电抗。转子不转时的一相转子漏电抗记做 X_r，由于漏电抗正比于频率，因而两者间的关系应为

$$X_{rn} = s X_r \tag{5-36}$$

可见，当转子以不同的转速旋转时，转子漏电抗 X_{rn} 是个变量，它与转差率 s 成正比变化。

2）定、转子磁动势及磁动势关系

（1）定子磁动势 $\dot{F}_s$。当异步电动机旋转起来后，定子绕组里流过的电流为 $\dot{I}_s$，产生旋转磁动势 $\dot{F}_s$。定子旋转磁动势 $\dot{F}_s$ 的特点如下：

① 幅值为

$$F_s = \frac{3}{2} \frac{4}{\pi} \frac{\sqrt{2}}{2} \frac{N_1 k_{w1}}{n_p} I_s \tag{5-37}$$

② 其转向为从电流超前的相转向电流滞后的相。当电流相序为 $A_1 \to B_1 \to C_1$，在空间三相绕组排列为逆时针时，如图 5-21，则定子磁动势的旋转方向为逆时针。

③ 定子磁动势相对于定子绕组的转速为

$$n_1 = \frac{60 f_1}{n_p} \tag{5-38}$$

（2）转子旋转磁动势 $\dot{F}_r$。转子旋转磁动势具有以下特点：

① 幅值为

$$F_r = \frac{3}{2} \frac{4}{\pi} \frac{\sqrt{2}}{2} \frac{N_2 k_{w2}}{n_p} I_{rn} \tag{5-39}$$

② 设电机的转速 $n < n_1$，则当气隙旋转磁密 $\dot{B}_\delta$ 逆时针旋转时，相对于转子的转速为 $n_2 = n_1 - n$，转向为逆时针方向。因此，由于气隙旋转磁密 $\dot{B}_\delta$ 在转子每相绕组里产生感应电动势，产生电流的相序为 $A_2 \to B_2 \to C_2$，由转子电流 $\dot{I}_{rn}$ 产生的三相合成旋转磁动势 $\dot{F}_r$ 仍为逆时针方向旋转。

③ 转子电流 $\dot{I}_{rn}$ 的频率为 f_2，显然由转子电流 $\dot{I}_{rn}$ 产生的三相合成旋转磁动势 $\dot{F}_r$ 相对于转子绕组的转速为

$$n_2 = \frac{60 f_2}{n_p} = \frac{60 s f_1}{n_p} = s n_1 \tag{5-40}$$

（3）合成磁动势。转子旋转磁动势 $\dot{F}_r$ 相对于转子绕组的逆时针转速为 n_2，转子本身相对于定子绕组有一逆时针转速 n。于是，转子旋转磁动势 $\dot{F}_r$ 相对于定子绕组的转速为

$$n_2 + n = sn_1 + n = \frac{n_1 - n}{n_1}n_1 + n = n_1 \qquad (5-41)$$

这就是说，定子旋转磁动势 $\dot{F}_s$ 与转子旋转磁动势 $\dot{F}_r$ 相对于定子来说，都是同转向，以相同的转速 n_1 一前一后旋转着，即同步旋转。

作用在异步电动机磁路上的定、转子旋转磁动势 $\dot{F}_s$ 与 $\dot{F}_r$，既然以同步转速旋转，也即两者之间是相对静止的，可以将它们按向量的办法加起来，得到一个合成的总磁动势，仍用 $\dot{F}_0$ 表示。即

$$\dot{F}_s + \dot{F}_r = \dot{F}_0 \qquad (5-42)$$

需要说明的是，这种情况下的合成磁动势 $\dot{F}_0$，与前述转子绕组开路情况下的励磁磁动势 $\dot{F}_0$，其实质是相同的，都是产生气隙每极主磁通 Φ_m 的励磁磁动势。但两种情况下的励磁磁动势 $\dot{F}_0$ 的大小略有不同。现在介绍的合成磁动势 $\dot{F}_0$ 才是异步电动机运行时的励磁磁动势。对应的电流 $\dot{I}_0$ 是励磁电流。对于一般的异步电动机，$\dot{I}_0$ 的大小约为 $20\% I_N \sim 50\% I_N$。

3. 转子的折算

1）转子的绕组折算

异步电动机定、转子绕组之间没有电路上的连接，只有磁路的联系，这点和变压器的情况相似。从定子边看转子，只有转子旋转磁动势 $\dot{F}_r$ 与定子旋转磁动势 $\dot{F}_s$ 起作用，只要维持转子旋转磁动势的大小、相位不变，至于转子边的电动势、电流以及每相串联有效匝数是多少都无关紧要。根据这个道理，我们设想把实际电动机的转子抽出，换上一个新转子，它的相数、每相串联的匝数以及绕组系数都分别和定子的一样（新转子也是三相、$N_1 k_{w1}$）。这时在新换的转子中，每相的感应电动势为 $\dot{E}'_{rn}$、电流为 $\dot{I}'_{rn}$、转子漏阻抗为 $Z'_{lrn} = R'_r + jX'_{lrn}$，但产生的转子旋转磁动势 $\dot{F}_r$ 却和原转子产生的一样。虽然换成了新转子，但转子旋转磁动势 $\dot{F}_r$ 并没有改变，所以不影响定子边，这就是进行折算的依据。

根据式（5-42）定、转子磁动势的关系，并且将转子相数用 m_2 表示，有

$$\frac{3}{2}\frac{4}{\pi}\frac{\sqrt{2}}{2}\frac{N_1 k_{w1}}{n_p}\dot{I}_s + \frac{m_2}{2}\frac{4}{\pi}\frac{\sqrt{2}}{2}\frac{N_2 k_{w2}}{n_p}\dot{I}_{rn} = \frac{3}{2}\frac{4}{\pi}\frac{\sqrt{2}}{2}\frac{N_1 k_{w1}}{n_p}\dot{I}_0 \qquad (5-43)$$

转子绕组折算后，相数与匝数及绕组系数与定子相同，根据折算前后转子磁动势保持不变的原则，有

$$\frac{m_2}{2}\frac{4}{\pi}\frac{\sqrt{2}}{2}\frac{N_2 k_{w2}}{n_p}\dot{I}_{rn} = \frac{3}{2}\frac{4}{\pi}\frac{\sqrt{2}}{2}\frac{N_1 k_{w1}}{n_p}\dot{I}'_{rn} \qquad (5-44)$$

代入式（5-43）有

$$\frac{3}{2}\frac{4}{\pi}\frac{\sqrt{2}}{2}\frac{N_1 k_{w1}}{n_p}\dot{I}_s + \frac{3}{2}\frac{4}{\pi}\frac{\sqrt{2}}{2}\frac{N_1 k_{w1}}{n_p}\dot{I}'_{rn} = \frac{3}{2}\frac{4}{\pi}\frac{\sqrt{2}}{2}\frac{N_1 k_{w1}}{n_p}\dot{I}_0 \qquad (5-45)$$

上式可简化为

$$\dot{I}_s + \dot{I}'_{rn} = \dot{I}_0 \qquad (5-46)$$

需要注意的是，从式（5-42）到式（5-46）表达的是磁动势之间的关系。这几个磁动势

的旋转速度相同，都是同步转速。定子磁动势、转子磁动势以及励磁磁动势的幅值都保持恒定不变，但其空间位置一直在变化，因此这样的物理量我们称其为空间矢量。式(5-46)尽管以电流的关系出现，其实质依然表示的是磁动势之间的关系。由于电机以转速 n 在旋转，定子电流和励磁电流的频率为 f_1，而转子电流的频率为 sf_1，即转差频率。

由式(5-44)可推导绕组折算前后转子电流之间的关系为

$$\dot{I}'_{\text{rn}} = \frac{m_2}{3} \frac{N_2 k_{\text{w2}}}{N_1 k_{\text{w1}}} \dot{I}_{\text{rn}} = \frac{1}{k_{\text{i}}} \dot{I}_{\text{rn}} \tag{5-47}$$

式中，$k_{\text{i}} = \dfrac{I_{\text{rn}}}{I'_{\text{rn}}} = \dfrac{3}{m_2} \dfrac{N_1 k_{\text{w1}}}{N_2 k_{\text{w2}}} = \dfrac{3}{m_2} k_{\text{e}}$ 为电流比。

经过转子绕组折算后，转子绕组的物理量将改变。改变后物理量的值称为原来相应物理量的折算值，用在原物理量右上方加"'"表示。考虑到折算前后有功功率与无功功率保持不变的关系，转子绕组折算后，转子有关物理量的折算关系可小结为：电压、电动势等于折算前的量乘以电压变比；电流等于折算前的电流除以电流变比；电阻、漏抗及漏阻抗均等于折算前的量乘以电压变比与电流变比的乘积。

2) 转子的频率折算

当异步电动机转子以转速 n 恒速运转时，转子绕组折算后转子回路的电压方程式为

$$\dot{E}'_{\text{rn}} = \dot{I}'_{\text{rn}}(R'_{\text{r}} + jX'_{\text{lrn}}) \tag{5-48}$$

式中，$\dot{E}'_{\text{rn}} = s\dot{E}'_{\text{r}}$，$X'_{\text{lrn}} = sX'_{\text{lr}}$。

由于 $\dot{E}'_{\text{rn}}$ 与 $\dot{E}_{\text{s}}$ 不仅大小不等，在频率上也不一致，这样，转子回路与定子回路的等效电路不能统一表示，其主要原因就在于转子电压方程式中转子感应电动势和漏电抗的值与转子频率有关。如果再将转子绕组进行频率折算，即用定子的频率 f_1 替代转子频率 f_2，则上述问题便可得到解决。因为 $f_2 = sf_1$，所以只有当 $s = 1$(转子不动，转速 $n = 0$)时，才有 $f_2 = f_1$。因此转子绕组频率的折算实际上是用假想的静止的转子代替实际旋转的转子。和绕组折算一样，频率折算的原则也要保持折算前后的磁动势及功率关系不变。要保证折算前后转子磁动势不变，也就必须保证折算前后转子电流的大小和相位均不变。由式(5-48)可得

$$\dot{I}'_{\text{rn}} = \frac{s\dot{E}'_{\text{r}}}{R'_{\text{r}} + jsX'_{\text{lr}}} = \frac{\dot{E}'_{\text{r}}}{\dfrac{R'_{\text{r}}}{s} + jX'_{\text{lr}}} = \dot{I}'_{\text{r}} \tag{5-49}$$

式(5-49)表明，所谓频率的折算，即用 $\dot{E}'_{\text{r}}$ 和 X'_{lr} 分别替代 $\dot{E}'_{\text{rn}}$ 和 X'_{lrn} 时，为保证转子中电流的大小和相位均不变，就必须让转子电阻用 $\dfrac{R'_{\text{r}}}{s}$ 取代 R'_{r}。注意式(5-49)中，$\dot{E}'_{\text{rn}}$ 和 $\dot{I}'_{\text{rn}}$ 对应于电机转速 n，其频率为 sf_1；$\dot{E}'_{\text{r}}$ 和 $\dot{I}'_{\text{r}}$ 对应于电机转速为零，其频率为 f_1。式(5-49)表明，频率折算后，转子电流的大小与相位均保持不变。在绕组折算和频率折算后，表征磁动势关系的式(5-46)变为

$$\dot{I}_{\text{s}} + \dot{I}'_{\text{r}} = \dot{I}_0 \tag{5-50}$$

式(5-50)中，由于频率均为 f_1，因此式(5-50)既表示磁动势间的关系，同时也表达了定子电流、转子电流及励磁电流之间的关系。这样，经过转子的绕组折算和频率折算，就将原本没有电路连接的定子和转子关联在了一起，好像定子和转子发生了电路连接。

此时，功率因数 $\cos\varphi_2 = \dfrac{\dfrac{R'_r}{s}}{\sqrt{\left(\dfrac{R'_r}{s}\right)^2 + (X'_{lr})^2}} = \dfrac{R'_r}{\sqrt{(R'_r)^2 + (sX'_{lr})^2}}$ 保持不变。

由于 $\dfrac{R'_r}{s}$ 与 R'_r 之间的差值为 $\dfrac{R'_r}{s} - R'_r = \dfrac{1-s}{s}R'_r$，这表明，为了等效地将旋转着的转子折算成不动的转子，就必须在转子回路中串入一个实际上并不存在的虚拟电阻 $\dfrac{1-s}{s}R'_r$。这个虚拟电阻的损耗，实质上是表征了异步电动机的机械功率。当 $1 > s > 0$ 时，为电动机运行方式，这时电机产生的机械功率是正值，而虚拟电阻上的电功率也是正值，异步电机输出机械功率；当 $0 > s > -\infty$ 时，为发电机方式，这时电机产生的机械功率是负值，虚拟电阻上的电功率也是负值，异步电机输入机械功率；当 $\infty > s > 1$ 时，为电磁制动运行方式，虚拟电阻上的电功率是负值，异步电机输入机械功率。

5.4.4　三相异步电动机的基本方程式和等效电路

通过前面的分析，当异步电动机以恒定转速 n 旋转时，在转子经过绕组折算及频率折算后，可得到如下方程式：

$$\begin{cases} \dot{U}_s = -\dot{E}_s + \dot{I}_s(R_s + jX_{ls}) \\ -\dot{E}_s = \dot{I}_0(R_m + jX_m) \\ \dot{E}_s = \dot{E}'_r \\ \dot{E}'_r = \dot{I}'_r\left(\dfrac{R'_r}{s} + jX'_{lr}\right) \\ \dot{I}_s + \dot{I}'_r = \dot{I}_0 \end{cases} \tag{5-51}$$

根据方程式(5-51)，可以画出如图 5-25 所示的等效电路及如图 5-26 所示的相量图。

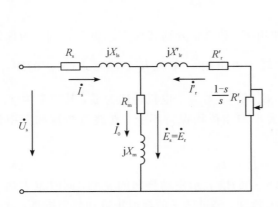

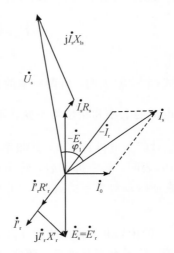

图 5-25　三相异步电动机的 T 型等效电路　　　　图 5-26　三相异步电动机的相量图

实际的异步电机，励磁阻抗的值要远远大于定子漏阻抗，这样，若将励磁电路移动到定子漏阻抗的前端，如图 5-27 所示，对计算来说不会引起太大的误差，但却给计算带来了极大的方便。图 5-27 称作异步电机的近似等效电路。

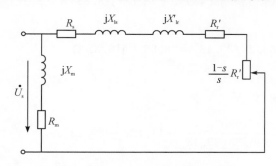

图 5-27　三相异步电动机的近似等效电路　　　　三相异步电动机等效电路及其简化

[例题 5-3]　一台三相异步电动机，额定功率为 $P_N = 10$ kW，额定电压为 $U_N = 380$ V，额定转速为 $n_N = 1552$ r/min，定子绕组为△接法，电动机的参数如下：

$$R_s = 1.33 \ \Omega, \ X_{ls} = 2.43 \ \Omega, \ R_r' = 1.12 \ \Omega$$

$$X_{lr}' = 4.4 \ \Omega, \ R_m = 7 \ \Omega, \ X_m = 90 \ \Omega$$

试分别用 T 型等效电路和近似等效电路求额定负载时的定子电流、转子电流、励磁电流、功率因数、输入功率和效率。

解　根据电动机的额定转速为 $n_N = 1552$ r/min，便可判断出它的气隙旋转磁密的转速为 $n_1 = 1500$ r/min。

额定负载时的转差率

$$s_N = \frac{n_1 - n_N}{n_1} = \frac{1500 - 1452}{1500} = 0.0319$$

$$\frac{R_r'}{s_N} = \frac{1.12}{0.0319} = 35.1 \ \Omega$$

（1）用 T 形等效电路计算。

$$\frac{R_r'}{s_N} + jX_{lr}' = 35.1 + j4.4 = 35.4 \underline{/7.15°} \ \Omega$$

励磁阻抗为

$$Z_m = R_m + jX_m = 7 + j90 = 90.4 \underline{/85.54°} \ \Omega$$

$\dfrac{R_r'}{s_N} + jX_r'$ 与 Z_m 的并联值为

$$\frac{\left(\dfrac{R_r'}{s_N} + jX_{lr}' \right) Z_m}{\left(\dfrac{R_r'}{s_N} + jX_{lr}' \right) + Z_m} = \frac{35.4 \underline{/7.15°} \times 90.4 \underline{/85.54°}}{35.4 \underline{/7.15°} + 90.4 \underline{/85.54°}}$$

$$= 30.9 \underline{/26.69°}$$

$$= 27.6 + j13.89 \ \Omega$$

总阻抗

$$Z_{ls} + \frac{\left(\frac{R_r'}{s_N} + jX_{lr}'\right)Z_m}{\left(\frac{R_r'}{s_N} + jX_{lr}'\right) + Z_m} = (1.33 + j2.43) + (27.6 + j13.89)$$

$$= 33.23\underline{/29.43°} = 28.93 + j16.32 \ \Omega$$

① 求定子电流：

以定子相电压为参考相量，设 $\dot{U}_s = 380\underline{/0°} \ \text{V}$

$$\dot{I}_s = \frac{\dot{U}_s}{Z_{ls} + \frac{\left(\frac{R_r'}{s_N} + jX_{lr}'\right)Z_m}{\left(\frac{R_r'}{s_N} + jX_{lr}'\right) + Z_m}} = \frac{380\underline{/0°}}{33.23\underline{/29.43°}} = 11.42\underline{/-29.43°} \ \text{A}$$

定子线电流有效值为

$$\sqrt{3} \times 11.42 = 19.8 \ \text{A}$$

② 求定子功率因数：

$$\cos\varphi_1 = \cos29.43° = 0.87 \ (\text{滞后})$$

③ 求定子输入功率：

$$P_1 = 3U_s I_s \cos\varphi_1 = 3 \times 380 \times 11.42 \times 0.87 = 11330 \ \text{W}$$

④ 求转子电流：

$$I_r' = \left| \dot{I}_s \frac{Z_m}{\left(\frac{R_r'}{s_N} + jX_r'\right) + Z_m} \right| = 11.42 \times \frac{90.4}{103.5} = 9.98 \ \text{A}$$

⑤ 求励磁电流：

$$I_0 = \left| \dot{I}_s \frac{\frac{R_r'}{s_N} + jX_{lr}'}{\left(\frac{R_r'}{s_N} + jX_{lr}'\right) + Z_m} \right| = 11.42 \times \frac{35.4}{103.5} = 3.91 \ \text{A}$$

⑥ 求效率：

$$\eta = \frac{P_2}{P_1} = \frac{10000}{11330} = 88.27\%$$

（2）用近似等效电路计算。

负载支路阻抗为

$$Z_{ls} + \frac{R_r'}{s_N} + jX_{lr}' = 1.33 + j2.43 + 35.1 + j4.4 = 36.43 + j6.83 = 37.1\underline{/10.6°} \ \Omega$$

① 求转子电流：

$$\dot{I}_r' = \frac{\dot{U}_s}{Z_{ls} + \frac{R_r'}{s_N} + jX_{lr}'} = \frac{380\underline{/0°}}{37.1\underline{/10.6°}} = 10.24\underline{/-10.6°} \ \text{A}$$

② 求励磁电流：

$$\dot{I}_0 = \frac{\dot{U}_s}{Z_m} = \frac{380\underline{/0°}}{90.4\underline{/85.54°}} = 4.2\underline{/-85.54°}\ \mathrm{A}$$

③ 求定子电流：

$$\begin{aligned}
\dot{I}_s = \dot{I}_0 + \dot{I}_r' &= 4.2\underline{/-85.54°} + 10.24\underline{/-10.6°}\\
&= 0.326 - \mathrm{j}4.18 + (10.07 - \mathrm{j}1.885) = 10.396 - \mathrm{j}6.065\\
&= 12.45\underline{/-29.1°}\ \mathrm{A}
\end{aligned}$$

定子线电流有效值为

$$\sqrt{3} \times 12.45 = 21.6\ \mathrm{A}$$

④ 求定子功率因数：

$$\cos\varphi_1 = \cos 29.1° = 0.874（滞后）$$

⑤ 求定子输入功率：

$$P_1 = 3U_s I_s \cos\varphi_1 = 3 \times 380 \times 12.45 \times 0.874 = 12400\ \mathrm{W}$$

⑥ 求效率：

$$\eta = \frac{P_2}{P_1} = \frac{10000}{12400} = 80.6\%$$

由此例题可以发现，用近似等效电路计算的电流比 T 型等效电路约大 10% 左右，效率下降了 7 个多百分点，可见近似计算可以用来进行工程近似估算。

5.4.5　三相异步电动机的功率与转矩方程

异步电动机的机电能量转换过程和直流电动机相似。其机电能量转换的关键在于作为耦合介质的磁场对电系统和机械系统的作用和反作用。在直流电机中，这种磁场由定、转子双边的电流共同激励，而异步电机的耦合介质磁场仅由定子一边的电流来建立。这种特殊性表现为直流电机的气隙磁场是随负载而变化的，由此发生了所谓电枢反应的问题；而异步电机的气隙磁场基本上与负载无关，故无电枢反应可言。尽管如此，异步电动机由定子绕组输入电功率，从转子轴输出机械功率的总过程和直流电动机还是一样的，不过在异步电动机中的电磁功率却在定子中发生，然后经由气隙送给转子，扣除一些损耗以后，在转轴上输出。在机电能量转换过程中，不可避免地要产生一些损耗，其种类和性质也和直流电机相似。

1. 功率关系

当三相异步电动机以转速 n 稳定运行时，从电源输入的功率 P_1 为

$$P_1 = 3U_s I_s \cos\varphi_1 \tag{5-52}$$

定子铜损耗 p_{Cus} 为

$$p_{\mathrm{Cus}} = 3I_s^2 R_s \tag{5-53}$$

正常运行情况下的异步电动机，由于转子转速接近于同步转速，所以气隙旋转磁密 $\dot{B}_\delta$ 与转子铁芯的相对转速很小。再加上转子铁芯和定子铁芯同样是用 0.5 mm 厚的硅钢片（大、中型异步电动机还涂漆）叠压而成，转子铁损耗很小，可以忽略不计，因此异步电动机

的铁损耗可近似认为只有定子铁损耗 p_{Fes}，即

$$p_{\mathrm{Fe}} \approx p_{\mathrm{Fes}} = 3I_0^2 R_{\mathrm{m}} \tag{5-54}$$

从图 5-25 所示的等效电路可看出，传输给转子回路的电磁功率 P_{em} 等于转子回路全部电阻上的损耗，即

$$P_{\mathrm{em}} = P_1 - p_{\mathrm{Cus}} - p_{\mathrm{Fe}} = 3I_{\mathrm{r}}'^2 \left[R_{\mathrm{r}}' + \frac{1-s}{s} R_2' \right] = 3I_{\mathrm{r}}'^2 \frac{R_{\mathrm{r}}'}{s} \tag{5-55}$$

电磁功率也可表示为

$$P_{\mathrm{em}} = 3E_{\mathrm{r}}' I_{\mathrm{r}}' \cos\varphi_2 \tag{5-56}$$

转子绕组中的铜损耗 p_{Cur} 为

$$p_{\mathrm{Cur}} = 3I_{\mathrm{r}}'^2 R_{\mathrm{r}}' = s P_{\mathrm{em}} \tag{5-57}$$

电磁功率 P_{em} 减去转子绕组中的铜损耗 p_{Cur} 就是等效电阻 $\dfrac{1-s}{s} R_{\mathrm{r}}'$ 上的损耗。这部分等效的电阻损耗实际上是传输给电机轴上的总机械功率，用 P_{m} 表示。它是转子绕组中电流与气隙旋转磁密共同作用产生的电磁转矩，带动转子以转速 n 旋转所对应的功率为

$$P_{\mathrm{m}} = P_{\mathrm{em}} - p_{\mathrm{Cur}} = 3I_{\mathrm{r}}' \frac{1-s}{s} R_{\mathrm{r}}' = (1-s) P_{\mathrm{em}} \tag{5-58}$$

电动机在运行时，会产生轴承以及风阻等摩擦阻转矩，这也要损耗一部分功率，这部分功率叫作机械损耗，用 p_{m} 表示。

在异步电动机中，除了上述各部分损耗外，由于定、转子开了槽和定、转子磁动势中含有谐波成分，还要产生一些附加损耗（或叫杂散损耗），用 p_{s} 表示。p_{s} 一般不易计算，往往根据经验估算，在大型异步电动机中，p_{s} 约为额定输出功率的 0.5%；而在小型异步电动机中，满载时，p_{s} 可达输出额定功率的 $1\% \sim 5\%$ 或更大些。

转子的总机械功率 P_{m} 减去机械损耗 p_{m} 和附加损耗 p_{s}，才是转轴上真正输出的功率，用 P_2 表示，即

$$P_2 = P_{\mathrm{m}} - p_{\mathrm{m}} - p_{\mathrm{s}} \tag{5-59}$$

可见异步电动在运行时，从电源输入电功率 P_1 到转轴上输出功率 P_2 的全过程为

$$P_2 = P_1 - p_{\mathrm{Cus}} - p_{\mathrm{Fe}} - p_{\mathrm{Cur}} - p_{\mathrm{m}} - p_{\mathrm{s}} \tag{5-60}$$

用功率流程图表示，如图 5-28 所示。

异步电动机的
功率和转矩
平衡关系

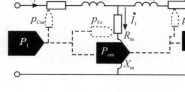

(a) 等效电路

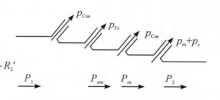

(b) 功率流程

图 5-28　异步电动机的功率流程图

从以上功率关系定量分析中可看出，异步电动机运行时电磁功率、转子回路铜损耗和机械功率三者之间的定量关系是

$$P_{\mathrm{em}} : p_{\mathrm{Cur}} : P_{\mathrm{m}} = 1 : s : (1-s) \tag{5-61}$$

式(5-61)表明，电磁功率一定时，转差率 s 越小，则转子回路铜损耗越小，总机械功率越大。反之，s 越大，则表明电机运行时转子铜耗越大。

2. 转矩关系

总机械功率 P_{m} 除以电机的机械角速度 Ω 就是电磁转矩 T，即

$$T = \frac{P_{\mathrm{m}}}{\Omega}$$

根据总机械功率与电磁功率间的关系，还可以找出电磁转矩与电磁功率的关系，为

$$T = \frac{P_{\mathrm{m}}}{\Omega} = \frac{P_{\mathrm{m}}}{\frac{2\pi n}{60}} = \frac{P_{\mathrm{m}}}{(1-s)\frac{2\pi n_1}{60}} = \frac{P_{\mathrm{em}}}{\Omega_1} \tag{5-62}$$

式中，Ω_1 为电机的同步机械角速度。

式(5-59)两边同除以电机的机械角速度，可得转矩平衡方程式

$$T_2 = T - T_0 \tag{5-63}$$

式中，T_0 为空载转矩，$T_0 = \frac{p_{\mathrm{m}}+p_{\mathrm{s}}}{\Omega} = \frac{p_0}{\Omega}$，$T_2$ 为输出转矩。

[例题 5-4]　一台三相异步电动机，额定功率为 $P_{\mathrm{N}} = 90$ kW，额定电压为 $U_{\mathrm{N}} = 580$ V，额定转速为 $n_{\mathrm{N}} = 980$ r/min，额定频率为 $f_1 = 50$ Hz，在额定转速下运行时，机械摩擦损耗 $p_{\mathrm{m}} = 1$ kW，附加损耗 500 W。求额定运行时：(1) 额定转差率；(2) 电磁功率；(3) 转子铜损耗；(4) 电磁转矩；(5) 输出转矩；(6) 空载转矩。

解　根据电动机的额定转速 $n_{\mathrm{N}} = 980$ r/min，便可判断出它的气隙旋转磁密的转速为 $n_1 = 1000$ r/min

(1) 额定转差率为

$$s_{\mathrm{N}} = \frac{n_1 - n}{n_1} = \frac{1000 - 980}{1000} = 0.02$$

(2) 电磁功率。

因为

$$P_{\mathrm{em}} = P_2 + p_{\mathrm{m}} + p_{\mathrm{s}} + p_{\mathrm{Cur}}, \quad p_{\mathrm{Cur}} = sP_{\mathrm{em}}$$

所以，电磁功率为

$$P_{\mathrm{em}} = \frac{P_2 + p_{\mathrm{m}} + p_{\mathrm{s}}}{1 - s_{\mathrm{N}}} = \frac{90 + 1 + 0.5}{1 - 0.02} = 93.37 \text{ kW}$$

(3) 转子铜损耗为

$$p_{\mathrm{Cur}} = s_{\mathrm{N}} P_{\mathrm{em}} = 0.02 \times 93.37 = 1.87 \text{ kW}$$

(4) 电磁转矩为

$$T = \frac{P_{\mathrm{em}}}{\Omega_1} = \frac{P_{\mathrm{em}}}{\frac{2\pi n_1}{60}} = 9550 \times \frac{P_{\mathrm{em}}}{n_1} = 9550 \times \frac{93.37}{1000} = 891.69 \text{ N} \cdot \text{m}$$

(5) 输出转矩为

$$T_{2\mathrm{N}} = \frac{P_{\mathrm{N}}}{\Omega_{\mathrm{N}}} = \frac{P_{\mathrm{em}}}{\frac{2\pi n_{\mathrm{N}}}{60}} = 9550 \times \frac{P_{\mathrm{N}}}{n_{\mathrm{N}}} = 9550 \times \frac{90}{980} = 877.04 \text{ N} \cdot \text{m}$$

（6）空载转矩为

$$T_0 = \frac{p_\mathrm{m} + p_\mathrm{s}}{\Omega_\mathrm{N}} = \frac{p_\mathrm{m} + p_\mathrm{s}}{\dfrac{2\pi n_\mathrm{N}}{60}} = 9550 \times \frac{p_\mathrm{m} + p_\mathrm{s}}{n_\mathrm{N}} = 9550 \times \frac{1 + 0.5}{980} = 14.62 \ \mathrm{N \cdot m}$$

3. 电磁转矩的物理表达式

用电磁功率 P_em 除以同步机械角速度 Ω_1，可得电磁转矩为

$$T = \frac{P_\mathrm{em}}{\Omega_1} = \frac{3 I_\mathrm{r}^{\prime 2} R_\mathrm{r}^\prime}{\dfrac{2\pi n_1}{60}} = \frac{3 E_\mathrm{r}^\prime I_\mathrm{r}^\prime \cos\varphi_2}{\dfrac{2\pi n_1}{60}} = \frac{3 (\sqrt{2}\,\pi f_1 N_1 k_\mathrm{w1} \Phi_\mathrm{m}) I_\mathrm{r}^\prime \cos\varphi_2}{\dfrac{2\pi n_1}{60}}$$

$$= \frac{3}{\sqrt{2}} n_\mathrm{p} N_1 k_\mathrm{w1} \Phi_\mathrm{m} I_\mathrm{r}^\prime \cos\varphi_2 = C_\mathrm{Mj} \Phi_\mathrm{m} I_\mathrm{r} \cos\varphi_2 \qquad (5-64)$$

式中，n_1 为同步转速，$C_\mathrm{Mj} = \dfrac{3}{\sqrt{2}} n_\mathrm{p} N_1 k_\mathrm{w1}$，它是一个常数，称转矩系数。

当磁通单位为 Wb，电流单位为 A，式（5-64）中转矩的单位为 N·m。

从式（5-64）可看出，异步电动机的电磁转矩 T 与气隙每极磁通 Φ_m、转子电流 I_r 以及转子功率因数 $\cos\varphi_2$ 成正比，或者说与每极磁通和转子电流的有功分量乘积成正比。

5.4.6　鼠笼转子的极数和相数

鼠笼转子每相邻两根导条电动势（电流）相位相差的电角度与它们空间相差的电角度是相同的，导条是均匀分布的，一对磁极范围内有 m_2 根鼠笼条，转子就感应产生 m_2 相对称的感应电动势和电流。我们采用三相对称绕组通入三相对称电流产生圆形旋转磁动势的同样办法，可以得到 m_2 相对称电流条件下产生圆形旋转磁动势的结论。m_2 相的具体数值是多少，都是同样的。

鼠笼式转子产生的圆形旋转磁动势的转向与绕线式转子的一样，也就是与定子旋转磁动势的转向一致，与定子磁动势一前一后同步旋转。其极数与定子的相同。

鼠笼式转子每对极范围内有 m_2 根鼠笼条，转子槽数为 $n_\mathrm{p} \cdot m_2$，相数为 m_2，每相绕组匝数为 $1/2$，绕组系数为 1。

鼠笼式异步电动机电磁关系与绕线式的相同，也采用折算算法、等效电路及时空相量图的方法分析。其实在进行绕组折算后，不论是鼠笼式转子，还是绕线式转子，都已经折算成了与定子绕组相数、匝数相同的新的绕组，因此前述的分析方法无论对绕线式转子，还是鼠笼式转子，效果都是相同的。

5.4.7　三相异步电动机的工作特性及参数测定

1. 异步电动机的工作特性

异步电动机的工作特性是指在额定电压和额定频率运行情况下，电动机的转速 n、定子电流 I_s、功率因数 $\cos\varphi_1$、电磁转矩 T、效率 η 等与输出功率 P_2 的关系，即在 $U_\mathrm{s} = U_\mathrm{N}$，$f_1 = f_\mathrm{N}$ 时，n、I_s、$\cos\varphi_1$、T、$\eta = f(P_2)$。由于异步电动机是一种交流电机，所以对电网来说需要考虑功率因数，同时由于单边励磁、励磁电流与负载电流共同存在于定子绕组中，

所以要注意到定子电流，而转子电流一般不能直接测取，因输出功率值方便测取，则这些特性可转换为与输出功率的关系。和直流电动机一样，熟悉异步电动机的工作特性以后，就可使它很好地完成拖动系统所赋予的使命。

1）工作特性分析

（1）转速特性。异步电动机，在额定电压和额定频率下，输出功率变化时转速变化的曲线 $n = f(P_2)$ 称为转速特性。

电动机的转差率 s、转子铜耗 p_{Cur} 和电磁功率 P_{em} 的关系式为

$$s = \frac{n_1 - n}{n_1} = 1 - \frac{n}{n_1} = \frac{p_{Cur}}{P_{em}} = \frac{m_2 I_{rn}^2 R_r}{m_2 E_r I_r \cos\varphi_2} \qquad (5-65)$$

当电动机空载时，输出功率 $P_2 \approx 0$，在这种情况下 $I_r \approx 0$，上述关系表明转差率 s 差不多与 I_r 成正比，所以 $s \approx 0$，转速接近同步转速，即 $n = n_1$。当负载增大时，转速略有下降，实际的转子电动势增大，所以转子电流 I_{rn} 增大，以产生更大一些的电磁转矩和负载转矩相平衡。因此随着输出功率 P_2 的增大，转差率 s 也增大，则转速稍有下降。为了保证电动机有较高的效率，在一般异步电动机中，转子的铜耗是很小的，额定负载时转差率为 $1.5\% \sim 5\%$（小数字对应于大容量的电机），相应的转速 $n = (1-s)n_1 = (0.985 \sim 0.95)n_1$。所以异步电动机的转速特性为一条稍向下倾斜的曲线（见图 5-29），与并励直流电动机的转速特性极为相似。

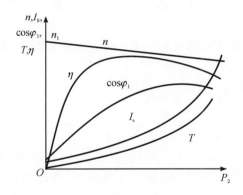

三相交流异步电动机输出功率与转差率关系实验

图 5-29　异步电动机的工作特性

（2）定子电流特性。异步电动机，在额定电压和额定频率下，输出功率变化时，定子电流的变化曲线 $I_s = f(P_2)$ 称为定子电流特性。

异步电动机的定子电流的方程式（即磁动势平衡方程式）为

$$\dot{I}_s = \dot{I}_0 + (-\dot{I}_r') \qquad (5-66)$$

上面已经说明，在空载时，转子电流 $\dot{I}_r' \approx 0$，此时定子电流几乎全部为励磁电流 $\dot{I}_0$。随着负载的增大，转子转速下降，转子电流增大，定子电流及磁动势也随之增大，抵消转子电流产生的磁动势，以保持磁动势的平衡。定子电流几乎随 P_2 按正比例增加，异步电动机的工作特性如图 5-29 所示。

（3）功率因数特性。异步电动机，在额定电压和额定频率下，输出功率变化时，定子功率因数的变化曲线 $\cos\varphi_1 = f(P_2)$ 称为功率因数特性。

由异步电动机等效电路求得的总阻抗是电感性的。所以对电源来说，异步电动机相当于一个感性阻抗，因此其功率因数总是滞后的，它必须从电网吸收感性无功功率。在空载时，定子电流 I_s 基本上是励磁电流，主要用于无功励磁，所以功率因数很低，约为 0.1～0.2。当负载增加时，转子电流的有功分量增加，定子电流的有功分量也随之增加，即功率因数随之提高。在接近额定负载时，功率因数达到最大。由于在空载到额定负载范围内，电动机的转差率 s 很小，而且变化很小，所以转子功率因数角 $\varphi_2 = \mathrm{tg}^{-1}(X_r s/R_r)$ 几乎不变，但负载超过额定值时，s 值就会变得较大，因此 φ_2 变大，转子电流中的无功分量增加，因而电动机定子功率因数又重新下降了，功率因数特性如图 5-29 所示。

（4）电磁转矩特性。异步电动机，在额定电压和额定频率下，输出功率变化时，电磁转矩的变化曲线 $T=f(P_2)$ 称为电磁转矩特性。

在稳态运行时，异步电动机的转矩平衡方程式为

$$T = T_2 + T_0 \tag{5-67}$$

因为输出功率 $P_2 = T_2\Omega$，所以

$$T = T_0 + \frac{P_2}{\Omega} \tag{5-68}$$

当异步电动机的负载不超过额定值时，转速 n 和角速度 Ω 变化很小。而空载转矩 T_0 又可认为基本不变，所以电磁转矩特性 $T=f(P_2)$ 近似为一条斜率为 $1/\Omega$ 的直线（见图 5-29）。

（5）效率特性。异步电动机，在额定电压和额定频率下，输出功率变化时，效率的变化曲线 $\eta=f(P_2)$ 称为效率特性。

根据效率的定义，异步电动机的效率为

$$\eta = 1 - \frac{\sum p}{P_1} = \frac{P_2}{P_2 + p_{\mathrm{Cus}} + p_{\mathrm{Fe}} + p_{\mathrm{Cur}} + p_{\mathrm{m}} + p_{\mathrm{s}}} \tag{5-69}$$

异步电动机中的损耗也可分为不变损耗 p_{Fe}、p_{m} 和可变损耗 p_{Cus}、p_{Cur}、p_{s} 两部分。空载时，输出功率 P_2 等于零，因而电动机效率为零。随着输出功率 P_2 逐渐增加，可变损耗增加较慢，所以效率上升很快。和直流电动机的效率特性一样，当可变损耗等于不变损耗时异步电动机的效率达到最大值。随着负载继续增加，可变损耗增加很快，效率就要降低。对于中小型异步电动机，最大效率出现在大约 75%～100% 额定负载时，电动机容量越大，效率越高。

2）异步电动机工作特性的求取

异步电动机的工作特性可用直接负载法求取，也可利用等效电路进行计算。

用直接负载法求取异步电动机的工作特性需要做负载试验，并测出电动机的定子电阻、铁损耗和机械损耗。

负载试验是在额定电压和额定频率下进行的，即试验时，保持电源的电压和频率为额定值，加负载到 5/5 额定值，然后减少到 1/5 的额定值，分别读取输入功率 P_1、定子电流 I_s 和转速 n，然后计算出不同负载下的功率因数 $\cos\varphi_1$、电磁转矩 T 及效率 η 等，并绘制出工作特性。

2. 三相异步电动机参数的测定

和变压器一样，异步电动机也有两种参数，一种是表示空载状态的励磁参数即励磁阻抗 Z_m、R_m、X_m；另一种是对应短路电流的漏阻抗 Z_{ls}、R_s、X_{ls}、z'_{lr}、R'_r、X'_r，通常漏阻抗称为短路参数。这两种参数不仅大小悬殊，而且性质也不同。前者决定于电机主磁路的饱和程度，所以是一种非线性参数；后者基本上与电机的饱和程度无关，是一种线性参数。和变压器等效电路中的参数一样，励磁参数、短路参数可通过空载试验和短路试验测定。

1) 空载试验与励磁参数的确定

（1）空载试验。

异步电动机空载运行，是指在额定电压和额定频率下，轴上不带任何负载时的运行。试验在电动机空载时进行，定子绕组上接频率为额定值的对称三相电压，将电动机运转一段时间（约 50 min）使其机械损耗达到稳定值，然后调节电源电压从（1.10～1.50）倍额定电压值开始，逐渐降低到可能达到的最低电压值。测量7～9 个点，每次测量记录端电压、空载电流、空载功率和转速。根据记录数据，绘制电动机的空载特性曲线，如图 5-30 所示。

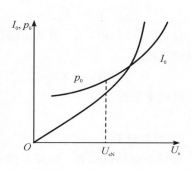

图 5-30 异步电动机的空载特性曲线

（2）励磁参数与铁耗及机械损耗的确定。

由异步电动机的空载特性可确定计算工作特性所需的等效电路中的励磁参数、铁损耗和机械损耗。

异步电动机空载时转速接近于同步转速，$s \approx 0$，$I_r \approx 0$，此时输入电动机的功率用来补偿定子铜损耗 p_{Cus}、铁损耗 p_{Fe} 和机械损耗 p_m，即

$$p_0 \approx 3I_0^2 R_s + p_{Fe} + p_m \tag{5-70}$$

式（5-70）中，定子铜损耗和铁损耗与电压大小有关，而机械损耗仅与转速有关。从空载功率中扣除定子铜损耗以后，即得铁损耗与机械损耗之和

$$p_0 - 3I_0^2 R_s \approx p_{Fe} + p_m \tag{5-71}$$

由于铁损耗可近似认为与磁密的平方成正比，故需绘制铁损耗与机械损耗之和与端电压平方值的曲线 $p_{Fe} + p_m = f(U_s^2)$，如图 5-31 所示。并将曲线延长相交于直轴 $U_s = 0$ 处得交点 O'，过 O' 作一水平虚线将曲线的纵坐标分为两部分，由于机械损耗仅与电动机转速有关，而在空载状态下，电动机的转速 $n \approx n_1$，则机械损耗可认为是恒值。所以虚线下部纵坐标表示与电压大小无关的机械损耗，虚线上部纵坐标表示对应于 U_s 大小的铁损耗。

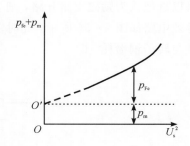

图 5-31 $p_{Fe} + p_m = f(U_s^2)$ 曲线

当定子加额定电压时，根据空载试验测得的数据 I_0 和 p_0，可以算出

$$Z_0 = \frac{U_s}{I_0} \tag{5-72}$$

$$R_0 = \frac{p_0 - p_m}{3I_0^2} \qquad (5-73)$$

$$X_0 = \sqrt{Z_0^2 - R_0^2} \qquad (5-74)$$

式中，p_0 为空载试验测得的三相异步电动机的空载输入功率，I_0 为空载试验测得的三相异步电动机的相电流，U_s 为空载试验测得的三相异步电动机的相电压。

当电动机空载时，$s \approx 0$，则 T 形等效电路中的附加电阻 $(1-s)R_r'/s \approx \infty$，则等效电路转子侧呈开路状态（见图 5-32）。可得

$$X_0 = X_m + X_{ls} \qquad (5-75)$$

在式（5-75）中，X_{ls} 可从短路试验中测出，于是励磁电抗为

$$X_m = X_0 - X_{ls} \qquad (5-76)$$

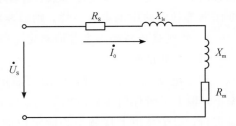

图 5-32　空载时异步电动机的近似等效电路

励磁电阻则为

$$R_m = R_0 - R_s \qquad (5-77)$$

2）短路试验

对异步电动机而言，短路是指 T 形等效电路中的附加电阻 $(1-s)R_r'/s = 0$ 的状态。在这种情况下，$s=1$，$n=0$，即电动机在外施电压下处于静止状态。因此短路试验必须在电动机堵转的情况下进行，故短路试验又称为堵转试验。为了使短路试验时电动机的短路电流不致过大，可降低电源电压进行，一般从 $U_s = 0.5U_{sN}$ 开始，然后逐步降低电压。为了避免定子绕组过热，试验应尽快进行。测量 5～7 点，每次记录端电压、定子短路电流和短路功率，并测量定子绕组的电阻，根

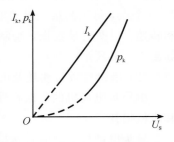

图 5-33　异步电动机的短路特性

据记录数据，绘制电动机的短路特性 $I_k = f(U_s)$，$p_k = f(U_s)$，如图 5-33 所示。

3）短路参数的确定

当电动机堵转时，$s=1$，则 T 形等效电路中的附加电阻 $(1-s)R_r'/s = 0$，由于 $Z_m \gg Z_{lr}'$，可以近似认为励磁支路开路，则 $I_0 \approx 0$，铁损耗可以忽略不计，因此异步电机短路时的近似等效电路如图 5-34 所示。此时输出功率和机械损耗为零，全部输入功率都变成定子铜损耗与转子铜损耗。即

$$p_k = 3I_s^2 R_s + 3(I_r')^2 R_r' \qquad (5-78)$$

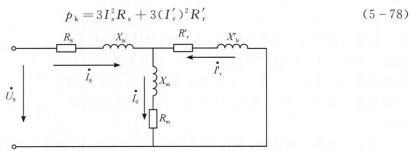

图 5-34　异步电动机短路时的近似等效电路

由于

$$I_0 \approx 0$$
$$I'_r \approx I_s = I_k \quad\quad\quad (5-79)$$

所以

$$p_k = 3I_k^2(R_s + R'_r)$$

根据短路试验测得的数据，可以算出短路阻抗 Z_k、短路电阻 R_k 和短路电抗 X_k，即

$$Z_k = \frac{U_s}{I_k} \quad\quad\quad (5-80)$$

$$R_k = \frac{p_k}{3I_k^2} \qu\quad\quad (5-81)$$

$$X_k = \sqrt{Z_k^2 - R_k^2} \quad\quad\quad (5-82)$$

式中，$R_k = R_s + R'_r$，因此有

$$X_k = X_{ls} + X'_{lr}$$

从 R_k 中减去定子电阻 R_s，即得 R'_r。对于 X_{ls} 和 X'_{lr}，在大、中型异步电动机中，可认为

$$X_{ls} \approx X'_{lr} = \frac{X_k}{2} \quad\quad\quad (5-83)$$

对于 100 kW 以下小型异步电动机，可取 $X'_{lr} \approx 0.67X_k$（2、5、6 极）；$X'_{lr} \approx 0.57X_k$（8、10 极）。

5.5　三相同步电动机

同步电机和异步电机一样，是一种常用的交流电机。同步电机是电力系统的心脏，其动态性能对全电力系统的动态性能有极大影响。若电网的频率不变，则稳态时同步电机的转速恒为常数，与负载的大小无关。同步电机分为同步发电机和同步电动机。现代发电厂中的交流电机以同步发电机为主，先进的高铁牵引领域则以永磁同步电动机牵引为主。例如，我国中车电机自主研发生产的时速 400 公里的 TQ-800 永磁同步牵引电机（高速动车组使用），它具有一系列技术创新点，如利用封闭风冷及关键部位定向冷却技术解决温升问题，采用新型稀土永磁材料解决永磁体失磁的难题等。

5.5.1　同步电机的基本结构和铭牌数据

如果三相交流电机的转子转速 n 与定子电流的频率 f 满足方程式

$$n = \frac{60f_1}{n_p} \quad\quad\quad (5-84)$$

的关系，这种电机就称为同步电机。也就是说，当电机正常稳定运行时，电机的转速与磁场的转速相同，则为同步电机。电机转速与磁场转速不同的就是异步电机。同步电机多被用作发电机，当今的电力几乎全是由三相同步发电机发出的。因此同步发电机是各类发电厂中的核心设备之一。同步电机也可以作电动机，随着工业的迅速发展，一些生产机械要求的功率越来越大。例如，空气压缩机、鼓风机、电动发电机组等，它们的功率达数千甚至数

万千瓦。如果采用同步电动机去拖动上述的生产机械，可能更为合适。这是因为，大功率同步电动机与同容量的异步电动机相比较，同步电动机的功率因数高。在运行时，它不仅不会使电网的功率因数降低，相反却能改善电网的功率因数，这点是异步电动机做不到的。其次，对大功率低转速的电动机，同步电动机的体积比异步电动机要小一些。

1．同步电机的基本结构

同步电机也是由静止的定子和旋转的转子两个基本部分组成，如图 5 - 35 所示。

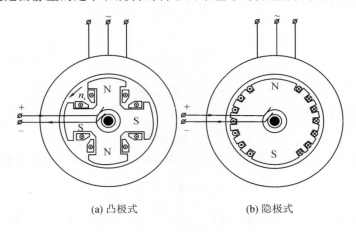

(a) 凸极式　　　　　　　(b) 隐极式

图 5 - 35　同步电动机结构

1）定子

同步电机的定子，就其基本结构来看，与异步电机的定子没有多大区别，也是由定子铁芯、定子绕组以及机座、端盖等附件组成。

2）转子

同步电机的转子有两种结构形式。一种有明显的磁极，称为凸极式，如图 5 - 35(a)所示。磁极用钢板叠成或用铸钢铸成。在磁极上套有线圈，磁极上的线圈串联起来，构成励磁绕组。在励磁绕组中通入直流电流 I_f，使相邻的磁极极性呈 N、S 交替排列。励磁绕组两个出线端连接到两个集电环上，通过与集电环相接触的静止电刷向外引出。另一种结构是转子为一个圆柱体，表面上开有槽，无明显的磁极，称为隐极式，如图 5 - 35(b)所示。同步发电机的转子采用凸极式或隐极式的都有。对水轮发电机，由于水轮机的转速较低，因此把发电机的转子做成凸极式的。因为凸极式的转子，在结构上和加工工艺上都比隐极式的简单。对汽轮发电机，由于水轮机的转速较高，为了很好地固定励磁绕组，常把发电机的转子做成隐极式的。同步电动机一般都做成凸极式的，在结构上与凸极式同步发电机类似，为了能够自起动，在转子磁极的极靴上装设了起动绕组。

同步电机的励磁电源有两种：一种由励磁机供电；另一种是由交流电源经过可控硅整流而得到。所以每台同步电机应配备一台励磁机或整流励磁装置，可以很方便地调节它的励磁电流。

2．同步电机的铭牌数据

同步电机铭牌上的额定值主要包括：

（1）额定容量 S_N 或额定功率 P_N：对于同步发电机，其额定容量 S_N 是指从电枢绕组出线端输出的额定视在功率，其单位常用 KVA 或 MVA 表示；额定功率 P_N 则是指发电机输出的额定有功功率，其单位为 KW 或 MW。对于同步电动机只标出其额定功率 P_N，即指电机轴上输出的额定机械功率，其单位为 KW 或 MW。对于同步补偿机，因其从电枢端输出或输入的均为无功功率，故铭牌所标出的只是接线端的额定无功功率，其单位为 KVAR 或 MVAR。

（2）额定电压 U_N：同步电机在额定运行时，三相电枢绕组接线端的额定线电压，其单位为 V 或 kV。

（3）额定电流 I_N：同步电机在额定运行时，三相电枢绕组接线端输出或输入的额定线电流，其单位为 A。

（4）额定功率因数 $\cos\varphi_N$：同步电机在额定状态下运行时的功率因数。

（5）额定效率 η_N：同步电动机带额定负载运行时，其输出的功率与输入的功率的比值。

此外，在铭牌上还标有额定频率 f_N、额定转速 n_N、额定励磁电流 I_{fN} 和额定励磁电压 U_{fN} 等。

上述各量之间存在一定的关系，对于额定功率有

同步发电机

$$P_N = \sqrt{3} U_N I_N \cos\varphi_N \qquad (5-85)$$

同步电动机

$$P_N = \sqrt{3} U_N I_N \cos\varphi_N \eta_N \qquad (5-86)$$

对于频率与转速则有

$$f_N = \frac{n_N n_p}{60} \qquad (5-87)$$

其中，n_p 为磁极对数。

5.5.2　同步电动机的基本方程和相量图

1. 同步电机的基本工作原理

1）同步发电机的工作原理

当同步发电机的转子在原动机的拖动下达到同步转速 n_1 时，由于转子绕组上是直流电流 I_f 励磁，所以转子绕组在气隙中所建立的磁场，相对于定子来说，是一个与转子旋转方向相同、转速大小相等的旋转磁场。该磁场切割定子上开路的三相对称绕组，在三相对称绕组中产生三相对称感应电动势 E_0，若改变励磁电流的大小则可相应的改变感应电动势的大小，此时同步发电机处于空载运行。当同步发电机带负载后，定子绕组构成闭合回路，形成定子电流，该电流也是三相对称电流，因而也要在气隙中产生与转子旋转方向相同、大小相等的旋转磁场。定、转子间旋转磁场相对静止。此时气隙中的磁场是定、转子旋转磁场的合成。由于气隙中磁场的改变，因此发电机定子绕组中电动势的大小也发生变化。

2）同步电机的物理模型

基于上述分析，同步电机在负载运行时，如果略去定子绕组的漏磁通及其所产生的漏

电动势，并略去定子绕组的电阻，从叠加原理考虑，此时在定子绕组中，仅有励磁磁通所产生的感应电动势和电枢反应磁通（定子电流产生的磁通）所产生的电枢反应电动势。电枢电流产生的合成磁动势的磁场可以等效地用旋转的磁极表示。同样，对于转子的磁场也可以用等效的旋转的磁极表示，所以同步电机的物理模型如图 5-36 所示。

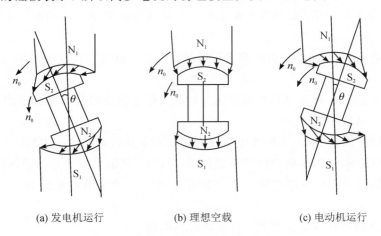

　　　(a) 发电机运行　　　　　　(b) 理想空载　　　　　(c) 电动机运行

图 5-36　同步电机的物理模型

　　3）同步电机的运行方式

　　同步电机和其他类型的电机一样，也遵循可逆原理，可按发电机方式运行，也可按电动机方式运行。当原动机拖动同步电机并励磁时，电机从原动机输入机械功率，向电网输出电功率，为发电机运行方式。当同步电机接于电网并励磁，拖动机械负载时，从电网输入电功率，在轴上输出机械功率，为电动机运行方式。从同步电机的物理模型可以方便地说明同步电机如何从发电机运行方式过渡到电动机运行方式，从而理解同步电动机的工作原理。

　　图 5-36(a) 为发电机运行，图 5-36(b) 为理想空载运行，图 5-36(c) 为电动机运行，这是三种同步电机运行方式的物理模型。

　　图 5-36 中，N_1、S_1、N_2、S_2 分别表示同步电机的定子合成磁场磁极和转子磁极，两对磁极间存在着磁拉力，从而形成电磁转矩。当原动机拖动同步电机转子作发电机运行时，原动机的拖动转矩克服电机的电磁转矩的制动作用（两转矩的方向相反）后，转子不断地旋转。因原动机向同步电机输入机械功率，原动机拖动转子，磁力线斜着通过气隙，转子磁极用磁拉力拖动定子合成磁场磁极一起同步旋转，发电机将机械功率转换成电功率输出。由于转子磁极是拖动者，定子合成磁场的磁极是被拖动者，两者磁极的轴线存在一定的夹角 θ；如果减小由原动机对发电机输入的机械功率，则发电机所产生的电磁功率以及输出的电功率也相应减小。形象地说，因原动机拖动转矩的减小，由磁拉力使 θ 减小。所以 θ 又称为功率角。当发电机所产生的电磁功率为零时，必然 $\theta=0$，此时两磁极的轴线相重合，磁力线垂直地通过气隙，两磁极间无切向的磁拉力，电磁转矩亦为零。这是同步电机从发电机运行过渡到电动机运行的临界状态（见图 5-36(b)）。若将原动机从同步电机上脱开，由于电机本身受轴承摩擦及风阻等阻转矩的作用，将迫使转子磁极轴线落后于定子轴线一个微

小的 θ 角(见图 5 - 36(c))。这个 θ 角相对于发电机的运行情况是负值,这意味着同步电机开始从电网吸收电功率,并从电机的轴上输出机械功率,消耗用于摩擦风阻等损耗上。此时磁力线从另一个方向斜着通过气隙,又出现切向磁拉力而形成电磁转矩。显然,此时的电磁转矩的方向与转子旋转方向一致,是一个拖动转矩。若电机转子与负载相连,就能拖动机械负载而继续旋转。由于负载的增大,功率角必然增大,切向磁拉力和电磁转矩相应地增大,同步电机就处于同步电动机负载运行状态。这时电机的定子合成磁场的磁极是拖动者,转子磁极是被拖动者。两者仍同步旋转,并进行电功率变为机械功率的转换。三相同步电动机的工作原理如图 5 - 37 所示。

同步电动机工作原理

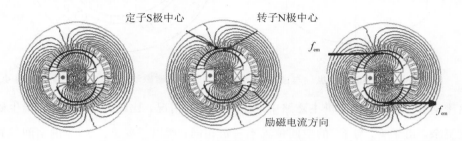

(a) 定、转子旋转磁场示意图　　(b) 定、转子铁芯表面N极与S极中心位置　(c) 转子所受的电磁力的方向

图 5 - 37　三相同步电动机工作原理

2. 同步电动机的磁动势

当同步电动机的定子三相对称绕组接到三相对称电源上时,就会产生三相合成旋转磁动势,简称电枢磁动势,用空间向量 $\dot{F}_a$ 表示,它是一个旋转磁动势。设电枢磁动势 $\dot{F}_a$ 的转向为逆时针方向,转速为同步转速。在同步电动机负载运行时,其转子沿逆时针方向以同步转速旋转。转子单相绕组通入直流励磁电流 I_f 产生的磁动势,称为励磁磁动势,用 $\dot{F}_0$ 表示,它是一个恒定磁动势,也是一个空间向量。电枢磁动势 $\dot{F}_a$ 与励磁磁动势 $\dot{F}_0$ 都以同步转速沿逆时针方向旋转,但是两者在空间的位置不一定相同。同步电动机磁动势关系为 $\sum F = F_a + F_f$,当电磁转矩和静负载转矩相等时,两个磁动势的夹角不再变化,并同步前进。同步转矩只有在两个磁动势完全同步时,才能发挥作用。

为分析简单起见,不考虑主磁路的饱和,即认为主磁路是线性磁路。则主磁路中的磁通可以认为是作用在主磁路上的各个磁动势各自产生的磁通的叠加。当这些磁通与定子绕组相交链时,各自在定子绕组中产生电动势。这些电动势的叠加即为定子绕组中的电动势。

先考虑励磁磁动势 $\dot{F}_0$ 单独在电机主磁路中产生磁通时的情况。

我们先规定两个轴:把转子 N 极和 S 极的中心线称纵轴,或称 d 轴或直轴;与纵轴相距 $90°$空间电角度的线称为横轴,或称为 q 轴或交轴,如图 5 - 38 所示。d 轴、q 轴随转子一同旋转。从图 5 - 38 可见,励磁磁动势 $\dot{F}_0$ 总是在纵轴方向,产生的磁通如图 5 - 39 所示。将由励磁磁动势 $\dot{F}_0$ 单独产生的磁通叫励磁磁通,用 Φ_0 表示。Φ_0 经过的磁路是关于纵轴对称的磁路。

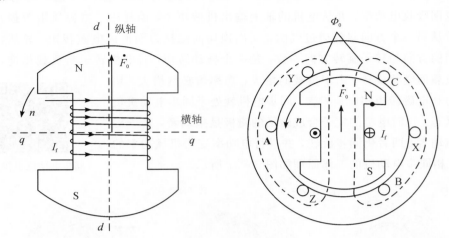

图 5-38　同步电机的纵轴与横轴　图 5-39　由励磁磁动势 $\dot{F}_0$ 单独产生的磁通 Φ_0

　　电枢磁动势 $\dot{F}_a$ 单独在电机主磁路中产生磁通时的情况，比励磁磁动势 $\dot{F}_0$ 产生磁通时的情况要复杂。由于 $\dot{F}_a$ 与 $\dot{F}_0$ 的空间位置不一定相同，所以只要 $\dot{F}_a$ 与 $\dot{F}_0$ 的空间位置不相同，就必然使 $\dot{F}_a$ 的方向不在纵轴方向。对于凸极式同步电动机，由于气隙的不均匀，即使知道电枢磁动势 $\dot{F}_a$ 的大小和位置，也很难求得磁通。

3．凸极同步电动机的双反应原理

　　如果电枢磁动势 $\dot{F}_a$ 与励磁磁动势 $\dot{F}_0$ 的相对位置给定，如图 5-40(a) 所示，由于电枢磁动势 $\dot{F}_a$ 与励磁磁动势 $\dot{F}_0$ 无相对运动，可以把电枢磁动势 $\dot{F}_a$ 分解成两个分量：一个分量叫纵轴电枢磁动势，用 $\dot{F}_{ad}$ 表示，作用在纵轴方向；另一个分量叫横轴电枢磁动势，用 $\dot{F}_{aq}$ 表示，作用在横轴方向，即

$$\dot{F}_a = \dot{F}_{ad} + \dot{F}_{aq} \tag{5-88}$$

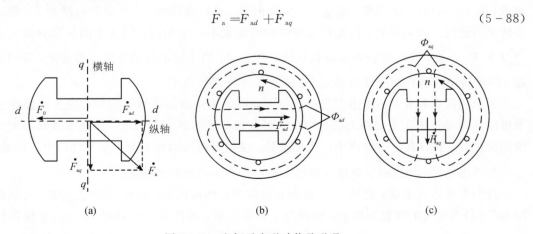

(a)　　　　　　　　(b)　　　　　　　　(c)

图 5-40　电枢反应磁动势及磁通

　　对于电枢磁动势 $\dot{F}_a$ 在电机主磁路中产生的磁通，可视为纵轴电枢磁动势 $\dot{F}_{ad}$ 在电机

主磁路中产生的磁通 Φ_{ad} 与横轴电枢磁动势 $\dot{F}_{aq}$ 在电机主磁路中产生的磁通 Φ_{aq} 的叠加。因为 $\dot{F}_{ad}$ 固定在纵轴方向，$\dot{F}_{aq}$ 固定在横轴方向，尽管气隙不均匀，但对纵轴或横轴来说都分别为对称磁路，这就给分析带来了方便。这种处理问题的方法，称为双反应原理。

由纵轴电枢磁动势 $\dot{F}_{ad}$ 在电机主磁路中产生的磁通称为纵轴磁通，用 Φ_{ad} 表示，如图 5-40(b)所示。由横轴电枢磁动势 $\dot{F}_{aq}$ 在电机主磁路中产生的磁通称为横轴磁通，用 Φ_{aq} 表示，如图 5-40(c)所示。Φ_{ad}、Φ_{aq} 都以同步转速逆时针旋转着。

纵轴电枢磁动势 $\dot{F}_{ad}$ 及横轴电枢磁动势 $\dot{F}_{aq}$ 除了各自在主磁路中产生穿过气隙的磁通外，分别都要在定子绕组里产生漏磁通。

电枢磁动势的表达式为

$$\dot{F}_a = \frac{3}{2}\ \frac{4}{\pi}\ \frac{\sqrt{2}}{2}\ \frac{Nk_w}{n_p}\dot{I} \qquad (5-89)$$

纵轴电枢磁动势的表达式为

$$\dot{F}_{ad} = \frac{3}{2}\ \frac{4}{\pi}\ \frac{\sqrt{2}}{2}\ \frac{Nk_w}{n_p}\dot{I}_d \qquad (5-90)$$

横轴电枢磁动势的表达式为

$$\dot{F}_{aq} = \frac{3}{2}\ \frac{4}{\pi}\ \frac{\sqrt{2}}{2}\ \frac{Nk_w}{n_p}\dot{I}_q \qquad (5-91)$$

考虑到 $\dot{F}_a = \dot{F}_{ad} + \dot{F}_{aq}$ 的关系，有

$$\dot{I} = \dot{I}_d + \dot{I}_q \qquad (5-92)$$

即把电枢电流 $\dot{I}$ 按相量的关系分解成两个分量：一个分量是 $\dot{I}_d$；另一个分量是 $\dot{I}_q$，其中 $\dot{I}_d$ 产生了磁动势 $\dot{F}_{ad}$；$\dot{I}_q$ 产生了磁动势 $\dot{F}_{aq}$。

4. 同步电动机的电压方程

1）凸极式同步电动机的电压方程

不管是励磁磁通 Φ_0，还是纵轴磁通 Φ_{ad} 及横轴磁通 Φ_{aq}，都以同步转速逆时针旋转，因此都要在定子绕组中产生相应的感应电动势。

励磁磁通 Φ_0 在定子绕组里感应电动势用 $\dot{E}_0$ 表示，纵轴磁通 Φ_{ad} 在定子绕组里感应电动势用 $\dot{E}_{ad}$ 表示，横轴磁通 Φ_{aq} 在定子绕组里感应电动势用 $\dot{E}_{aq}$ 表示。

根据图 5-41 给出的同步电动机定子绕组各电量正方向，可以列出 A 相回路的电压方程式为

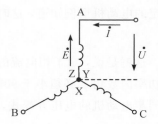

图 5-41　同步电动机定子绕组各电量的正方向（电动机惯例）

$$\dot{E}_0 + \dot{E}_{ad} + \dot{E}_{aq} + \dot{I}(R_s + jX_{ls}) = \dot{U} \qquad (5-93)$$

因假设磁路线性，E_{ad} 与 Φ_{ad} 成正比，Φ_{ad} 与 F_{ad} 成正比，F_{ad} 与 I_d 成正比，所以 E_{ad} 与 I_d 成正比。$\dot{I}$ 与 $\dot{E}$ 正方向相反，故 $\dot{I}_d$ 落后于 $\dot{E}_{ad}$ 90°电角度，于是电动势 $\dot{E}_{ad}$ 可以

写成

$$\dot{E}_{ad} = j\dot{I}_d X_{ad} \tag{5-94}$$

同理，电动势 $\dot{E}_{aq}$ 可以写成

$$\dot{E}_{aq} = j\dot{I}_q X_{aq} \tag{5-95}$$

式中，X_{ad} 为纵轴电枢反应电抗，X_{aq} 为横轴电枢反应电抗。

对同一台电机，在线性磁路假设条件下 X_{ad}、X_{aq} 都是常数。

将式(5-94)、式(5-95)代入式(5-93)，得

$$\dot{U} = \dot{E}_0 + j\dot{I}_d X_{ad} + j\dot{I}_q X_{aq} + \dot{I}(R_s + jX_{ls})$$

再将 $\dot{I} = \dot{I}_d + \dot{I}_q$ 代入上式，得

$$\dot{U} = \dot{E}_0 + j\dot{I}_d X_{ad} + j\dot{I}_q X_{aq} + (\dot{I}_d + \dot{I}_q)(R_s + jX_{ls})$$

$$= \dot{E}_0 + j\dot{I}_d(X_{ad} + X_{ls}) + j\dot{I}_q(X_{aq} + X_{ls}) + (\dot{I}_d + \dot{I}_q)R_s \tag{5-96}$$

一般情况下，当同步电动机容量较大时，可忽略电阻 R_s，于是

$$\dot{U} = \dot{E}_0 + j\dot{I}_d X_d + j\dot{I}_q X_q \tag{5-97}$$

式中，$X_d = X_{ad} + X_{ls}$ 为纵轴同步电抗，$X_q = X_{aq} + X_{ls}$ 为横轴同步电抗。

在一般凸极同步电动机中，$X_d > X_q$。

2) 隐极式同步电动机的电压方程

对于隐极式同步电动机，电机的气隙是均匀的，则其表现的参数，如纵、横轴同步电抗 X_d、X_q 在数值上是彼此相等的，即

$$X_d = X_q = X_c$$

式中，X_c 为隐极式同步电动机的同步电抗。

对隐极式同步电动机，式(5-97)可变为

$$\dot{U} = \dot{E}_0 + j\dot{I}_d X_d + j\dot{I}_q X_q = \dot{E}_0 + j(\dot{I}_d + \dot{I}_q)X_c = \dot{E}_0 + j\dot{I}X_c \tag{5-98}$$

5. 同步电动机相量图

同步电机作为电动机运行时，电源必须向电机的定子绕组传输有功功率。从图 5-41 规定的电动机惯例知道，这时输入给电机的有功功率 P_1 必须满足

$$P_1 = 3UI\cos\varphi > 0 \tag{5-99}$$

这就是说，定子相电流的有功分量 $I\cos\varphi$ 应与相电压 U 同相位。可见，$\dot{U}$、$\dot{I}$ 二者之间的功率因数角 φ 必须小于 90°，才能使电机运行于电动机状态。如图 5-42 所示是根据凸极式同步电动机的电压方程式，在 $\varphi < 90°$（领先性）时，电机运行于电动机状态画出的相量图。

在图 5-42 中，$\dot{U}$、$\dot{I}$ 之间的夹角 φ，是功率因数角；$\dot{E}_0$、$\dot{U}$ 之间的夹角为 θ；$\dot{E}_0$、$\dot{I}$ 之间的夹角为 ψ。并且

$$\begin{aligned} I_d &= I\sin\psi \\ I_q &= I\cos\psi \end{aligned} \tag{5-100}$$

如图 5-43 所示是根据隐极式同步电动机的电压方程式画出的相量图。

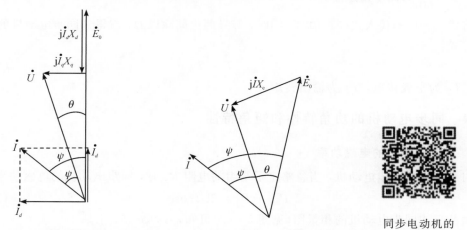

图 5-42　凸极同步电动机相量图　图 5-43　隐极式同步电动机相量图

同步电动机的
电势平衡方程式及相量图

5.5.3　同步电动机的功率和转矩方程

1. 同步电动机的功率方程

同步电动机从电源吸收有功功率 $P_1 = 5UI\cos\varphi$，在扣除消耗于定子绕组的铜损耗 $p_{Cu} = 3I^2 R_s$ 后，转变为电磁功率 P_{em}，即有

$$P_1 - p_{Cu} = P_{em} \tag{5-101}$$

从电磁功率 P_{em} 里再扣除铁损耗 p_{Fe} 和机械摩擦损耗 p_m 后，转变为机械功率 P_2 输出给负载，即

$$P_{em} - p_{Fe} - p_m = P_2 \tag{5-102}$$

其中铁损耗 p_{Fe} 与机械损耗 p_m 之和称为空载损耗 p_0，即

$$p_0 = p_{Fe} + p_m \tag{5-103}$$

如图 5-44 所示是同步电动机的功率流程图。

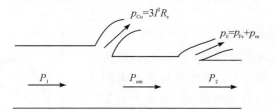

图 5-44　同步电动机的功率流程图

2. 同步电动机的转矩方程

根据功率与转矩的关系，可以导出转矩及转矩平衡方程式。

与异步电动机一样，电磁转矩 T 与电磁功率 P_{em} 的关系为

$$T = \frac{P_{em}}{\Omega} \tag{5-104}$$

式中，$\Omega = \dfrac{2\pi n}{60}$ 为同步角速度。

将式(5-103)代入式(5-102)，同时，等号两边同除以 Ω，就得到同步电动机的转矩平衡方程式：

$$T_2 = T - T_0 \tag{5-105}$$

式中，T_0 为空载转矩，T_2 为输出转矩。

5.5.4　同步电动机的功角特性和矩角特性

1. 同步电动机的电磁功率

对于凸极式同步电动机，当忽略定子绕组的电阻 R_s 时，同步电动机的电磁功率为

$$P_{em} = P_1 = 3UI\cos\varphi \tag{5-106}$$

由凸极式同步电动机的相量图(见图 5-42)可知，$\varphi = \psi - \theta$，于是

$$P_{em} = 3UI\cos\varphi = 3UI\cos(\psi - \theta) = 3UI\cos\psi\cos\theta + 3UI\sin\psi\sin\theta \tag{5-107}$$

此外，根据相量图可得

$$\begin{cases} I_d = I\sin\psi \\ I_q = I\cos\psi \\ I_d X_d = E_0 - U\cos\theta \\ I_q X_q = U\sin\theta \end{cases} \tag{5-108}$$

考虑以上这些关系，得

$$\begin{aligned} P_{em} &= 3UI_q\cos\theta + 3UI_d\sin\theta \\ &= 3U\frac{U\sin\theta}{X_q}\cos\theta + 3U\frac{E_0 - U\cos\theta}{X_d}\sin\theta \\ &= 3\frac{E_0 U}{X_d}\sin\theta + 3U^2\left(\frac{1}{X_q} - \frac{1}{X_d}\right)\cos\theta\sin\theta \end{aligned} \tag{5-109}$$

或

$$P_{em} = 3\frac{E_0 U}{X_d}\sin\theta + \frac{3U^2(X_d - X_q)}{2X_d X_q}\sin 2\theta \tag{5-110}$$

2. 同步电动机的功角特性

接在电网上运行的同步电动机，已知电源电压 U、电源的频率 f_1 都维持不变，如果保持电动机的励磁电流 I_f 不变，则对应的电动势 E_0 的大小也是常数，此外，电动机的参数 X_d、X_q 又是已知的常数。此时同步电动机的电磁功率 P_{em} 仅是 θ 的函数，即当 θ 角变化时，电磁功率 P_{em} 也随之变化。我们把 $P_{em} = f(\theta)$ 的关系定义为同步电动机的功角特性。由此所绘制出的曲线称为功角特性曲线，如图 5-45 所示。

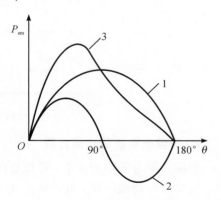

图 5-45　凸极同步电动机的功角特性

在式(5-110)凸极式同步电动机的电磁功率 P_{em} 中，第一项与励磁电流 I_f 的大小有关，称为励磁电磁功率，第二项与励磁电流 I_f 的大小无关，是由参数 $X_d \neq X_q$ 引起的，这部分功率只有凸极式同步电动机才有，而隐极式同步电动机中则不存在。所以该项的电磁功率称为凸极电磁功率。第一项励磁电磁功率是主要的，第二项凸极电磁功率比第一项小得多。

励磁电磁功率 P_{em1}

$$P_{em1} = \frac{3E_0U}{X_d}\sin\theta \qquad (5-111)$$

励磁电磁功率 P_{em1} 与 θ 呈正弦曲线变化关系，如图 5-45 中曲线 1 所示。

当 $\theta = 90°$ 时，P_{em1} 最大，用 P'_{em} 表示，则

$$P'_{em} = \frac{3E_0U}{X_d} \qquad (5-112)$$

凸极电磁功率 P_{em2} 为

$$P_{em2} = \frac{3U^2(X_d - X_q)}{2X_dX_q}\sin2\theta \qquad (5-113)$$

当 $\theta = 45°$ 时，P_{em2} 最大，用 P''_{em} 表示，则

$$P''_{em} = \frac{3U^2(X_d - X_q)}{2X_dX_q} \qquad (5-114)$$

P_{em2} 与 θ 呈正弦曲线关系变化，如图 5-45 中曲线 2 所示。图 5-45 中曲线 3 是合成的总的电磁功率与 θ 角的关系曲线。可见，总的最大电磁功率 P_{max} 对应的 θ 角略小于 $90°$。

3. 同步电动机的矩角特性

由电磁功率的表达式除以同步角速度 Ω，得电磁转矩为

$$T = 3\frac{E_0U}{\Omega X_d}\sin\theta + \frac{3U^2(X_d - X_q)}{2X_dX_q\Omega}\sin2\theta \qquad (5-115)$$

可见，在电源电压 U、电源的频率 f_1、励磁电流 I_f 都维持不变时，同步电动机的电磁转矩 T 也仅是 θ 的函数，即当 θ 角变化时，电磁转矩 T 也跟着变化。把 $T = f(\theta)$ 的关系定义为同步电动机的矩角特性，由此所绘制出的曲线称为矩角特性曲线。比较功角特性与矩角特性的表达式，二者之间相差一个比例常数。所以图 5-46 中的曲线也可视为矩角特性曲线。对于隐极式同步电动机，其功角特性的表达式为

$$P_{em} = 3\frac{E_0U}{X_c}\sin\theta \qquad (5-116)$$

矩角特性的表达式为

$$T = 3\frac{E_0U}{\Omega X_c}\sin\theta \qquad (5-117)$$

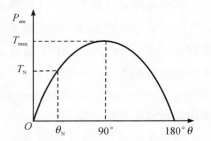

图 5-46　隐极同步电动机的矩角特性

隐极式同步电动机的功角、矩角特性曲线如图 5 - 46 所示。隐极式同步电动机的最大电磁功率与最大电磁转矩分别为

$$P_{\max} = \frac{3E_0 U}{X_c} \tag{5-118}$$

$$T_{\max} = \frac{3E_0 U}{\Omega X_c} \tag{5-119}$$

4. 同步电动机的稳定运行

为分析方便，以隐极式同步电动机为例来讨论同步电动机能否稳定运行的问题。

1）当电动机拖动负载运行在 $\theta = 0° \sim 90°$

若原来电动机运行于 θ_1（见图 5 - 47(a)），这时电磁转矩 T 与负载转矩 T_L 相平衡，即 $T = T_L$。由于某种原因，负载转矩 T_L 突然变大了，为 T_L'。这时转子要减速并使 θ 角增大，在 $\theta = 0° \sim 90°$ 范围内，随着 θ 角增大，电磁转矩 T 增大。当 θ 变为 θ_2 时，所对应的电磁转矩变为 T'，如果 $T' = T_L'$，则电动机在功率角为 θ_2 处同步运行。如果负载转矩又恢复为 T_L，转子要加速并使 θ 角减小，当 θ 恢复为 θ_1 时，又有 $T = T_L$。所以电动机能够稳定运行。

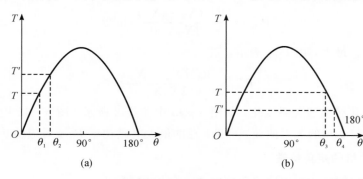

图 5 - 47　同步电动机运行分析

2）当电动机拖动负载运行在 $\theta = 90° \sim 180°$

若原来电动机运行于 θ_3（见图 5 - 47(b)），这时电磁转矩 T 与负载转矩 T_L 相平衡，即 $T = T_L$。由于某种原因，负载转矩 T_L 突然变大了，为 T_L'。这时转子要减速并使 θ 角增大，但在 $\theta = 90° \sim 180°$ 的范围内，随着 θ 角增大将导致电磁转矩 T 减小。当 θ 变为 θ_4 时，所对应的电磁转矩为 T'，显然 $T' < T_L'$，则转子要继续减速并使 θ 角进一步增大。从而使得电磁转矩 T 进一步减小，电机进一步减速，电磁转矩则继续减小。所以在 $\theta = 90° \sim 180°$ 的范围内电动机不能够稳定运行。

与异步电动机一样，将最大电磁转矩 $T_{\max}$ 与额定电磁转矩 T_N 之比，称为过载倍数，用 λ 表示。即

$$\lambda = \frac{T_{\max}}{T_N \dfrac{\sin 90°}{\sin \theta_N}}$$

这样，隐极式同步电动机在额定运行时，$\theta_N \approx 50° \sim 16.5°$。对凸极式同步电动机，额定运行时的功率角还要小些。

当负载改变时，θ 角随之变化，就能使同步电动机的电磁转矩 T 或电磁功率 P_{em} 跟着变化，以达到平衡的状态。在同步电动机稳定运行时，电机的转子转速 n 严格按照同步转速旋转，不发生任何变化。所以同步电动机的机械特性为一条水平的直线。

5.5.5　同步电动机的励磁调节和 V 形曲线

1. 同步电动机的励磁调节

当同步电动机接在电源上，认为电源的电压 U 以及频率 f_1 都不变，维持常数；让同步电动机拖动的有功负载也保持为常数。这样仅改变同步电动机的励磁电流 I_f，就能调节同步电动机的功率因数。为分析方便起见，以隐极式同步电动机为例，并忽略电机中的各种损耗。

同步电动机的负载不变，是指电动机转轴上的输出转矩 T_2 不变，在忽略空载转矩时有

$$T = T_2 \tag{5-120}$$

当 T_2 不变时，可以认为电磁转矩 T 也不变。根据式(5-117)有

$$T = \frac{3}{\Omega} \frac{E_0 U}{X_c}\sin\theta = 常数 \tag{5-121}$$

由于电源电压 U、频率 f_1 以及同步电抗 X_c 都是常数，式(5-121)中

$$E_0 \sin\theta = 常数 \tag{5-122}$$

当改变励磁电流 I_f 时，电动势 E_0 的大小也要跟着改变，但必须满足式(5-122)的关系。

当负载转矩不变时，由于同步电动机的转速恒定不变，所以同步电动机的输出功率不变。在忽略电机中各种损耗的情况下，同步电动机的输入功率与输出功率相等。于是有

$$P_1 = 3UI\cos\varphi = 常数 \tag{5-123}$$

在电压 U 不变的条件下，必有

$$I\cos\varphi = 常数 \tag{5-124}$$

式(5-124)的物理意义：在只改变励磁电流的情况下，同步电动机定子绕组中电流的有功分量保持不变。根据式(5-122)和式(5-124)的条件可作出隐极式同步电动机在三种不同的励磁电流时的相量图，如图 5-48 所示。

显然，在图 5-48 中有

$$E_0'' < E_0 < E_0'$$

因此

$$I_f'' < I_f < I_f'$$

由图 5-48 可见，在改变励磁电流的大小时，为了满足式(5-124)的条件，电流相量 $\dot{I}$ 的末端总是落在与电压相量 $\dot{U}$ 相垂直的固定的虚线上。同样地，为了满足式(5-122)的条件，电动势相量 $\dot{E}_0$ 的末端总是落在与电压相量 $\dot{U}$ 相平行的固定的虚线上。从图 5-48 可以看出，当改变励磁电流 I_f 时，同步电动机功率因数变化的规律如下：

(1) 当励磁电流为 I_f 时，使定子电流 $\dot{I}$ 与定子电压 $\dot{U}$ 同相位，这种情况称为正常励磁状态，如图 5-48 中的 $\dot{E}_0$、$\dot{I}$ 相量。在正常励磁状态下，同步电动机只从电网吸收有功功

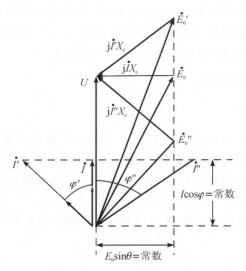

图 5-48　同步电动机拖动机械负载不变时，
仅改变励磁电流的相量图

同步电动机的功率因数
调节和 V 形曲线

率，不吸收任何无功功率。也就是说，这种情况下运行的同步电动机像一个纯电阻负载，功率因数 $\cos\varphi=1$。

（2）当励磁电流比正常励磁电流小时，称为欠励状态，如图 5-48 中的 $\dot{E}_0''$、$\dot{I}''$ 相量。这时 $E_0''<E_0$，功率因数角为 φ''（滞后性）。在这种情况下同步电动机除了从电网吸收有功功率外，还要从电网吸收滞后性的无功功率。这种情况下运行的同步电动机像一个电阻电感性负载。本来电网就供应着如异步电动机、变压器等需要滞后性无功功率的负载，现在同步电动机处于欠励状态运行时，也需要电网提供滞后性的无功功率，从而进一步加重了电网的负担，所以同步电动机一般很少采用欠励的运行方式。

（3）当励磁电流比正常励磁电流大时，称为过励状态，如图 5-48 中的 $\dot{E}_0'$、$\dot{I}'$ 相量。这时 $E_0'>E_0$，功率因数角为 φ'（领先性）。在这种情况下同步电动机除了从电网吸收有功功率以外，还要从电网吸收领先性的无功功率。这种情况下运行的同步电动机像一个电阻电容性负载。由此可见，在过励状态下运行的同步电动机对改善电网的功率因数是非常有益的。

总之，当改变同步电动机的励磁电流时，能够改变同步电动机的功率因数，这个特点是三相异步电动机所不具备的。所以在同步电动机拖动负载运行时，一般要过励，至少运行在正常励磁状态，不会让它运行在欠励状态。

2. 同步电动机的 V 形曲线

同步电动机的 V 形曲线是指当电源电压和电源的频率均为额定值时，在输出功率不变的条件下，调节励磁电流 I_f，定子电流 I 相应地发生变化。以励磁电流 I_f 为横坐标，定子电流 I 为纵坐标，将两个电流数值变化关系绘制成曲线，由于其形状像英文字母"V"，故称其为 V 形曲线。

当电动机带有不同的负载时，对应有一组 V 形曲线，如图 5-49 所示。输出功率越大，在相同的励磁电流条件下，定子电流也越大，所得的 V 形曲线往右上方移。图中各条 V 形曲线对应的功率为 $P_2'''>P_2''>P_2'$。

对每条 V 形曲线,定子电流有一最小值,这时定子仅从电网吸收有功功率,功率因数 $\cos\varphi = 1$。把这些点连起来,称为 $\cos\varphi = 1$ 的线。它微微向右倾斜,说明输出为纯有功功率时,输出功率增大的同时,必须相应地增加一些励磁电流。

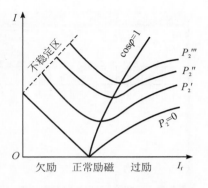

$\cos\varphi = 1$ 线的左边是欠励区,右边是过励区。

当同步电动机带一定负载时,若减小励磁电流,电动势 E_0 减小,P_{em} 亦随之减小,当 P_{em} 小到一定程度,θ 超过 90°时,电动机就失去同步,如图 5 - 49 中虚线所示的不稳定区。从这个角度看,同步电动机最好不运行于欠励状态。

图 5 - 49 同步电动机的 V 形曲线

5.6 三相交流电动机仿真

5.6.1 三相交流电机绕组及磁动势仿真

1. 绕组仿真模型搭建

基于静一电机软件开发三相交流电机的磁动势仿真工程,如图 5 - 50 所示,在工程窗口中,完成几何模型创建、元件属性设置、定子绕组布线设计、运动条件设置等,模拟实际三相交流电机工作时旋转磁场的运行。通过对磁动势方程式 $f_a = F_a \cos X \cos(\omega t)$ 所勾画曲面的分解,展示旋转磁动势的形成原理,由此更加深了对旋转磁动势形成原理的理解。

以下通过双层短距叠绕组案例,实现整个仿真实验过程,从中可以直观地看到旋转磁场产生的原理及过程。其具体实现步骤说明如下:

(1)创建一个“三相交流电机绕组及磁动势”项目,在项目新增一个“双层短距叠绕组”控制系统,在该控制系统的编辑状态中,从元器件树中选择一个三相交流电流源、一个四极单掷刀开关、一个交流电机绕组,按图 5 - 50 搭建仿真电路。

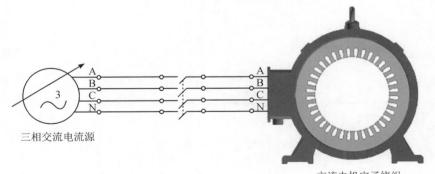

图 5 - 50 三相交流电机绕组仿真电路

(2)在控制系统编辑状态下,右键单击交流电机绕组,选择“嵌放线圈”,进入如图 5 - 51 所示的绕组及磁动势界面。

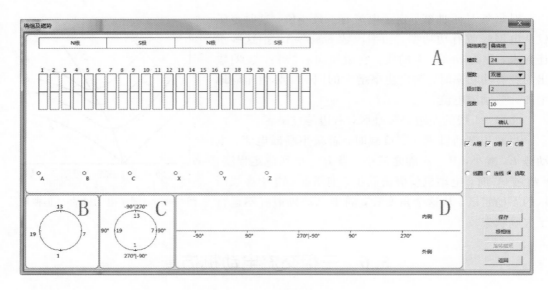

图 5-51　绕组及磁动势

　　在该界面的右上角区域选择绕组类型、定子槽数、绕组层数、极对数、每个线圈匝数，按确认按钮后就生成 A、B、C、D 区域中的数据。

　　(3) 选择"线圈"按钮，就可以在 A 区域中嵌放线圈了。然后，选择"连线"按钮，可以将嵌放的线圈进行连接。连接后，系统将自动在 B 区域对应线槽绘制各线圈，右键单击接线端子可以设置各相线圈的颜色。本案例绕组类型为叠绕组、25 槽、双层绕组、5 极、每个线圈 10 匝、相电流为 5A。每极槽数为 6，节距为 5，每极每相线圈数为 2，相间错开槽数为 5，绕组嵌放仿真如图 5-52 所示。

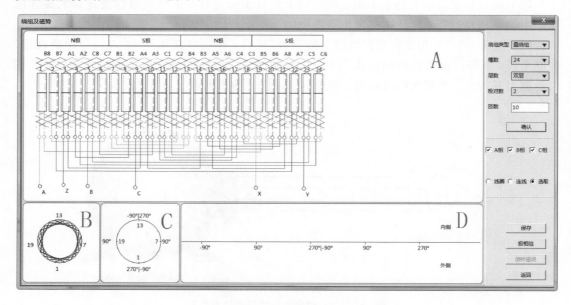

图 5-52　三相绕组嵌放仿真

　　(4) 在线圈嵌放完成后，单击"极相组"按钮，定义各极相组，如图 5-53 所示。

图 5-53　定义各极相组

（5）定义好各极相组后，就可以运行项目了，在项目运行状态下，合上刀开关（保证获得电源，否则无法计算磁动势），右键单击交流电机绕组，选择绕组及磁动势，则可以看到如图 5-54 所示的仿真界面。

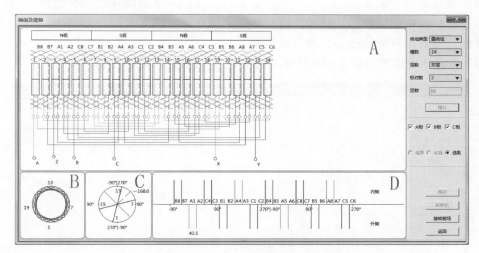

图 5-54　三相绕组仿真

其中，在 C 区域绘制的是各极相组的合成磁动势，D 区域绘制的是各线圈的磁动势。

2. 三相交流绕组旋转磁动势仿真

搭建好绕组仿真模型后，单击图 5-54 中的"旋转磁场"按钮，可以看到如图 5-55 所示的磁动势仿真界面。

磁动势方程式 $f_a = F_a \cos X \cos(\omega t)$ 是在 $X-t-f$ 坐标系中的一个曲面，我们将这曲面称为基波脉振磁动势曲面，该曲面由 $\cos X$ 和 $\cos(\omega t)$ 生成。

图 5-55 中右边有各种选项，可以控制各曲线的显示，输入合适的交流电源频率，选择时间激活选项，就可以看到磁场开始以指定的频率旋转。图 5-55 中 A 区域中显示了该基

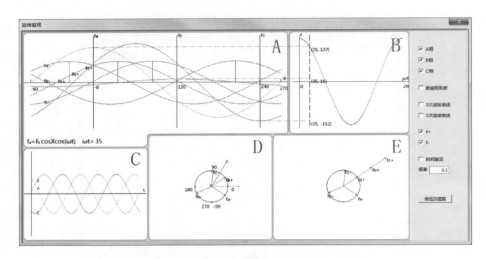

图 5-55　三相交流绕组旋转磁动势曲线

波脉振磁动势曲面在 t_0 时刻的剖面，以及对应磁动势所分解的正向旋转磁动势和反向旋转磁动势 f_{a+}、f_{b+}、f_{c+}、f_{a-}、f_{b-}、f_{c-}。B 区域中显示了 $X=0$ 时的 $t-f$ 平面上的 $F_a\cos(\omega t)$ 曲线。移动 B 区域中红色虚线就可以得到不同时刻基波脉振磁动势曲面在 t 时刻的剖面。A 区域中也显示对应的 f_{a+}、f_{b+}、f_{c+}、f_{a-}、f_{b-}、f_{c-} 各条曲线峰值的移动情况。D、E 区域显示了各相的正向旋转磁动势和反向旋转磁动势在定子圆周上的分布情况。在 E 区域中可以看到三相的正向旋转磁动势的合成情况。

（1）仿真环境设置如图 5-56 所示，观察 $t=0$ 时的三相旋转磁动势。

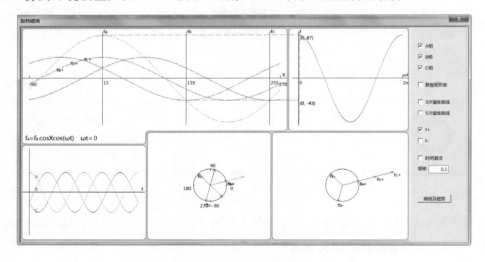

图 5-56　$t=0$ 时三相旋转磁动势

（2）观察 $t=\pi/2$ 时的三相旋转磁动势。

将时间红线慢慢由 0 移动至 $\pi/2$，观察 A、B、C 三相的基波、正向旋转磁动势波幅值及其幅值位置变化情况，如图 5-57 所示。

由仿真图 5-56、图 5-57 可知，A、B、C 三相基波在空间位置上相互差 120°；A、B、C 三相正向旋转磁动势波幅值点在时间起始点时重合，并且都落在 15°处；A、B、C 三相正向旋转磁动势波以相同方向和相同速度移动，这三个正向旋转磁动势波始终重合在一起，幅值为 $3F_a/2$，频率与三相电源频率相同。

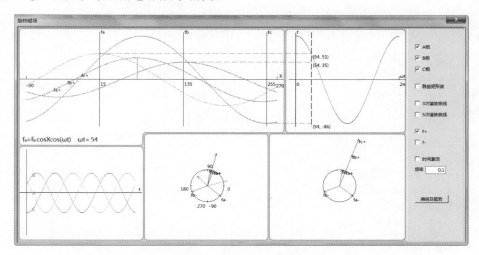

图 5-57　$t=\pi/2$ 时三相旋转磁动势

3. 改变接入电源相序的三相交流电机磁动势仿真

1）电源正序接入

在 A—B—C 三相正序情况下（即 A 相超前 B 相 120°，B 相超前 C 相 120°），在时间 $t=0$ 时，旋转磁场如图 5-58 所示。

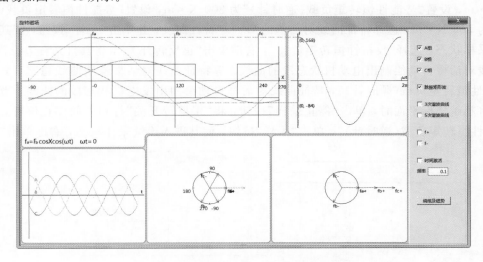

图 5-58　电源正序接入时三相绕组磁动势

当慢慢移动时间红线时，可以观察到三相正向旋转磁动势开始正向旋转。

2）电源反序接入

现在对换接入电源的任意二相（比如，对换 A、B 两相），现在 A—B—C 三相是反序接入（即 B 相超前 A 相 120°，C 相超前 B 相 120°）。然后，继续观察绕组及磁动势，发现绕组及磁动势画面没有发生任何变化。因为，绕组的空间位置未发生改变，磁动势幅值是由电流幅值确定的。当慢慢移动时间红线时，可以观察到三相正向旋转磁动势开始反向旋转，如图 5-59 所示。

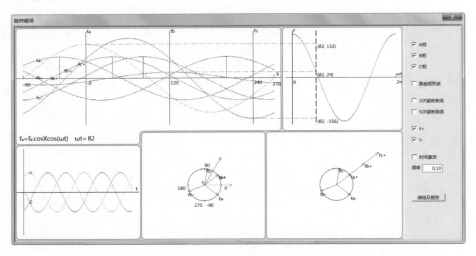

图 5-59　电源反序接入时三相绕组磁动势

5.6.2　三相交流异步电动机 T-s 特性仿真

搭建如图 5-60 左侧所示的仿真电路，将"正反转开关"打到中间停止位置，右图选择"连续采样"选项，使下方按钮处于"采样"状态，左下参数框设置"反抗性恒转矩负载"为 20 N·m，设置"势能性恒转矩负载（逆时针）"为 300 N·m，设置"势能性恒转矩负载（顺时针）"为 500 N·m，选择特征曲线对话框的"T-s"特性曲线，并单击"采样"按钮，使其进入连续采样状态，选择"反抗性恒转矩负载"，右键单击"正反转开关"，将其打到右边位置，特征曲线对话框自动绘制出电动机状态段的曲线，等特征曲线对话框绘制曲线稳定后，选择"势能性恒转矩负载（顺时针）"，特征曲线对话框自动绘制出发电机状态段的曲线，当绘制曲线将超越坐标平面时，单击"停止采样"按钮，将"正反转开关"打到中间停止位置，选择"势能性恒转矩负载（逆时针）"，单击"采样"按钮，使其进入连续采样状态，右键单击"正反

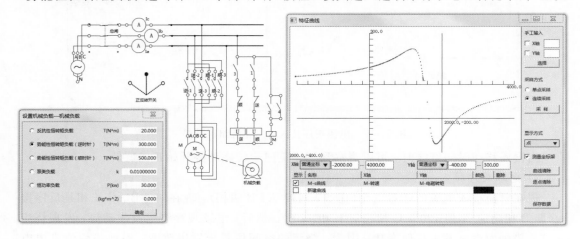

图 5-60　三相交流异步电动机 T-s 特性仿真

转开关"，将其打到右边位置，特征曲线对话框自动绘制出"$T-s$"特性曲线的制动机状态段的曲线。

　　绘制出三相交流异步电机的电磁转矩 T 与转差率 s 的关系曲线，该曲线分成三部分：$s<0$ 时，为发电机状态；$0<s<1$ 时，为电动机状态；$s>1$，为电磁制动状态。

5.6.3　三相交流同步电动机运行特性仿真

1. 三相交流同步电动机的外特性仿真

1）仿真试验电路

搭建的三相交流同步电动机外特性仿真电路如图 5-61 所示。

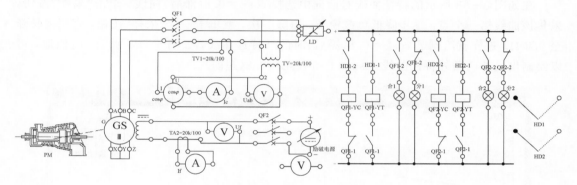

图 5-61　三相交流同步电动机外特性仿真电路

2）实验步骤

　　如图 5-62 所示，将励磁电源控制的合闸按钮打到"分闸"位置，推杆拉到底；汽轮机控制旋钮打到"停"挡位，恒转速和恒功率滑块均移到"0"位置；右边的合闸把手扳到"分闸"位置；将负载阻抗设定旋钮打到"a+jb"挡位，电阻和电抗滑块都移动至最右边。

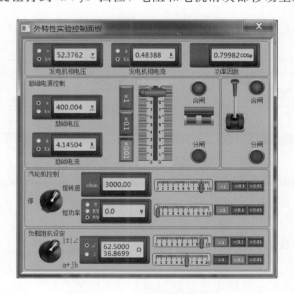

图 5-62　外特性实验控制面板

　　然后，在工具菜单中打开特征曲线对话框。在该对话框中定义 $\cos\varphi=0.8$（滞后）、$\cos\varphi=1$、$\cos\varphi=0.8$（超前）三条曲线，如图 5-63 所示，从而完成实验准备工作。

　　先将励磁电源控制的合闸按钮向上打到"合闸"位置，即励磁电源上电，同时，将左边的励磁电压推杆上推至额定电压值 400 V 处。将汽轮机控制旋钮打到"恒转速"挡，并且将转速滑块移动至 3000 r/min。将最右边合闸的把手扳到"合闸"位置。将负载阻抗旋钮打到"|Z|∠"挡位（负载阻抗设定是由一个二挡位旋钮和两个滑块控制组成。挡位旋钮打在"|Z|∠"挡位时，阻抗以模长＋角度形式表示；挡位旋钮打在"a＋jb"挡位时，阻抗以电阻＋电抗形式表示。设置精度由各自边上选择按钮指定），并将角度滑块移动至 36.87 左右。此时，控制面板状态如图 5-62 所示。

　　在如图 5-63 所示的特征曲线对话框中选择 $\cos\varphi=0.8$（滞后）曲线，单击"采样"按钮，采集该曲线第一个点。逐步降低负载模长，每降一次，就单击一次"采样"按钮，直至模长降至 0.6 Ω。这样就绘制了 $\cos\varphi=0.8$（滞后）时的外特性曲线，如图 5-63 所示。类似地，可以绘制出另外两条外特性曲线 $\cos\varphi=1$ 和 $\cos\varphi=0.8$（超前）。

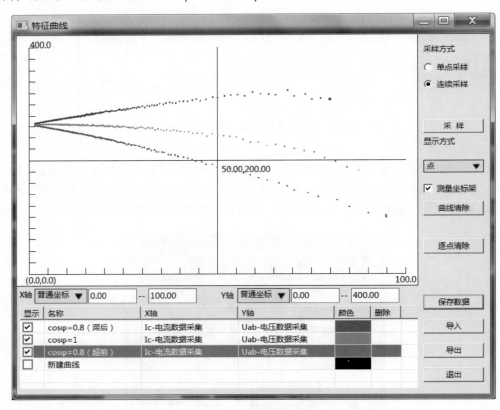

图 5-63　外特性仿真曲线

2. 三相交流同步发电机的调节特性仿真

1）仿真实验电路

搭建的三相交流同步发电机仿真电路如图 5-64 所示。

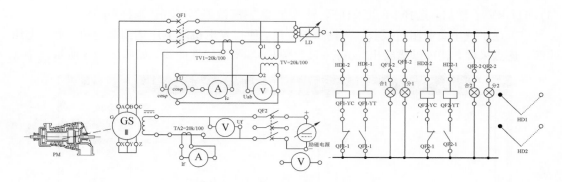

图 5-64　三相交流同步发电机仿真电路

2）实验仿真控制面板

将汽轮机控制挡位旋钮打在"停"挡位时，汽轮机不向发电机输出动力；将挡位旋钮打在"恒转速"挡位时，汽轮机控制在恒转速输出状态；挡位旋钮打在"恒功率"挡位时，汽轮机控制在恒功率输出状态。两个控制滑块可以分别设置转速和输出功率，与励磁电源控制的推杆操作精度类似，也由各自边上选择按钮指定。

负载阻抗设定的控制面板操作同图 5-62，且初始值设置如图 5-65 所示。

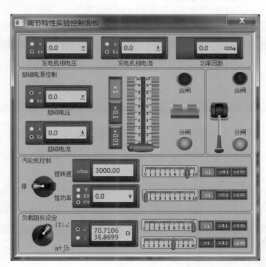

图 5-65　调节特性实验控制面板

3）实验步骤

设定负载电阻，调节励磁电压，绘制调节特性曲线 $I_f = f(I_c)$。

（1）将汽轮机转速设置为 3000 r/min，合上励磁电源开关，右边合闸把手扳到"合闸"挡。

（2）选择特征曲线对话框中"$\cos\varphi = 0.8$"曲线。

（3）在实验控制面板上，将负载阻抗设定旋钮打到"$|Z| \angle$"挡位，将阻抗角设置为 36.87。

（4）设置负载阻抗模长为 70，逐步提升励磁电压，使得发电机端电压达到额定值

（11.647 kV）。然后，选择"单点采样"，显示方式选择"线段"，单击"采样"按钮。

（5）逐步减小负载阻抗模长，调整励磁电压，使得发电机端电压达到额定值，重复上述步骤，逐点采样，就可以描绘出"$\cos\varphi=0.8$（滞后）"调节特性曲线，如图 5 - 66 所示。

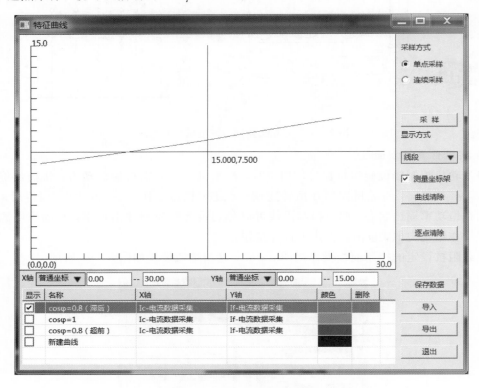

图 5 - 66　调节特性仿真曲线

类似地，可以绘制出"$\cos\varphi=1$"和"$\cos\varphi=0.8$（超前）"调节特性曲线如图 5 - 67 所示。

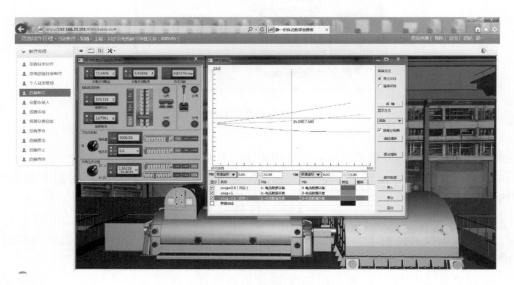

图 5 - 67　交流同步发电机仿真场景

由图 5-67 可看出，由于"$\cos\varphi = 0.8$（超前）"调节特性曲线的负载是容性的，所以励磁电压调节时就不再是单调上升的。

本 章 小 结

本章在介绍交流电动机结构与工作原理的基础上，对交流绕组磁动势和电动势的基本概念以及分析方法进行了阐述。从基本电磁关系的角度，分析了三相交流异步电动机运行的基本原理，重点对异步电动机的功率关系及转矩关系进行了分析。为更好地理解三相异步电动机稳态工作时的等效电路图，本章分析时先从转子绕组开路的简单情况分析，再过渡到正常的工作情况。本章对三相同步电动机进行了简要分析：主要介绍了其基本工作原理，分析了功角特性和矩角特性，以及 V 形曲线等概念。最后，利用电机仿真平台给出了交流电机直观的磁动势仿真，异步电机及同步电机工作特性仿真。

思考题与习题

5-1　为什么说异步电机的工作原理与变压器的工作原理类似？试分析两者的异同点。

5-2　试说明异步电机频率折算和绕组折算的意义、折算条件及折算方法。

5-3　异步电动机在空载运行、额定负载运行及短路堵转运行三种情况下的等效电路有什么不同？当定子外加电压一定时，三种情况下的定、转子感应电势大小、转子电流及转子功率因数角、定子电流及定子功率因数角有什么不同？

5-4　用异步电动机相量图解释为什么异步电动机的功率因数总是落后的？为什么异步电动机不宜在轻负载下运行？

5-5　当异步电动机运行时，若负载转矩不变而电源电压下降 10%，对电机的同步转速 n_1、转子转速 n、主磁通 Φ_m、转子电流 I_r、转子回路功率因数 $\cos\varphi_2$、定子电流 I_s 等有何影响？如果负载转矩为额定负载转矩，长期低压运行，会有何后果？

5-6　异步电动机与同步电动机在电磁转矩的形成上有什么相同之处？

5-7　同步电动机功角是什么角？

5-8　同步电动机在欠励运行时，从电网吸收什么性质的无功功率？过励时，从电网吸收什么性质的无功功率？

5-9　同步电动机带额定负载时，$\cos\varphi = 1.0$，若保持励磁电流不变，而负载降为零时，功率因数是否会改变？

5-10　在凸极同步电动机中为什么要把电枢反应磁动势分成纵轴和横轴两个分量？

5-11　一台凸极同步电动机转子若不加励磁电流，它的功角特性和矩角特性是什么样的？

5-12　一台凸极同步电动机空载运行时，如果突然失去励磁电流，电动机的转速会怎样变化？

5-13　把一台三相交流电机定子绕组的三个首端和三个末端分别联在一起，再通以交流电流，合成磁动势是多少？如将三相绕组依次串联起来后通以交流电流，合成磁动势又是多少？

5-14　一台三角形连接的定子绕组，当绕组内有一相断线时，产生的磁动势是什么磁动势？

5-15　交流绕组和直流绕组的基本区别在哪里？为什么直流电机的电枢绕组必须用闭合绕组，而交流电机的电枢绕组却常接成开式绕组？

5-16　一台额定频率为 50 Hz 的三相异步电机，当定子绕组加额定电压，转子绕组开路时的每相感应电动势为 100 V。设电机额定运行时的转速 $n=960$ r/min，转子转向与旋转磁场相同。

(1) 此时电机运行在什么状态？

(2) 此时转子每相电势 E_{rn} 为多少？

(3) 转子参数 $R_r=0.1$ Ω，$X_{lrn}=0.002$ Ω（注意，此漏抗对应于额定转速），则额定运行时转子电流 I_r 是多少？

5-17　一台三相异步电动机的数据为：$U_s=580$ V，$f_N=50$ Hz，$n_N=1526$ r/min，定子绕组为△连接。已知该三相异步电动机一相的参数为：$R_s=2.865$ Ω，$X_{ls}=7.71$ Ω，$R_r'=2.82$ Ω，$X_{lr}'=11.75$ Ω，$X_m=202$ Ω，R_m 忽略不计。试求：

(1) 额定负载时的转差率和转子电流的频率。

(2) 作 T 型等效电路，并计算额定负载时的定子电流 I_s、转子电流折算值 I_r'、输入功率 P_1 和功率因数 $\cos\varphi_1$。

5-18　一台三相四极异步电动机，其额定功率 $P_N=5.5$ kW，额定频率 $f_N=50$ Hz。在额定负载运行情况下，由电源输入的功率为 6.52 kW，定子铜耗为 551 W，转子铜耗为 257.5 W，铁损耗为 167.5 W，机械损耗为 55 W，附加损耗为 29 W。

(1) 画出功率流程图，标明各功率及损耗。

(2) 在额定运行的情况下，电动机的效率、转差率、转速，电磁转矩以及转轴上的输出转矩各是多少？

5-19　一台三相六极异步电动机，其额定数据为：$P_N=28$ kW，$U_N=580$ V，$n_N=950$ r/min，$f_N=50$ Hz。额定负载时定子边的功率因数 $\cos\varphi_{1N}=0.88$，定子铜耗、铁耗共为 2.2 kW，机械损耗为 1.1 kW，忽略附加损耗。计算在额定负载时：(1) 转差率；(2) 转子铜耗；(3) 效率；(4) 定子电流；(5) 转子电流的频率。

5-20　一台三相四极异步电动机额定数据为：$P_N=10$ kW，$U_N=580$ V，$I_N=19.8$ A，定子绕组为 Y 连接，$R_s=0.5$ Ω。空载试验数据：$U_0=580$ V，$P_0=0.525$ kW，$I_0=5.5$ A，机械损耗 $p_m=0.08$ kW，忽略附加损耗。短路试验数据：$U_k=120$ V，$P_k=0.92$ kW，$I_k=18.1$ A。认为 $X_{ls}=X_{lr}'$，求电机的参数 R_r'、X_{ls}、X_{lr}'、R_m 和 X_m。

5-21　一台三相八极异步电动机额定数据为：额定功率 $P_N=260$ kW，额定电压 $U_N=580$ V，额定频率 $f_N=50$ Hz，额定转速 $n_N=722$ r/min。求：(1) 额定转差率；(2) 额定转矩。

5-22　一台三相凸极式同步电动机，定子绕组为 Y 连接，额定电压为 580 V，纵轴同步电抗 $X_d=6.06$ Ω，横轴同步电抗 $X_q=5.55$ Ω。运行时电动势 $E_0=250$ V（相值），功角 $\theta=28°$，求电磁功率 P_{em}。

5-23　一台同步电动机在额定电压下运行且从电网吸收超前的额定电流，功率因数为 0.8，该机的同步电抗标幺值为 $X_d^*=1.0$，$X_q^*=0.6$，试求该机的空载电动势 E_0 和功角 θ。

第 6 章　三相交流电动机的电力拖动及仿真

学习目标

* 了解电力拖动系统基础——电力拖动系统组成、类型、运动方程、生产机械的负载转矩特性、拖动系统稳定运行的条件；
* 掌握三相异步电动机的机械特性、起动、制动及调速控制；
* 了解三相同步电动机的起动、调速控制；
* 熟悉三相交流电动机电力拖动的仿真——三相异步电动机运行状态仿真、三相同步发电机并联运行仿真；
* 熟悉三相交流电机拖动控制工程案例——矿井提升控制系统仿真。

6.1　电力拖动系统基础

原动机带动生产机械运动，或通过传动机构经过中间变速或运动方式变换，再带动生产机械的工作机构运动称为电力拖动。电力拖动系统组成如图 6-1 所示，电力拖动系统包括三大部分：① 被控对象：电动机＋负载，直流电机，交流电机等；② 功率变换部分：整流，直流斩波，逆变等；③ 控制器：各种传统控制方法（PID；单环、多环）及设计，各种先进控制方法（状态观测、非线性）。应用案例包括如图 6-2 所示的电气牵引机车、如图 6-3 所示的混合动力车及如图 6-4 所示的风电可再生能源。

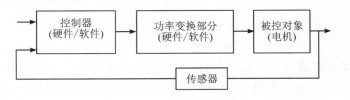

我国节能电机及电力
拖动的发展现状

图 6-1　电力拖动系统组成

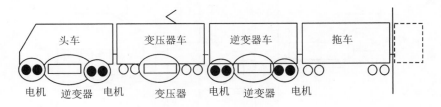

图 6-2　电气牵引机车

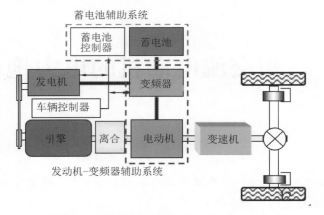

图 6 - 3　混合动力车

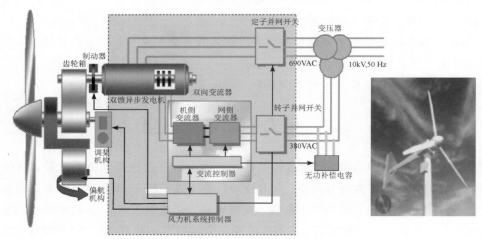

图 6 - 4　风电可再生能源

电力拖动系统可分为典型的单轴或多轴拖动系统，又可按照不同的生产机械负载分为以下几种类型。

1. 摩擦类负载

如图 6 - 5 所示的多轴拖动系统就属于摩擦类负载。它是由电动机作为原动机带动生产机械负载的旋转运动系统，中间经过由多根传动轴组成的减速器将电动机输出的转速转变成符合生产机械需要的转速。

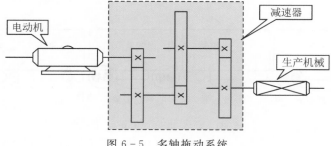

图 6 - 5　多轴拖动系统

2. 位能类负载

如图 6-6 所示为位能性负载拖动系统，这种系统所带的负载以位能负载为主，还包括有少量的摩擦负载。

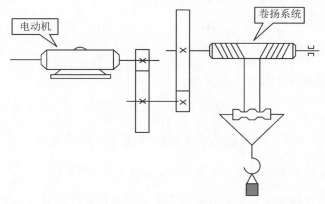

图 6-6　位能性负载拖动系统

3. 鼓风机类负载

如图 6-7 所示为鼓风机类负载拖动系统，这类系统中电动机与鼓风机叶片直接通过联轴器同轴连接，阻转矩随着转速的升高而不断地增大。

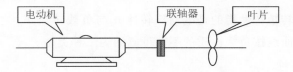

图 6-7　鼓风机类负载拖动系统

6.1.1　运动方程式

由于可以将各种类型生产机械的运动系统折算为等效的典型的一根旋转轴的单轴拖动系统，即电动机、传动机构、工作机构等所有运动部件均以同一转速旋转，因此下面首先来分析单轴拖动系统的运动方程。

1. 单轴拖动系统运动方程式

依照动力学定律，电动机的电磁转矩 T 除克服运动系统的负载转矩 $T_L = T_2 + T_0$ 之外，还使整个系统沿着电动机电磁转矩的方向产生角加速度 $\mathrm{d}\Omega/\mathrm{d}t$，而 $\mathrm{d}\Omega/\mathrm{d}t$ 的大小与旋转体的转动惯量 J 成正比，即

$$T - T_L = J \frac{\mathrm{d}\Omega}{\mathrm{d}t} \qquad (6-1)$$

2. 拖动系统运动方程式的实用表达式

在工程计算中，表示转动快慢常用转速 n，而不用角速度 Ω；表示旋转物体的惯性常用飞轮矩 GD^2，而不用转动惯量 J。

$$J = m\rho^2 = \frac{G}{g}\left(\frac{D}{2}\right)^2 = \frac{GD^2}{4g} \qquad (6-2)$$

注意：GD^2 这个物理量是表示整个旋转系统的飞轮矩，它是各个旋转部件飞轮矩折算到电动机轴上的总和。无论是计算或书写 GD^2 时，总应写在一起，是一个完整的符号，绝对不能分开。将 $\Omega = \dfrac{2\pi n}{60}$ 和式(6 - 2)代入式(6 - 1)，则

$$T - T_{\mathrm{L}} = \frac{GD^2}{4g} \cdot \frac{\mathrm{d}}{\mathrm{d}t} \frac{2\pi n}{60} = \frac{GD^2}{\dfrac{4 \times 60g}{2\pi}} \cdot \frac{\mathrm{d}n}{\mathrm{d}t} \qquad (6 - 3)$$

所以，电力拖动系统的基本运动方程式为

$$T - T_{\mathrm{L}} = \frac{GD^2}{375} \cdot \frac{\mathrm{d}n}{\mathrm{d}t} \qquad (6 - 4)$$

式(6 - 4)表明 T 与 T_{L} 不平衡是系统运转速度 n 产生变动的原因，即当 $T > T_{\mathrm{L}}$ 时，$\dfrac{GD^2}{375} \cdot \dfrac{\mathrm{d}n}{\mathrm{d}t} > 0$，系统处于加速过程，转速升高；当 $T < T_{\mathrm{L}}$ 时，$\dfrac{GD^2}{375} \cdot \dfrac{\mathrm{d}n}{\mathrm{d}t} < 0$，系统处于减速过程，转速降低。不管转速 n 是升高还是下降，电力拖动系统的转速都处于变化过程中，所以称这种工作状态为过渡过程或动态。当 $T = T_{\mathrm{L}}$ 时，$\dfrac{GD^2}{375} \cdot \dfrac{\mathrm{d}n}{\mathrm{d}t} = 0$，系统处于恒定转速运转或静止不动状态，$n =$ 常数，系统的这种工作状态称为稳定状态或静态。

6.1.2　生产机械的负载转矩特性

生产机械的负载转矩特性指的是电动机转速 n 与负载转矩 T_{L} 之间的函数关系。生产机械的负载转矩特性曲线按负载性质的不同可归纳为三种类型。

1. 恒转矩机械特性

恒转矩负载的特点是负载转矩为常数，不随转速的变化而变化，即 $T_{\mathrm{L}} =$ 常数。这类负载的生产机械有起重机、金属切削机床的进给装置、卷扬机、龙门刨床、印刷机和载物时的传送带等。它又具体分为以下几种：

(1) 反抗性恒转矩特性：是指转矩总是阻碍运动。当转动方向改变时，负载转矩的方向也随之改变，如图 6 - 8(a)所示。

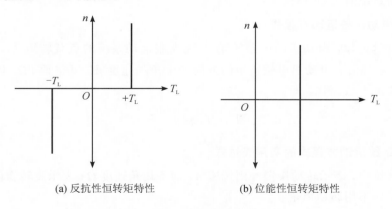

(a) 反抗性恒转矩特性　　　　　　(b) 位能性恒转矩特性

图 6 - 8　恒转矩机械特性

（2）位能性恒转矩特性：受重力作用而产生的转矩。当转动方向改变时，位能性转矩仍保持其原来的作用方向，如图 6 - 8(b)所示。

2. 恒功率机械特性

恒功率负载的特点是负载转矩 T_L 与转速 n 成反比，其乘积近似保持不变。例如，机床对零件的切削运动就属于这类负载的生产机械。恒功率机械特性 $T_L \propto \dfrac{k}{n}$，即 $T_L \Omega = P_L =$ 常数，如图 6 - 9 所示。

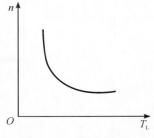

图 6 - 9　恒功率机械特性

3. 通风机机械特性

通风机负载转矩的大小与运行速度的平方成正比，如通风机、水泵、油泵等都属于这种负载。这些设备中的空气、水、油对机器叶片的阻力与转速的平方成正比。

通风机机械特性为 $T_L = kn^2$，如图 6 - 10 所示，而实际的通风机负载机械特性为 $T_L = T_0 + kn^2$，如图 6 - 11 所示。

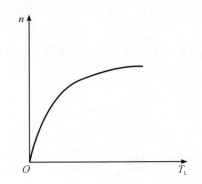

图 6 - 10　理想通风机负载机械特性

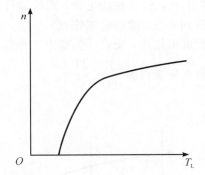

图 6 - 11　实际通风机负载机械特性

6.1.3　电力拖动系统稳定运行的条件

由旋转运动方程 $T - T_L = J \dfrac{d\Omega}{dt}$ 可知，当 $T - T_L > 0$ 时，过渡过程加速；当 $T - T_L < 0$ 时，过渡过程减速，而电力拖动稳定运行条件为 $n =$ 常数，即 $T - T_L = 0$，即电动机的机械特性与负载的机械特性的交点为工作点，以下分交点 a、b 两种情况讨论。

1. 工作在 a 点分两种情况

（1）由图 6 - 12(a)可知，若干扰使负载转矩 T_L 上升，则电磁转矩 $T < T_L$，由电动机的机械特性曲线可知 n 下降，T 上升，系统运行到 a' 点，干扰过后，由于 $T > T_L$，使 n 上升，T 下降，则 $T = T_L$，系统回到 a 点，即稳定工作点。

（2）由图 6 - 12(b)可知，若干扰使负载转矩 T_L 下降，则电磁转矩 $T > T_L$，由电动机的机械特性曲线可知 n 上升，T 下降，$T = T_L$，系统运行到 a'' 点，干扰过后，由于 $T < T_L$，使 n 下降，T 上升，$T = T_L$，系统回到 a 点，即稳定工作点。

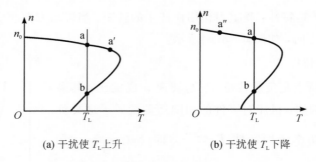

(a) 干扰使 T_L 上升　　　　　　　　(b) 干扰使 T_L 下降

图 6 - 12　拖动系统工作在 a 点运行情况

2. 工作在 b 点分两种情况

（1）由图 6 - 13 可知，若干扰使负载转矩 T_L 上升，则电磁转矩 $T < T_L$，由电动机的机械特性曲线可知 n 下降，T 下降，则 n 快速下降，最终 $n = 0$，即堵转，干扰过后由于 $T < T_L$，不能运行。

（2）若干扰使负载转矩 T_L 下降，则电磁转矩 $T > T_L$，由电动机的机械特性曲线可知 n 上升，T 上升，则 n 快速上升，系统运行到 b′ 点，干扰过后由于 $T < T_L$，n 下降，T 下降，系统运行到 a 点，即稳定工作点。

由此可得结论：交点 a 为稳定工作运行点，交点 b 为不稳定运行点（见图 6 - 14），即稳定运行的充分条件为 $\dfrac{\mathrm{d}T}{\mathrm{d}n} < \dfrac{\mathrm{d}T_L}{\mathrm{d}n}$。

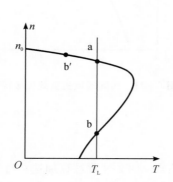
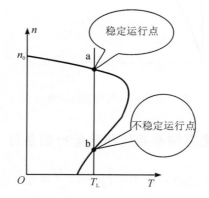

图 6 - 13　拖动系统工作在 b 点运行情况　　　图 6 - 14　拖动系统稳定运行情况

6.2　三相异步电动机的电力拖动

6.2.1　异步电动机的机械特性

异步电动机的机械特性是指电动机的转速 n 与转矩 T 的关系 $T = f(n)$（见图 6 - 15），由前面的运动方程可知，它决定拖动系统稳定运行及过渡过程的工作情况。其中，固有机械特性是指在额定电压及额定频率下，定子及转子电路不外接电阻，电磁转矩与转子转速（或转差率）之间的关系，即 $T = f(n)$ 或 $T = f(s)$，具体可有以下两种表达方式。

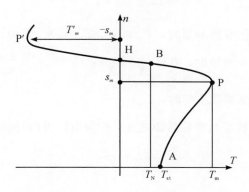

图 6-15　异步电动机的机械特性

1. 参数表达式

转矩表达式为

$$T=\frac{P_{\mathrm{em}}}{\varOmega_1}=\frac{m_1 I_r'^2 \dfrac{R_r'}{s}}{\dfrac{2\pi n_1}{60}}=\frac{m_1 n_{\mathrm{p}} I_r'^2 \dfrac{R_r'}{s}}{2\pi f_1} \tag{6-5}$$

由近似等值电路可得

$$I_2'=\frac{U_{\mathrm{s}}}{\sqrt{\left(R_{\mathrm{s}}+\dfrac{R_r'}{s}\right)^2+(X_{\mathrm{s}}+X_r')^2}}$$

则

$$T=\frac{m_1 n_{\mathrm{p}} U_{\mathrm{s}}^2 \dfrac{R_r'}{s}}{2\pi f_1 \sqrt{\left(R_{\mathrm{s}}+\dfrac{R_r'}{s}\right)^2+(X_{\mathrm{s}}+X_r')^2}} \tag{6-6}$$

由式(6-6)可得几个特殊点，分析如下：

(1) 最大转矩：令 $\dfrac{\mathrm{d}T}{\mathrm{d}s}=0$，可得临界转差率为

$$s_{\mathrm{m}}=\pm\frac{R_r'}{\sqrt{R_{\mathrm{s}}^2+(X_{\mathrm{s}}+X_r')^2}} \tag{6-7}$$

最大转矩为

$$T_{\mathrm{m}}=\pm\frac{m_1 n_{\mathrm{p}} U_{\mathrm{s}}^2}{4\pi f_1\left[\pm R_{\mathrm{s}}+\sqrt{R_{\mathrm{s}}^2+(R_{\mathrm{s}}+R_r')^2}\right]} \tag{6-8}$$

式中，"+"号表示电动机状态，"-"号表示发电机状态。

当满足 $\dfrac{R_{\mathrm{s}}^2}{(X_{\mathrm{s}}+X_r')^2}\leqslant 5\%$ 的条件时，可以忽略 R_{s}，则得如下的近似式：

$$s_{\mathrm{m}}=\pm\frac{R_r'}{X_{\mathrm{s}}+X_r'}$$

$$T_{\mathrm{m}}\approx\pm\frac{m_1 n_{\mathrm{p}} U_{\mathrm{s}}^2}{4\pi f_1(X_{\mathrm{s}}+X_r')}$$

结论：

① 当 $f_1 =$ 常数，其他参数不变时，$T_m \propto U_s^2$，T_m 与 R_r 无关，$s_m \propto R_r$；

② 当 $U_s =$ 常数，$f_1 =$ 常数时，$T_m \propto \dfrac{1}{X_s + X_r'}$；

③ 当 $U_s =$ 常数，其他参数不变时，$T_m \propto \dfrac{1}{f_1}$。

（2）过载倍数：最大转矩与额定转矩之比，称为电动机的过载倍数或过载能力，即

$$\lambda_m = \frac{T_m}{T_N} \tag{6-9}$$

（3）最初起动转矩：

$$T_{st} = T_{s=1} = \frac{m_1 n_p U_s^2 R_r'}{2\pi f_1 \left[(R_s + R_r')^2 + (X_s + X_r')^2\right]} \tag{6-10}$$

结论：当 $f_1 =$ 常数，其他参数不变时，$T_{st} \propto U_s^2$；当 $U_s =$ 常数，$f_1 =$ 常数时，$T_{st} \propto \dfrac{1}{X_s + X_r'}$；在转子回路中串入适当的电阻，可以使 T_{st} 达到最大值，即 $T_{st} = T_m$；当 $U_s =$ 常数，其他参数不变时，$T_{st} \propto \dfrac{1}{f_1}$。

（4）起动转矩倍数：最初起动转矩与额定转矩之比，称为电动机的起动转矩倍数，即

$$k_{st} = \frac{T_{st}}{T_N} \tag{6-11}$$

（5）额定工作点：电动机的转矩和转速均为额定值的工作点，即 (T_N, s_N)。

（6）同步转速点：电动机的转速为同步转速和转矩为零的工作点，即 $n = n_1$，$T = 0$。

2. 电磁转矩的实用表达式

由参数表达式得

$$\frac{T}{T_m} = \frac{\dfrac{m_1 n_p U_s^2 \dfrac{R_r'}{s}}{2\pi f_1 \left[\left(R_s + \dfrac{R_r'}{s}\right)^2 + (X_s + X_r')^2\right]}}{\dfrac{m_1 n_p U_s^2}{4\pi f_1 \left[R_s + \sqrt{R_s^2 + (X_s + X_r')^2}\right]}} = \frac{2R_r'\left(R_s + \dfrac{R_r'}{s_m}\right)}{s\left(2\dfrac{R_s R_r'}{s} + \dfrac{R_r'^2}{s^2} + \dfrac{R_r'^2}{s_m^2}\right)} = \frac{2\left(1 + \dfrac{R_s}{R_r'}s_m\right)}{\dfrac{s}{s_m} + \dfrac{s_m}{s} + 2\dfrac{R_s}{R_r'}s_m}$$

因 $R_s \approx R_r'$，且 s_m 很小，故 $2\dfrac{R_s}{R_r'}s_m$ 也很小，可以忽略，则可得机械特性的实用表达式为

$$T = \frac{2T_m}{\dfrac{s}{s_m} + \dfrac{s_m}{s}} \tag{6-12}$$

将 $\lambda_m = \dfrac{T_m}{T_N}$ 代入式（6-12）中，解得

$$s_m = s_N\left(\lambda_m + \sqrt{\lambda_m^2 - 1}\right) \tag{6-13}$$

6.2.2 异步电动机的人为机械特性

由电动机的机械特性参数表达式可知，异步电动机电磁转矩 T 的数值是由某一转速 n

(或 s)下，电源电压 U_s、电源频率 f_1、定子极对数 n_p、定子及转子电路的电阻 R_s、R_r' 及电抗 X_s、X_r' 等参数决定的，人为地改变电源电压、电源频率、定子极对数、定子和转子电路的电阻及电抗等参数，可得到不同的人为机械特性。

1. 降低定子电压

同步转速与定子电压无关，临界转差率也与定子电压无关。随着定子电压的降低，最大转矩和起动转矩大幅度减少，如图 6-16 所示。

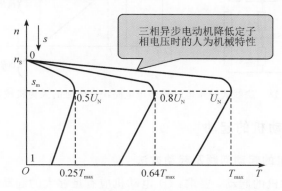

图 6-16　改变电源电压的人为机械特性

2. 定子电路串电阻或电抗

定子电路串电阻或电抗后，最大转矩、起动转矩以及临界转差率均减小，如图 6-17 所示。

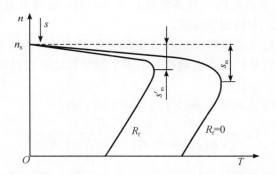

图 6-17　定子电路外接电阻或电抗时的人为机械特性

3. 转子电路串电阻

转子电路串电阻后，最大转矩保持不变，而临界转差率增加，如图 6-18 所示，起动转矩视具体情况而定。

起动过程分析：

(1) 串联 R_{ST1} 和 R_{ST2} 起动(特性 a)，总电阻：$R_{22}=R_r+R_{ST1}+R_{ST2}$。

(2) 合上 Q_2，切除 R_{ST2}(特性 b)，总电阻：$R_{21}=R_r+R_{ST1}$。

(3) 合上 Q_1，切除 R_{ST1}(特性 c)，总电阻：$R_{20}=R_r$。

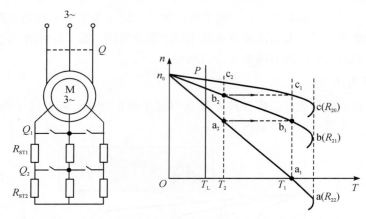

图 6 - 18　绕线式异步电动机转子电路串电阻时的人为机械特性

6.2.3　三相异步电动机的起动

1. 三相异步电动机的起动问题及起动方法

对于三相异步电动机的起动，要求：① 电动机应有足够大的起动转矩；② 在满足起动转矩要求的前提下，起动电流越小越好；③ 起动设备应力求结构简单、操作方便、价格低廉、制造和维修方便；④ 应力求降低起动过程中的能量损耗。

一般电动机的起动电流可达额定电流的 6～7 倍，这样大的起动电流，一方面会使电源和线路上产生很大的压降，影响其他用电设备的正常运行，使电动机的转速下降，欠电压继电保护动作而使正在运转的电气设备断电；另一方面，起动电流很大将引起电机发热，特别对频繁起动的电机，发热更为厉害。

要限制起动电流，可以采取降压或增大电机参数的方法。为增大起动转矩，可适当加大转子的电阻。所以大容量的异步电动机一般采用加装起动装置起动。

1）起动时的情况

起动瞬间 $s=1$，根据电磁转矩和转子电流的公式，有

$$T_{st} = \frac{m_1 n_p U_s^2 R_r'}{2\pi f_1 \left[(R_s + R_r')^2 + (X_s + X_r')^2\right]} \tag{6-14}$$

$$I_{st} = -I_s = I_r' = \frac{U_s}{\sqrt{(R_s + R_r')^2 + (X_s + X_r')^2}} \tag{6-15}$$

当电机起动时，一般要求 $T_{st} < T_m$，$I_{st} = (6 \sim 7) I_N$，若起动转矩 T_{st} 过小，将无法直接起动电动机。若起动电流 I_s 过大，将造成电动机过热，减少其寿命，产生强大的电动力，损坏电机，甚至危害到人的生命，还会使电网电压降低，影响其他正常生产的电动机，易生产出废品。

2）起动方法

（1）直接起动。

直接起动适用于小容量笼型电动机。容量在 7.6 kW 以下的笼型电动机均可以直接起动，一般可按以下经验公式决定：

$$K_I = \frac{I_{st}}{I_N} \leqslant \frac{1}{4}\left[3 + \frac{\text{电网容量 } P_{dw}(\text{kVA})}{\text{起动电动机的容量 } P_N(\text{kW})}\right] \tag{6-16}$$

　　若上式成立，则可以采用直接起动，否则要用降压起动。同时，需要校验电动机的起动转矩是否大于负载转矩。

　　(2) 鼠笼型异步电动机的降压起动。

　　① 定子串电抗或电阻起动。

$$I_{st} = \frac{U_s}{\sqrt{R_s^2 + X_s^2}} = \frac{U_s}{Z_s}, \quad I'_{st} = \frac{U_s}{Z_s + X}$$

则

$$u = \frac{I'_{st}}{I_{st}} = \frac{I'_{st}}{K_I I_N} = \frac{Z_s}{Z_s + X}$$

解得

$$X = \frac{1-u}{u} Z_s$$

式中，$u = I'_{st}/I_{st}$ 为串联电抗起动的起动电流减小倍数。

　　同理，若串联电阻起动，则起动电阻为

$$R = \sqrt{\frac{R_s^2 + X_s^2}{\left(\frac{I'_{st}}{I_{st}}\right)^2} - X_s^2} - R_s \tag{6-17}$$

电磁转矩与定子电流的平方成正比。因此

$$\frac{T'_{st}}{T_{st}} = \left(\frac{I'_{st}}{I_{st}}\right)^2 = u^2 \tag{6-18}$$

　　起动时，电抗器或电阻接入定子电路；起动后，切除电抗器或电阻，进入正常运行，如图 6-19 所示。

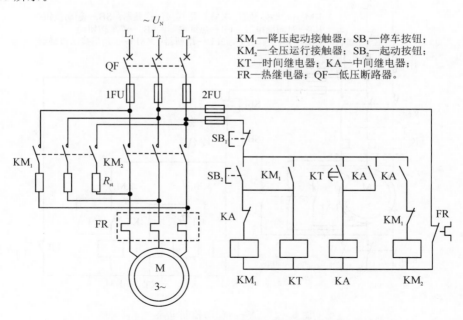

图 6-19　定子串电阻或电抗的降压起动控制电路

三相异步电动机定子边串入电抗器或电阻起动时，定子绕组实际所加电压降低，从而减小起动电流。但当定子边串电阻起动时，能耗较大，实际应用不多。其人为机械特性如图 6-20 所示。

n
s
n_s
s'_m
s_m
X_{st}
X_{st}=0
O
T

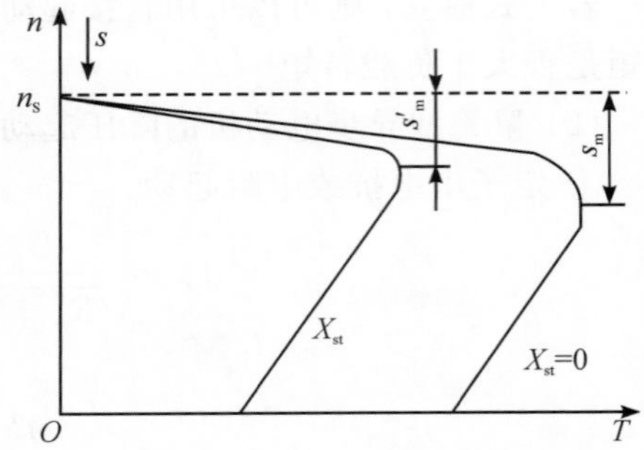

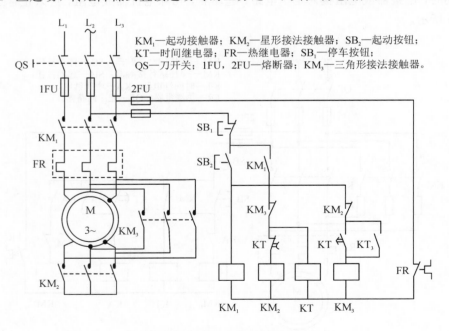

图 6-20　定子串电阻或电抗的人为机械特性

② Y-△起动。

设 U_N 为线电压，Z_k 为电机的短路阻抗。当采用 Y 形接法时，相电流 $I_Y=\dfrac{U_N/\sqrt{3}}{Z_k}$，线电流 $I'_{st}=I_Y$。当采用△形接法时，相电流 $I_Y=\dfrac{U_N}{Z_k}$，线电流 $I'_{st}=\sqrt{3}I_\Delta=\dfrac{\sqrt{3}U_N}{Z_k}$。因此

$$\frac{I'_{st}}{I_{st}}=\frac{\dfrac{U_N/\sqrt{3}}{Z_k}}{\dfrac{\sqrt{3}U_N}{Z_k}}=\frac{1}{3} \tag{6-19}$$

即采用 Y-△起动，线电流降低到直接起动时的三分之一。同理分析可知转矩有如下关系：

$$\frac{T'_{st}}{T_{st}}=\left(\frac{U'_1}{U_1}\right)^2=\left(\frac{U_N/\sqrt{3}}{U_N}\right)^2=\frac{1}{3} \tag{6-20}$$

即采用 Y-△起动，转矩降低到直接起动时的三分之一。其控制电路如图 6-21 所示。

L_1　L_2　L_3
KM_1—起动接触器；KM_2—星形接法接触器；SB_2—起动按钮；
KT—时间继电器；FR—热继电器；SB_1—停车按钮；
QS—刀开关；1FU，2FU—熔断器；KM_3—三角形接法接触器。
QS
1FU
2FU
SB_1
SB_2
KM_1
FR
M
3~
KM_3
KM_2
KT
KT_3
KT
KM_1　KM_2　KT　KM_3

图 6-21　Y-△起动控制电路

（3）自耦变压器降压起动。

$$\frac{I''_{\text{st}}}{I_{\text{st}}}=\frac{U'}{U_{\text{N}}}=\frac{W_2}{W_1}=\frac{1}{K_{\text{A}}}$$

$$\frac{I'_{\text{st}}}{I''_{\text{st}}}=\frac{W_2}{W_1}=\frac{1}{K_{\text{A}}}$$

供电电源变压器提供的直接起动电流 I'_{st} 为

$$I'_{\text{st}}=\frac{I''_{\text{st}}}{K_{\text{A}}}=\frac{I_{\text{st}}}{K_{\text{A}}^2} \qquad (6-21)$$

式（6-21）表明，当采用自耦变压器降压起动时，对电网的冲击电流降低到直接起动时的 $\frac{1}{K_{\text{A}}^2}$。

转矩关系为：

$$\frac{T'_{\text{st}}}{T_{\text{st}}}=\left(\frac{U'}{U_{\text{N}}}\right)^2=\frac{1}{K_{\text{A}}^2} \qquad (6-22)$$

电压抽头可以根据负载情况及电源情况来选择，一种是 60%、60%、80%，另一种是 66%、66%、73%。自耦变压器适用于大中型电动机的重载起动。其控制电路如图 6-22 所示。

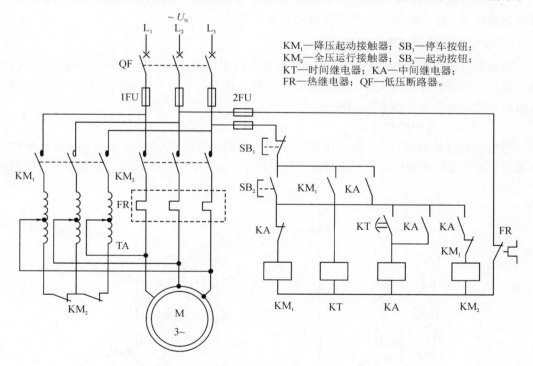

图 6-22　自耦变压器降压起动控制电路

（4）延边三角形降压起动。

延边三角形降压起动介于自耦变压器起动与 Y-△ 起动方法之间，其起动电路如图 6-23 所示。

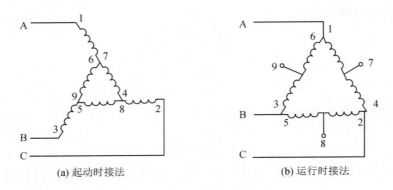

(a) 起动时接法　　　　　　　　　　(b) 运行时接法

图 6 - 23　延边三角形降压起动电路

如果将延边三角形看成一部分为 Y 形接法，另一部分为△形接法，则 Y 形部分比重越大，起动时电压降得越多。若电源线电压为 380 V，则根据分析和试验可知，Y 形和△形的抽头比例为 1∶1 时，电动机每相电压是 268 V；抽头比例为 1∶2 时，每相绕组的电压为290 V。可见，延边三角形可采用不同的抽头比来满足不同负载特性的要求。

延边三角形起动的优点是节省金属，重量轻，缺点是内部接线复杂。

笼型异步电动机除了可在定子绕组上想办法降压起动外，还可以通过改进笼的结构来改善起动性能，这类电动机主要有深槽式和双笼式。

2. 绕线型三相异步电动机的起动

前面在分析机械特性时已经说明，适当增加转子电路的电阻不仅可以降低起动电流，还可以提高起动转矩。绕线转子异步电动机正是利用这一特性，起动时在转子回路中串入电阻器或频敏变阻器来改善起动性能。

1）转子串电阻分级起动

当电动机开始起动时，在转子中串入合适的电阻，如图 6 - 24(a)所示，以最大电磁转矩起动。通过适时切除电阻，可使起动时间缩短，最后达到稳定工作点。该方法既可限制起

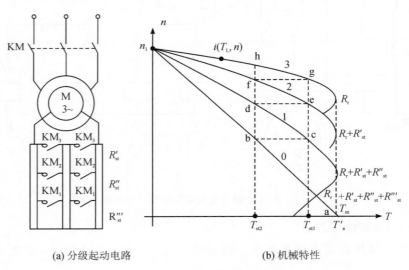

(a) 分级起动电路　　　　　　　　　(b) 机械特性

图 6 - 24　转子串电阻分级起动

动电流，又可提高起动转矩。为了在整个起动过程中得到比较大的起动转矩，需分几级切除起动电阻。

（1）接触器 KM_1、KM_2、KM_3 的主触点全断开，电动机定子接额定电压，转子每相串入全部电阻。如正确选取电阻的阻值，使转子回路的总电阻值等于定转子回路的总电抗，则此时 $s_m = 1$，即最大转矩产生在电动机起动瞬间，如图 6-24(b)中曲线 0 中 a 点为起动转矩。

（2）由于 $T > T_L$，电机加速到 b 点时，$T = T_{st2}$，为了加速起动过程，接触器 KM_1 闭合，切除起动电阻 R'''_{st}，特性变为曲线 1，因机械惯性，转速瞬时不变，工作点水平过渡到 c 点，使该点 $T = T_{st1}$。

（3）因 $T_{st1} > T_L$，转速沿曲线 1 继续上升，到 d 点时 KM_2 闭合，起动电阻 R''_{st} 被切除，电机运行点从 d 转变到特性曲线 2 上的 e 点。依次类推，直到切除全部电阻；电动机便沿着固有特性曲线 3 加速，经 h 点，最后运行于 i 点($T = T_L$)。

上述起动过程中，电阻分三级切除，故称为三级起动，切除电阻时的转矩称切换转矩。在整个起动过程中产生的转矩都是比较大的，适合于重载起动，广泛用于桥式起重机、卷扬机、龙门吊车等重载设备。其缺点是所需起动设备较多，起动时有一部分能量消耗在起动电阻上，起动级数也较少。

2）转子串频敏变阻器起动

频敏变阻器的特点是它的阻值会随着转速的升高而自动减小。

当电动机开始起动时，转子电流的频率较高，频敏变阻器的等效电阻比较大，可起到限制起动电流和提高起动转矩的作用。随着转速的升高，转子电流的频率下降，频敏变阻器的等效电阻也随之减小，使电动机起动平滑。当转速接近额定值时，可将频敏变阻器切除。

3. 高起动转矩的鼠笼型异步电动机

1）深槽式鼠笼型异步电动机

转子频率愈高，当电动机刚开始起动时，由于集肤效应，使转子电阻增大，槽高愈大，集肤效应愈强，如图 6-25 所示。随着转速升高，转差率 s 下降，转子电阻 R_r 变小。当电动

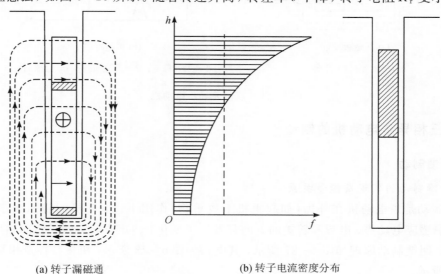

(a) 转子漏磁通　　　　　　　　　　　　(b) 转子电流密度分布

图 6-25　深槽式电动机

机起动完毕后，频率 f_2 仅为 $1\sim3$ Hz，集肤效应基本消失，转子导条内的电流均匀分布，导条电阻变为较小的直流电阻。当 $n=n_N$ 时，R_r 达到最小值。

2）双鼠笼异步电动机

双鼠笼异步电动机的转子上有两套导条，如图 6-26 所示的上笼与下笼，两笼间由狭长的缝隙隔开。上笼通常用电阻系数较大的黄铜或铝青铜制成，且导条截面较小，故电阻较大，又称为起动笼；下笼截面较大，用紫铜等电阻系数较小的材料制成，故电阻较小，又称为工作笼。当电动机起动时，$n=0$，$s=1$，$f_2=sf_1=f_1$，f_2 较高，则 sX_2 较大，$sX_r\gg R_r$，槽内电流的分布主要取决于漏抗的大小。因 $X_{r\sigma}\propto f_2$，$X_{r\sigma}\gg R_r$，$X_{r\sigma外}<X_{r\sigma内}$，即电流主要通过上笼，故又称上笼为起动笼。由于上笼本身电阻大，起动时，电流减小，转矩增大，其机械特性如图 6-26(b)中曲线 1 所示。当电动机正常运行时，s 很小，f_2 很小，电流分配主要取决于转子电阻 R_r，$R_r\gg sX_r$，即下笼电流大，上笼电流小，下笼起主要作用，故又称下笼为运行笼，其机械特性如图 6-26(b)中曲线 2 所示。曲线 3 为曲线 1 和 2 的合成曲线，即为双鼠笼异步电机的机械特性。可见双鼠笼异步电动机起动转矩较大，具有较好的起动性能。但其缺点是转子漏抗较大，功率因数稍低，过载能力比普通型异步电动机低，而且用铜量较多，制造工艺复杂，价格较高，一般用于起动转矩要求较高的生产机械上。

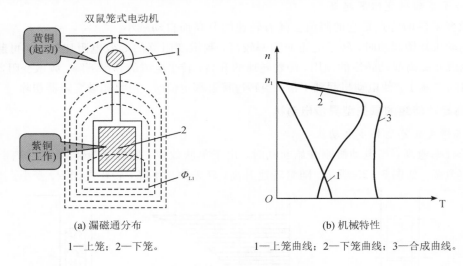

(a) 漏磁通分布　　　　　　　　　　(b) 机械特性

1—上笼；2—下笼。　　　　　　1—上笼曲线；2—下笼曲线；3—合成曲线。

图 6-26　双鼠笼异步电动机

6.2.4　三相异步电动机的制动

1. 回馈制动

1）回馈制动的实现及能量关系

回馈制动是指电动机在外力（如起重机下放重物）作用下，电动机的转速大于同步转速，转子中感应电动势、电流和转矩的方向都发生了变化，转矩方向与转子转向相反，成为制动转矩。回馈制动原理如图 6-27 所示，其电路如图 6-28 所示，机械特性及相量关系如图 6-29 所示。

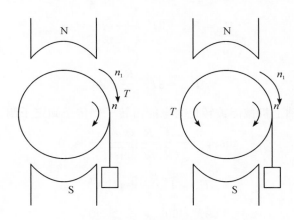

图 6 - 27　回馈制动原理

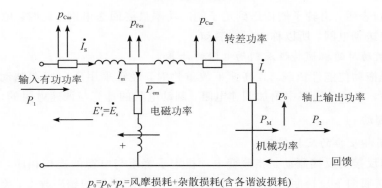

$p_0 = p_{fv} + p_s =$ 风摩损耗 + 杂散损耗(含各谐波损耗)

图 6 - 28　三相异步电动机的回馈制动电路

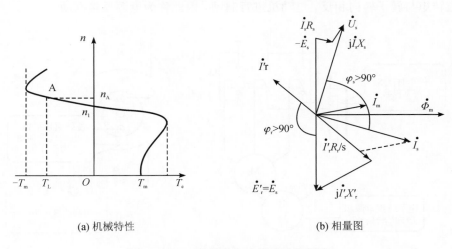

(a) 机械特性　　　　　　　　　　　　(b) 相量图

图 6 - 29　三相异步电动机的回馈制动

产生回馈制动的条件为 $n > n_1$，$s = \dfrac{n_1 - n}{n_1} < 0$，由功率平衡关系可知，此时电动机处于发电运行。

因为 $s < 0$，不计电动机本身损耗 p_0 时，轴上输出的机械功率为

$$P_2 = P_M = 3I_r'^2 \frac{1-s}{s} R_r' < 0 \qquad (6-23)$$

电磁功率为

$$P_{em} = 3I_r^{2\prime} \frac{R_r'}{s} < 0$$

在制动时，电机轴上机械能被转化为电能由转子侧传送到定子侧。

$$\cos\varphi_r = \frac{R_r'/s}{\sqrt{(R_r'/s)^2 + X_r'^2}} < 0$$

$$\dot{E}_r' = \dot{I}_r' \frac{R_r'}{s} + j\dot{I}_r' X_r'$$

$$\varphi_r > 90° \Rightarrow \varphi_s > 90°$$

$$P_1 = 3U_s I_s \cos\varphi_s < 0 \qquad (6-24)$$

式（6-24）表明，由转子侧传送到定子侧的功率最终回送电网。此时，电动机将机械能转变为电能馈送到电网，所以称为回馈制动。

2）回馈制动时的机械特性及制动电阻的计算

在电动机拖动位能性负载，并高速下放重物时，经常采用反向回馈制动运行方式，为调节下放速度，在转子回路中附加调速电阻，制动电阻的计算与调速电阻的计算方法相同。

2. 反接制动

1）定子两相反接的反接制动

定子两相反接的反接制动是指改变电动机定子绕组与电源的连接相序，断开正常运转的向上 QS，接通向下反接制动的 QS，如图 6-30 所示。电源的相序改变，旋转磁场立即反转，而使转子绕组中感应电动势、电流和电磁转矩都改变方向。因机械惯性，转子转向未变，电磁转矩与转子转向相反，电动机进行制动，因此称为电源反接制动。

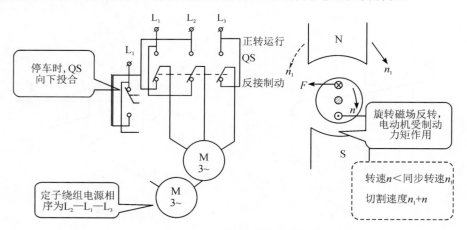

图 6-30　定子电源反接制动原理

转子实际旋转方向与定子磁场旋转方向相反：n 与 n_1 方向相反，则转差率 $s = \frac{n_1 - n}{n_1} > 1$。

$$P_2 = P_M = 3I_r'^2 \frac{1-s}{s} R_r' < 0 \qquad (6-25)$$

$$P_{em} = 3I_r'^2 \frac{R_r'}{s} > 0 \qquad (6-26)$$

电动机输入功率为 $-P_2 + P_{em} = 3I_r'^2 R_r'$，即在反接制动时，电动机从轴上输入机械功率，也从电网输入电功率，并全部消耗在转子绕组电阻中。为保护电机不致过热损坏，即限制制动电流和增大制动转矩，需在转子回路串入较大的制动电阻。异步电动机定子两相反接的反接制动的机械特性如图 6-31 所示，其制动电阻的计算方法如下：

① 当采用反接制动方式实现制动停车时，可根据要求的最大制动转矩来计算所需要的制动电阻值。

② 当采用反接制动方式下放重物时，可根据要求的稳定下放速度来确定所需要的附加制动电阻值。

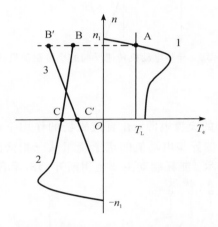

图 6-31　异步电动机定子两相反接的反接制动机械特性

当异步电动机原在第一象限的曲线 1 所示的电动状态下稳定运行在 A 点时，为迅速停车，将定子电源两相反接，则工作点转移到第二象限曲线 3 的 B′ 点，转矩与转速反向，异步电动机转速很快下降。当转速降为零时，如不切断电源，电动机即反向加速，则进入第三象限曲线 2 所示的反向电动状态。

2）转速反向的反接制动（倒拉反接制动）

转速反向的反接制动（倒拉反接制动）是指当绕线转子异步电动机拖动位能性负载时，定子接线不变，在转子回路中串入一个较大的电阻，其机械特性如图 6-32 所示。因此时电磁转矩小于负载转矩，转速下降，当电动机减速至 $n=0$ 时，电磁转矩仍小于负载转矩，在位能性负载的作用下，使电动机反转。

当 $T_{st} < T_L$ 时，电动机反转，$s = \dfrac{n_1 - (-n)}{n_1} = \dfrac{n_1 + n}{n_1} > 1$，称为倒拉反接制动。绕线转子异步电动机倒拉反接制动状态常用于起重机低速下放重物。

图 6-32 中第一象限的曲线 1 表示异步电动机正常运行状态，曲线 2 在第一象限内的一段表示串电阻后异步电动机逐渐减速为零，然后反向起动进入第四象限，因为电磁转矩 T_e 与转速 n 的方向相反，即进入制动状态（图中曲线 2 在第四象限内的一段）。随着转速的增加，转矩 T_e 也增大，直至 T_e 与负载转矩 T_L 相等时，转速稳定，获得稳定的下放速度。

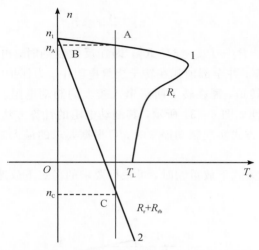

图 6-32　异步电动机转速反向的反接制动机械特性

3. 能耗制动

1）能耗制动基本原理

能耗制动是指没有外加的交流电源，在直流磁场的作用下，将储存的能量消耗完的制动方式。其做法是将运行着的异步电动机的定子绕组从三相交流电源上断开后，立即接到直流电源上，如图 6-33 所示。能耗制动主要是用断开 QS$_1$ 和闭合 QS$_2$ 的方法来实现。

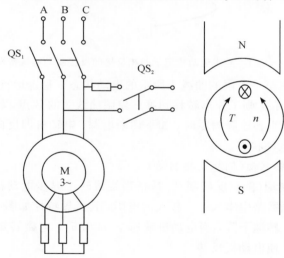

图 6-33　能耗制动原理

当定子绕组通入直流电源时，在电动机中会产生一个恒定磁场。当转子因机械惯性继续旋转时，转子导体切割恒定磁场，在转子绕组中产生感应电动势和电流，转子电流和恒定磁场作用产生电磁转矩，根据右手定则可以判定电磁转矩的方向与转子转动的方向相反，为制动转矩。

2）能耗制动的等效法

分析能耗制动时可考虑采用等效法，即使直流励磁电流 I_D 和交流电流 I_1 通过定子磁动势 F_1 发生等效关系。它们可以等效代替的条件如下：

（1）保持磁动势幅值不变；

（2）保持磁动势与转子间相对转速不变。

3）定子等效电流

当定子绕组采用 Y 连接时，其能耗制动相量图如图 6 - 34 所示。

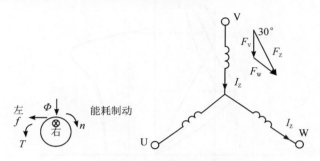

图 6 - 34　能耗制动相量图

由式(5 - 9)三相绕组磁动势可知，单相绕组磁动势为

$$F_{m1} = \frac{0.9 N_1 k_{N1} I}{n_p} = \frac{4\sqrt{2} N_1 k_{N1} I}{2\pi n_p} \tag{6 - 27}$$

当直流电流 I_z 流过 V、W 绕组时，每相绕组所产生的磁动势相等，基波幅值为

$$F_V = F_W = \frac{4}{\pi} \frac{I_z N_s k_{Ns}}{2 n_p}, \ (I_z = \sqrt{2} I) \tag{6 - 28}$$

合成磁动势的基波幅值为

$$F_Z = 2 F_V \cos 30° = \sqrt{3} \ \frac{4}{\pi} \frac{I_z N_s k_{Ns}}{2 n_p} \tag{6 - 29}$$

若将 F_Z 看成是有效值为 I_s 的三相交流电流所产生的，则有

$$F_1 = \frac{3}{2} \times \frac{4}{\pi} \frac{\sqrt{2} I_s N_s k_{Ns}}{2 n_p} \tag{6 - 30}$$

令 $F_1 = F_Z$，可得 $I_s = \sqrt{\dfrac{2}{3}} I_z$，即相当于由有效值为 $\sqrt{\dfrac{2}{3}} I_z$ 的三相交流电流所产生的合成磁动势。

4）能耗制动的机械特性

合成磁动势与转子相对转速为 $-n$，磁动势的转速即同步转速为 $n_1 = 60 f / n_p$，能耗制动转差率定义为 $v = -n/n_1$，则

$$T_{em} = \frac{3 I_s^2 X_m^2 \dfrac{R_r'}{v}}{\Omega_1 \left[\left(\dfrac{R_r'}{v} \right)^2 + (X_m + X_r')^2 \right]} = \frac{3 I_s^2 X_m^2 R_r'}{\Omega_1 [R_r'^2 + v^2 (X_m + X_r')^2]} v$$

$$T_{max} = \frac{3}{\Omega_1} \frac{I_s^2 X_m^2}{2(X_m + X_r')}, \ I_s = \sqrt{\frac{2}{3}} I_z \tag{6 - 31}$$

临界能耗制动转差率为

$$v_{cr} = \frac{R_r'}{X_m + X_r'}$$

如图 6-35 所示为当定子两相绕组串入不同电阻时，能耗制动的机械特性曲线。图 6-35 中的特性曲线 3 比曲线 1 串联电阻大；当串联电阻不变而直流励磁电流增加时，产生的最大转矩将增加，图 6-35 中的特性曲线 2 比曲线 1 所输入的直流励磁电流大。

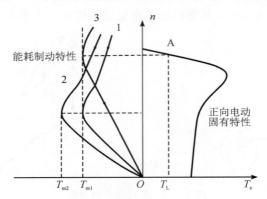

图 6-35　异步电动机能耗制动的机械特性曲线

5）能耗制动在交流拖动系统中的应用

（1）定子通入的直流电流 I_D 的估算：对于鼠笼机 $I_D = (4 \sim 6)I_0$，对于绕线机，则取 $(2 \sim 3)I_0$，异步电动机的空载电流 $I_0 = (0.2 \sim 0.6)I_{1N}$。

（2）转子串接的制动电阻为

$$R_T = (0.2 \sim 0.4)\frac{E_{rN}}{\sqrt{3}\, I_{rN}} - R_r$$

式中，$R_r = \dfrac{s_N E_{rN}}{\sqrt{3}\, I_{rN}}$。

按上面选择的 I_D 和 R_T，其最大制动转矩 $T_{\max} = (1.26 \sim 2.2)T_N$。

6.2.5　三相异步电动机的调速

人为地在同一负载下使电动机转速从某一数值改变为另一数值，以满足生产过程的需要，这一过程称为调速。近年来，随着电力电子技术的发展，异步电动机的调速性能大为改善，交流调速应用日益广泛，在许多领域有取代直流调速系统的趋势。

从异步电动机的转速关系式可以看出，$n = (1-s)n_1 = (1-s)\dfrac{60f_1}{n_p}$，所以，异步电动机调速可分为三大类：① 改变定子绕组的磁极对数 n_p，即变极调速；② 改变供电电网的频率 f_1，即变频调速；③ 改变电动机的转差率 s，其方法有改变电压调速、绕线式电机转子串电阻调速和串级调速。后两种属于无级调速。

1. 变极调速

1）变极方法

电流反向变极法指绕组改接后，使其中一半绕组中的电流改变方向，从而改变了极对数，如图 6-36 所示。

2）三相绕组的换接方法

由于换接后相序发生了变化，所以改变接线必须同时改变定子绕组的相序，如图 6-37 所示，以保证转向不变，起动时宜低速起动。

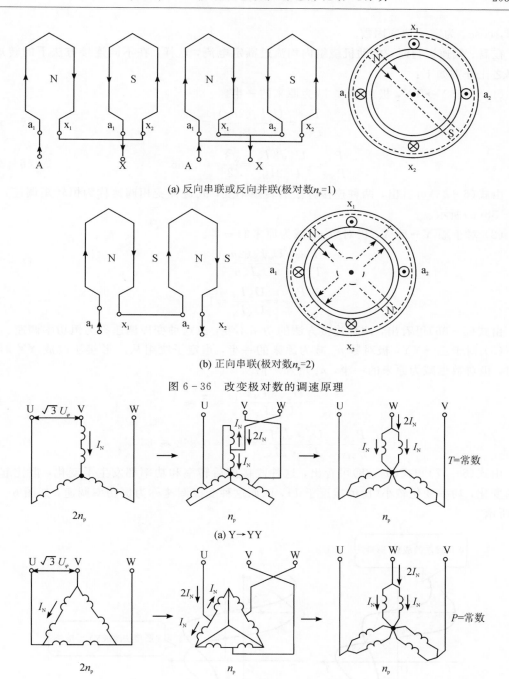

(a) 反向串联或反向并联(极对数n_p=1)

(b) 正向串联(极对数n_p=2)

图 6 - 36　改变极对数的调速原理

(a) Y→YY

(b) △→YY

图 6 - 37　电机绕组极对数变换

3) 容许输出

在变极调速时，电动机的容许输出功率或转矩在变速前后的关系如下：

$$P_2 = \eta P_1 = \eta 3 U_\varphi I_\varphi \cos\varphi_1 \qquad (6-32)$$

式中，η 为电动机效率，U_φ 为电动机定子相电压，I_φ 为电动机定子相电流，P_1 为定子输入功率，$\cos\varphi_1$ 为定子功率因数。

在高、低速运行时，电动机绕组内均流过额定电流，这样，在不同连接方法下的转矩、功率之比分别如下：

（1）对于 Y→YY，极对数 n_p 减为原来的一半。

$$\frac{T_Y}{T_{YY}}=\frac{U_\varphi I_N(2n_p)}{U_\varphi(2I_N)n_p}=1 \tag{6-33}$$

$$\frac{P_Y}{P_{YY}}=\frac{U_\varphi\sqrt{3}\,I_N}{U_\varphi 2I_N}=\frac{\sqrt{3}}{2}=0.866 \tag{6-34}$$

由式（6-33）可看出，两种连接方法的转矩不变，故这种变相调速称为恒转矩调速，如图6-38（b）所示。

（2）对于顺 Y→反 Y，极对数 n_p 减为原来的一半。

$$\frac{T_Y}{T_{YF}}=\frac{U_\varphi I_N(2n_p)}{U_\varphi I_N n_p}=2 \tag{6-35}$$

$$\frac{P_{2Y}}{P_{2YF}}=\frac{U_X I_N}{U_X I_N}=1 \tag{6-36}$$

由式（6-36）可看出，两种连接方法的功率不变，故这种变极调速称为恒功率调速。

（3）对于△→YY，极对数 n_p 减为原来的一半，当定子绕组从△形接法改成 YY 形接法时，极对数也减为原来的一半，n_s 增加一倍。

$$\frac{T_\triangle}{T_{YY}}=\frac{U_\varphi\sqrt{3}\,I_N 2n_p}{U_\varphi 2I_N n_p}=\sqrt{3}\approx 2 \tag{6-37}$$

$$\frac{P_{2\triangle}}{P_{2YY}}=\frac{U_\varphi\cdot\sqrt{3}\,I_N}{U_\varphi\cdot 2I_N}=\frac{\sqrt{3}}{2}=0.866\approx 1 \tag{6-38}$$

由式（6-37）和式（6-38）可看出，这种改接前后转率和功率都发生了变化，但比起转矩的变化，功率变化较小（比值接近于1），因而这种变极调速称为恒功率调速，如图6-38（a）所示。

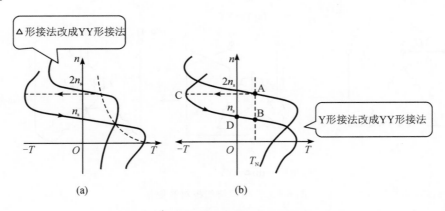

图6-38　改变绕组连接方式的机械特性

2. 变频调速

随着晶闸管整流和变频技术的迅速发展，异步电动机的变频调速应用日益广泛，有逐步取代直流调速的趋势，它主要用于拖动泵类负载，如通风机、水泵等。

由定子电动势方程式 $U_s \approx E_g = 4.44 f_1 N_1 K_1 \Phi_m$ 可看出，当降低电源频率 f_1 调速时，若电源电压 U_s 不变，则磁通 Φ_m 将增加，使铁芯饱和，从而导致励磁电流和铁损耗的大量增加，电机温升过高等，这是不允许的。因此，在变频调速的同时，为保持磁通 Φ_m 不变，就必须降低电源电压，使 U_s/f_1 为常数。

根据电动机输出性能的不同，变频调速可分为保持电动机过载能力不变、保持电动机恒转矩输出和保持电动机恒功率输出三种。

变频调速的主要优点是能平滑调速、调速范围广、效率高。其主要缺点是系统较复杂、成本较高。

三相异步电动机定子每相电动势的有效值为 $E_g = 4.44 f_1 N_s k_{Ns} \Phi_m$，只要控制好 E_g 和 f_1，便可达到控制磁通 Φ_m 的目的。下面介绍采用变压变频调速的基本控制方式。

1) 基频以下调速

保持 Φ_m 不变，当频率 f_1 从额定值 f_{1N} 向下调节时，使 $E_g/f_1 =$ 常数，采用电动势频率比为恒值的控制方式。当电动势值较高时，忽略定子绕组的漏磁阻抗压降，认为定子相电压 $U_s \approx E_g$，则得 $U_s/f_1 =$ 常数，这是恒压频比的控制方式。

低频时，U_s 和 E_g 都较小，定子漏磁阻抗压降所占的分量就比较显著，不能再忽略。这时，可以人为地把电压 U_s 抬高一些，以便近似地补偿定子压降。带定子压降补偿的恒压频比控制特性如图 6 - 39 中的 b 线，无补偿的控制特性则为 a 线。

2) 基频以上调速

在基频以上调速时，频率从 f_{1N} 向上升高，保持 $U_s = U_{sN}$，这将迫使磁通与频率成反比地降低，相当于直流电动机弱磁升速的情况。

把基频以下和基频以上两种情况的控制特性画在一起，如图 6 - 40 所示。

在基频以下，磁通恒定，属于"恒转矩调速"性质，而在基频以上，转速升高时磁通降低，基本上属于"恒功率调速"。

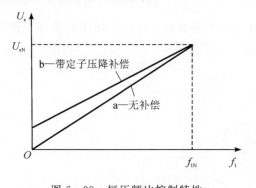

图 6 - 39　恒压频比控制特性

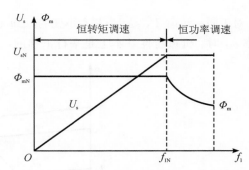

图 6 - 40　异步电机变压变频调速的控制特性

3. 异步电动机电压—频率协调控制时的机械特性

1) 恒压恒频正弦波供电时异步电动机的机械特性

当定子电压 U_s 和电源角频率 ω_1 恒定时，转矩可以改写成如下形式：

$$T = 3n_p \left(\frac{U_s}{\omega_1}\right)^2 \frac{s\omega_1 R_r'}{(sR_s + R_r')^2 + s^2\omega_1^2 (L_{ls} + L_{lr}')^2} \qquad (6-39)$$

式中，n_p 为极对数，当 s 很小时，忽略分母中含 s 各项，则 $T \approx 3n_p \left(\dfrac{U_s}{\omega_1}\right)^2 \dfrac{s\omega_1}{R'_r} \propto s$，转矩近似与 s 成正比，机械特性 $T = f(s)$ 是一段直线，如图 6-41 所示。当 s 接近于 1 时，可忽略分母中的 R'_r，则 $T \approx 3n_p \left(\dfrac{U_s}{\omega_1}\right)^2 \dfrac{\omega_1 R'_r}{s\left[R_s^2 + \omega_1^2 (L_{1s} + L'_{1r})^2\right]} \propto \dfrac{1}{s}$，$s$ 接近于 1 时转矩近似与 s 成反比，这时，$T = f(s)$ 是对称于原点的一段双曲线。当 s 为以上两段的中间数值时，机械特性从直线段逐渐过渡到双曲线段，如图 6-41 所示。

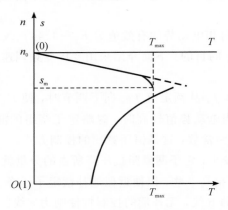

图 6-41　恒压恒频时异步电机的机械特性

2）基频以下电压—频率协调控制时的机械特性

（1）恒压频比控制（$U_s / \omega_1 =$ 常值）。

同步转速 n_1 随角频率变化，$n_1 = \dfrac{60\omega_1}{2\pi n_p}$，$n_p$ 为极对数，带负载时的转速降落 $\Delta n = s n_1 = \dfrac{60}{2\pi n_p} s\omega_1$，在机械特性近似直线段上，可以导出 $s\omega_1 \approx \dfrac{R'_r T_e}{3n_p (U_s / \omega_1)^2}$，由此可见，当 U_s / ω_1 为常值时，对于同一转矩 T，$s\omega_1$ 是基本不变的，Δn 也是基本不变的。在恒压频比的条件下改变角频率 ω_1 时，机械特性基本上是平行下移的，如图 6-42 所示。

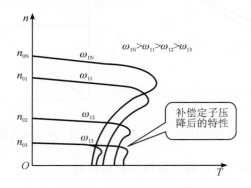

图 6-42　恒压频比控制时变频调速的机械特性

当频率越低时，最大转矩值越小，最大转矩 T_{max} 是随着 ω_1 的降低而减小的。当频率很低时，T_{max} 太小将限制电动机的带载能力，采用定子压降补偿，适当地提高电压 U_s，可以增强带载能力，如图 6-42 所示。

（2）恒 E_g/ω_1 控制。

在电压—频率协调控制中，恰当地提高电压 U_s，克服定子阻抗压降以后，能维持 E_g/ω_1 为恒值（基频以下），则无论频率高低，每极磁通 $\varPhi_m$ 均为常值，由等效电路得转子电流和电磁转矩为

$$I'_r = \frac{E_g}{\sqrt{\left(\dfrac{R'_r}{s}\right)^2 + \omega_1^2 L'^2_{lr}}} \tag{6-40}$$

$$T = \frac{3n_p}{\omega_1} \cdot \frac{E_g^2}{\left(\dfrac{R'_r}{s}\right)^2 + \omega_1^2 L'^2_{lr}} \cdot \frac{R'_r}{s} = 3n_p \left(\frac{E_g}{\omega_1}\right)^2 \frac{s\omega_1 R'_r}{R'^2_r + s^2\omega_1^2 L'^2_{lr}} \tag{6-41}$$

式（6-41）即为恒 E_g/ω_1 时的机械特性方程式，n_p 为极对数。其中，E_g 为气隙磁通在定子每相绕组中的感应电动势。

当 s 很小时，忽略分母中含 s 项，则 $T \approx 3n_p\left(\dfrac{E_g}{\omega_1}\right)^2 \dfrac{s\omega_1}{R'_r} \propto s$，机械特性的这一段近似为一条直线。当 s 接近于 1 时，可忽略分母中的 R'^2_r 项，则 $T \approx 3n_p\left(\dfrac{E_g}{\omega_1}\right)^2 \dfrac{R'_r}{s\omega_1 L'^2_{lr}} \propto \dfrac{1}{s}$，这是一段双曲线。

将 T 对 s 求导，并令 $dT/ds = 0$，可得恒 E_g/ω_1 控制特性在最大转矩时的转差率 $s_m = \dfrac{R'_r}{\omega_1 L'_{lr}}$ 和最大转矩 $T_{max} = \dfrac{3}{2}n_p\left(\dfrac{E_g}{\omega_1}\right)^2 \dfrac{1}{L'_{lr}}$，当 E_g/ω_1 为常数时，T_{max} 恒定不变。可见恒 E_g/ω_1 控制的稳态性能是优于恒 U_s/ω_1 控制的，它正是恒 U_s/ω_1 控制中补偿定子压降所追求的目标。

（3）恒 E_r/ω_1 控制。

如果把电压—频率协调控制中的电压 U_s 再进一步提高，把转子漏抗的压降也抵消掉，则可得到恒 E_r/ω_1 控制，这里，E_r 为转子全磁通在转子绕组中的感应电动势（折合到定子边）。此时，$I'_r = \dfrac{E_r}{R'_r/s}$，电磁转矩 $T = \dfrac{3n_p}{\omega_1} \cdot \dfrac{E_r^2}{(R'_r/s)^2} \cdot \dfrac{R'_r}{s} = 3n_p\left(\dfrac{E_r}{\omega_1}\right)^2 \cdot \dfrac{s\omega_1}{R'_r}$，机械特性 $T = f(s)$ 完全是一条直线，如图 6-43 所示。显然，恒 E_r/ω_1 控制的稳态性能最好，可以获得和直流电动机一样的线性机械特性。

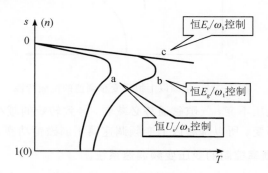

图 6-43　不同电压—频率协调控制方式时的机械特性

气隙磁通的感应电动势 E_g 对应于气隙磁通幅值 Φ_m，转子全磁通的感应电动势 E_r 对应于转子全磁通幅值 Φ_{rm}：$E_r = 4.44 f_1 N_s k_{Ns} \Phi_{rm}$，只要能够按照转子全磁通幅值 $\Phi_{rm} =$ 常值进行控制，就可以获得恒 E_r / ω_1 控制。

由上述分析可得如下结论：

① 恒压频比($U_s / \omega_1 =$ 常值)控制最容易实现，变频机械特性基本上是平行下移，硬度也较好，能够满足一般的调速要求，但低速带载能力有些不尽如人意，须对定子压降实行补偿。

② 恒 E_g / ω_1 控制通常是对恒压频比控制实行电压补偿的标准，可以在稳态时达到 $\Phi_m =$ 常值，从而改善了低速性能。但机械特性还是非线性的，产生转矩的能力仍受到限制。

③ 恒 E_r / ω_1 控制可以得到和直流他励电动机一样的线性机械特性，按照转子全磁通 Φ_{rm} 恒定进行控制，即得 $E_r / \omega_1 =$ 常值，在动态中也尽可能保持 Φ_{rm} 恒定，是矢量控制系统所追求的目标，当然实现起来也是比较复杂的。

3）基频以上恒压变频时的机械特性

在基频 f_{1N} 以上变频调速时，由于电压 $U_s = U_{sN}$ 不变，机械特性方程式为

$$T = 3 n_p U_{sN}^2 \frac{s R_r'}{\omega_1 \left[(s R_s + R_r')^2 + s^2 \omega_1^2 (L_{ls} + L_{lr}')^2 \right]} \qquad (6-42)$$

最大转矩为

$$T_{max} = \frac{3}{2} n_p U_{sN}^2 \frac{1}{\omega_1 \left[R_s + \sqrt{R_s^2 + \omega_1^2 (L_{ls} + L_{lr}')^2} \right]}$$

当角频率 ω_1 提高时，同步转速随之提高，最大转矩减小，机械特性上移，而形状基本不变，如图 6-44 所示。

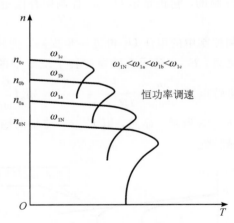

图 6-44 基频以上恒压变频调速的机械特性

由于频率提高而电压不变，气隙磁通势必减弱，导致转矩的减小，但转速却升高了，可以认为输出功率基本不变。所以基频以上变频调速属于弱磁恒功率调速。

4. 转速闭环转差频率控制的变压变频调速系统

转速开环变频调速系统可以满足平滑调速的要求，但静、动态性能都有限，要提高静、动态性能，要用转速反馈闭环控制。

　　1）转差频率控制的基本概念

　　恒 E_g / ω_1 控制（即恒 Φ_m 控制）时的电磁转矩公式为

$$T = 3 n_p \left(\frac{E_g}{\omega_1} \right)^2 \frac{s \omega_1 R_r'}{R_r'^2 + s^2 \omega_1^2 L_{lr}'^2}$$

将 $E_g = 4.44 f_1 N_s k_{Ns} \Phi_m = 4.44 \dfrac{\omega_1}{2\pi} N_s k_{Ns} \Phi_m = \dfrac{1}{\sqrt{2}} \omega_1 N_s k_{Ns} \Phi_m$ 代入上式，得

$$T = \frac{3}{2} n_p N_s^2 k_{Ns}^2 \Phi_m^2 \frac{s \omega_1 R_r'}{R_r'^2 + s^2 \omega_1^2 L_{lr}'^2}$$

令转差角频率 $\omega_s = s\omega_1$，则

$$T = K_m \Phi_m^2 \frac{\omega_s R_r'}{R_r'^2 + (\omega_s L_{lr}')^2}$$

　　当电机稳态运行时，s 值很小，ω_s 也很小，可以认为 $\omega_s L_{lr}' \ll R_r'$，则转矩可近似表示为 $T \approx K_m \Phi_m^2 \dfrac{\omega_s}{R_r'}$。在 s 值很小的稳态运行范围内，如果能够保持气隙磁通 Φ_m 不变，异步电动机的转矩就近似与转差角频率 ω_s 成正比。

　　控制转差频率就代表控制转矩，这就是转差频率控制的基本概念。

　　2）基于异步电动机稳态模型的转差频率控制规律

　　转矩特性（即机械特性）$T = f(\omega_s)$ 如图 6-45 所示，在 ω_s 较小的稳态运行段，转矩 T 基本上与 ω_s 成正比，当 T 达到其最大值 T_{max} 时，ω_s 达到 ω_{smax} 值。取 $dT/d\omega_s = 0$，可得

$$\omega_{smax} = \frac{R_r'}{L_{lr}'} = \frac{R_r}{L_{lr}}, \qquad T_{max} = \frac{K_m \Phi_m^2}{2 L_{lr}'}$$

　　在转差频率控制系统中，只要使 ω_s 限幅值为 $\omega_{sm} < \omega_{smax} = \dfrac{R_r}{L_{lr}}$，就可以基本保持 T 与 ω_s 的正比关系，也就可以用转差频率来控制转矩，这是转差频率控制的基本规律之一。

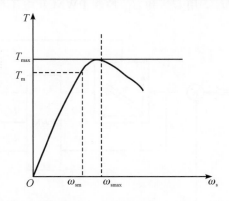

图 6-45　按恒 Φ_m 值控制的 $T = f(\omega_s)$ 特性

　　上述规律是在保持 Φ_m 恒定的前提下才成立的，按恒 E_g / ω_1 控制时可保持 Φ_m 恒定。在等效电路中可得

$$\dot{U}_s = \dot{I}_s (R_s + j\omega_1 L_{ls}) + \dot{E}_g = \dot{I}_s (R_s + j\omega_1 L_{ls}) + \left(\frac{\dot{E}_g}{\omega_1} \right) \omega_1$$

由此可见，要实现恒 E_g/ω_1 控制，须在 $U_s/\omega_1=$ 常数的基础上再提高电压 U_s，以补偿定子电流压降。如果忽略电流相量相位变化的影响，则不同定子电流时恒 E_g/ω_1 控制所需的电压—频率特性 $U_s=f(\omega_1,I_s)$ 如图 6-46 所示。保持 E_g/ω_1 恒定，也就是保持 Φ_m 恒定，这是转差频率控制的基本规律之二。

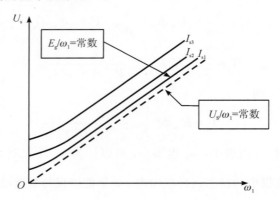

图 6-46　不同定子电流时恒 E_g/ω_1 控制所需的电压—频率特性

总结起来，转差频率控制的规律如下：

（1）在 $\omega_s \leqslant \omega_{sm}$ 的范围内，转矩 T 基本上与 ω_s 成正比，条件是气隙磁通不变。

（2）在不同的定子电流值时，按图 6-46 的 $U_s=f(\omega_1,I_s)$ 函数关系控制定子电压和频率，就能保持气隙磁通 Φ_m 恒定。

3）转差频率控制的转速闭环变压变频调速系统

转差频率控制的转速闭环变压变频调速系统结构原理图如图 6-47 所示，当转速调节器 ASR 的输出信号是转差频率给定的 ω_s^* 时，ω_s^* 与实测角转速信号 ω 相加，即得定子角频率给定信号 ω_1^*，即 $\omega_s^*+\omega=\omega_1^*$，由 ω_1^* 和定子电流反馈信号 I_s 从 $U_s=f(\omega_1,I_s)$ 函数中查得定子电压给定信号 U_s^*，用 U_s^* 和 ω_1^* 控制 PWM 和电压型逆变器。

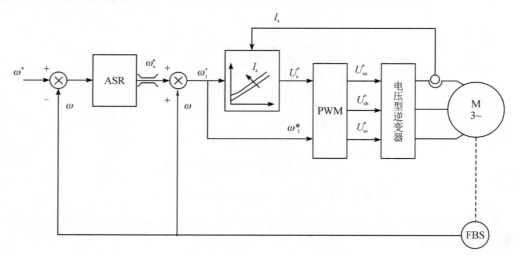

图 6-47　转差频率控制的转速闭环变压变频调速系统结构原理图

转差角频率 ω_s^* 与实测角转速信号 ω 相加后得到定子角频率输入信号 ω_1^*，是转差频率控制系统突出的特点。在调速过程中，实际角频率 ω_1^* 随着实际角转速 ω 同步上升或下降，加、减速平滑而且稳定。在动态过程中转速调节器 ASR 饱和，系统能用对应于 ω_{sm} 的限幅转矩 T_m 进行控制，保证了在允许条件下的快速性，但还不能完全达到交流双闭环系统的水平，存在差距的原因有以下几个方面：

（1）在分析转差频率控制规律时，是从异步电动机稳态等效电路和稳态转矩公式出发的，所谓的"保持磁通 Φ_m 恒定"的结论也只在稳态情况下才能成立。

（2）在 $U_s = f(\omega_1, I_s)$ 函数关系中只抓住了定子电流的幅值，没有控制电流的相位，而在动态中电流的相位也是影响转矩变化的因素。

（3）在角频率控制环节中，取 $\omega_1^* = \omega_s^* + \omega$，使角频率 ω_1^* 得以与角转速 ω 同步升降，这本是转差频率控制的优点。然而，如果转速检测信号不准确或存在干扰，则会直接给频率造成误差，因为所有这些偏差和干扰都以正反馈的形式毫无衰减地传递到频率控制信号上。

6.2.6 现代交流调速系统的组成

1. 交流调速系统的组成

目前，在交流调速系统中，变频调速应用最多、最广泛，可以构成高动态性能的交流调速系统来取代直流调速。变频调速技术及其装置仍是目前的主流技术与主流产品。由变频器、交流电机及电量检测器组成的交流调速系统如图 6-48 所示，变频器是把工频电源（50 Hz 或 60 Hz）变换成各种频率的交流电源，以实现电机变速运行的设备，其具体应用见 6.3 节。

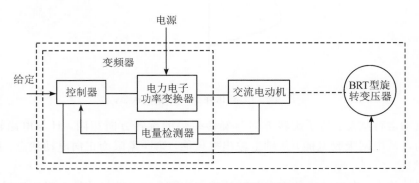

图 6-48 交流调速系统组成结构框图

2. 交流电动机调速系统类型

常见的交流调速方法有：① 降电压调速；② 转差离合器调速；③ 转子串电阻调速；④ 绕线转子电动机串级调速和双馈电动机调速；⑤ 变极对数调速；⑥ 变压变频调速。

从能量转换的角度上看，转差功率是否增大、是消耗掉还是得到回收，是评价调速系统效率高低的标志。从这点出发，可以把交流电机的调速系统分成以下三类：

（1）转差功率消耗型调速系统。该系统可将全部转差功率转换成热能的形式而消耗掉。上述第①、②、③三种调速方法都属于这一类，晶闸管调压调速也属于这一类。在异步电动机调速系统中，这类系统的效率最低，是以增加转差功率为代价来换取转速的降低。但是由于这类系统结构最简单，所以在要求不高的小容量场合还有一定的应用。

（2）转差功率回馈型调速系统。该系统可将转差功率一小部分消耗掉，大部分则通过变流装置回馈给电网。转速越低，回馈的功率越多。上述第④种调速方法属于这一类，即绕线式异步电动机串级调速属于这一类。显然这类调速系统效率较高。

（3）转差功率不变型调速系统。转差功率中转子铜耗部分的消耗是不可避免的，但在这类系统中，无论转速高低，转差功率的消耗基本不变，因此效率很高。上述第⑤、⑥两种调速方法属于此类，即变频调速属于此类。

同步电机没有转差，也就没有转差功率，所以同步电机调速系统只能是转差功率不变型（恒等于 0），在同步电机的变压变频调速方法中，从频率控制的方式来看，可分为他控变频调速和自控变频调速两类。

6.2.7　三相异步电动机的各种运行状态

在分析三相异步电动机的各种运行状态时，可以采用四象限运行方法来描述三相异步电动机的各种运行状态，如图 6-49 所示。图中以转矩和转速为坐标，在不同的运行状态下，功率的传递方向也不同。

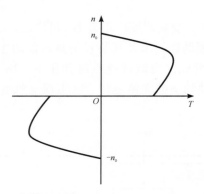

图 6-49　三相异步电动运行状态

（1）电动运行状态：转子旋转方向与旋转磁势的旋转方向相同，且与电磁转矩的方向相同，电动机从电网吸收电能，从轴上输出机械能。第一象限为正向电动状态；第三象限为反向电动状态。

（2）制动状态：电磁转矩的方向与转速的方向相反，电动机从轴上吸收机械能，向电网输出电能。第二象限为正向制动状态；第四象限为反向制动状态。

6.3　三相同步电动机的拖动

6.3.1　同步电动机的起动

三相同步电动机的主要缺点是自身没有起动转矩，即 $T_{st}=0$，因此无法自己起动，需要采取一些措施使同步电动机起动。其主要起动方法有以下两种。

1. 拖动起动法

如图 6-50 所示为异步电动机拖动同步电动机起动。其中，辅助异步电动机参数：磁极对数为 n_p，功率为 $(10\% \sim 20\%)P_N$；三相同步电动机参数：磁极对数为 n_p，功率为 P_N。

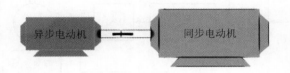

图 6-50　同步电动机的拖动起动

2. 异步起动法

如图 6-51 所示为同步电动机的异步起动。如图 6-51(b)所示，当开关 QB 在 1 位置时为起动状态，电阻 R 可防止励磁线圈产生高压。当 n 接近 n_0 时将 QB 扳向 2 处，将转子拉入同步，调节电阻 R_1 可调节 $\cos\varphi_2$ 至要求。

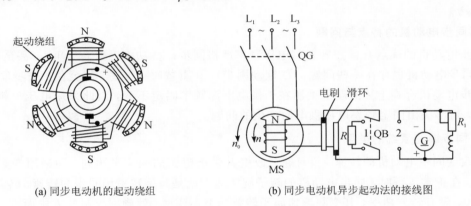

(a) 同步电动机的起动绕组　　　(b) 同步电动机异步起动法的接线图

图 6-51　同步电动机的异步起动

6.3.2　同步电动机的调速

同步电动机历来是以转速与电源频率保持严格同步而著称的。只要电源频率保持恒定，同步电动机的转速就绝对不变。

同步电动机的速度控制系统比异步电动机调速系统复杂，主要原因如下：

（1）同步电动机存在失步问题，因此一般不适宜在速度开环控制下工作。

（2）对于转矩闭环控制方式，控制器中选定的 d 轴必须与同步电动机的励磁轴精确一致，因此需要准确得到转子磁场位置，据此进行矩角控制。凸极式同步电动机的 d、q 轴磁路不等，增加了矢量控制计算的复杂性。

（3）有一个励磁控制系统，可完成功率因数控制以及励磁电流控制。

如图 6-52 所示为同步电动机调速系统的一般结构，其具有以下特点：

（1）在电动机轴上装有一台用于检测转子位置的传感器，并据此计算出转子磁链位置 θ_ψ。

（2）根据 θ_ψ 和定子电流反馈构成转矩环以便保证矩角在稳定范围内。

（3）需要控制励磁电流的大小以保证得到所需的磁链或功率因数。

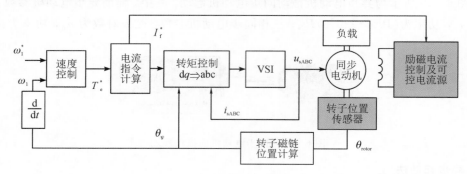

图 6-52　同步电动机调速系统的一般结构

采用电力电子装置实现电压—频率协调控制，改变了同步电动机历来只能恒速运行不能调速的状况。起动费事、重载时振荡或失步等问题也已不再是同步电动机广泛应用的障碍。

1. 同步电动机的特点与问题

同步电动机的优点有：① 转速与电压频率严格同步；② 功率因数高到 1.0，甚至超前。同时，同步电动机也存在一些问题：① 起动困难；② 重载时有振荡，甚至存在失步危险。

同步电动机存在上述问题的根源在于供电电源频率固定不变，因此采用电压—频率协调控制，可解决由固定频率电源供电而产生的问题。

2. 同步调速系统的类型

要改变同步电动机的转速，只有通过改变其供电电源的频率来达到，即采用变频调速的方法。在正常运行时，同步电动机的转子旋转速度就是与旋转磁场同步的转速，转差率 s 恒等于 0，没有转差功率，其变频调速属于转差功率不变型。就频率控制的方法而言，同步电动机变频调速系统可以分为他控变频调速和自控变频调速两大类。

1）他控变频调速系统

图 6-53 所示为他控同步电动机变频调速系统，它所采用的变频装置是独立的，变频装置的输出频率是由转速给定信号决定的，这种调速系统一般为开环控制系统。

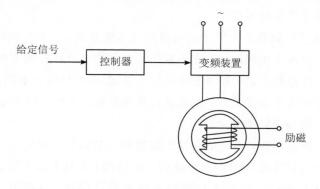

图 6-53　他控同步电动机变频调速系统

2）自控变频调速系统

图 6-54 所示为自控同步电动机变频调速系统，它所采用的变频装置是非独立的，变频装置的输出频率是由电动机本身轴上所带转子位置检测器或电动机反电动势波形提供的转子位置信号来控制的，这种调速系统均为转速闭环控制系统。

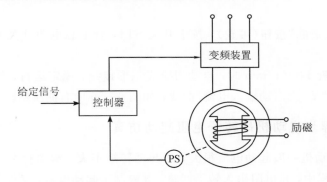

图 6-54　自控同步电动机变频调速系统

6.4　三相交流电动机电力拖动的仿真

在虚拟仿真平台上对三相交流电动机的电力拖动进行仿真，主要包括三相异步电动机起动运行仿真以及三相同步电动机并联运行仿真。

6.4.1　三相交流异步电动机星形—三角形（Y-△）起动仿真

本节搭建如图 6-55 左侧所示的三相交流异步电动机 Y-△起动的仿真电路模型，仿真实验步骤如下：

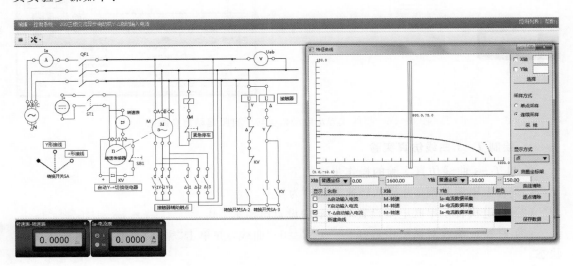

图 6-55　三相交流异步电动机 Y-△起动仿真测试

（1）将转换开关 SA 打到中间挡，使电机为 Y 形接线。

（2）闭合按钮 SB1，使得 Y-△切换继电器 KV 接入回路。

（3）打开电机转速表、电流表显示窗，以供查看。

（4）在特征曲线对话框中选择"Y-△启动输入电流"曲线，并单击"采样"按钮使其进入采样状态。

（5）单击"曲线清除"按钮（可选），按下开关 ST1，合上总电源开关 QF1，则电机以 Y 形接线方式起动。

（6）在转速接近 1400 r/min 时，自动切换成△形接线，稳定运行，特征曲线对话框会自动采样并绘制出"Y-△启动输入电流"曲线，如图 6-55 中右侧所示。

6.4.2　绕线式异步电动机串转子电阻起动仿真

普通的异步电动机一般起动电流很大，而起动转矩不大。本实验主要观察绕线式异步电动机，在起动过程中，将电阻串入转子回路，既限制了起动电流，又增加了起动转矩的现象。本节搭建如图 6-56 左侧所示的绕线式异步电动机串转子电阻起动仿真电路。

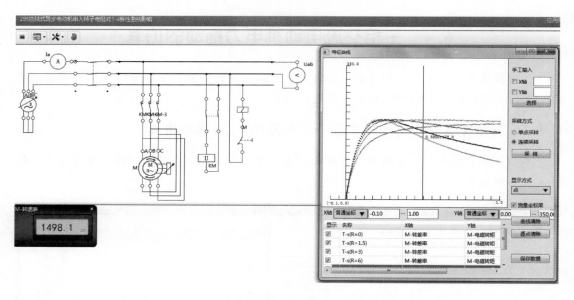

图 6-56　绕线式异步电动机串转子电阻起动仿真测试

1. 绘制 $T-s$ 曲线仿真实验

绘制 $T-s$ 曲线仿真实验的操作步骤如下：

（1）合上电源总闸，并确认转速表转速为 0。

（2）在电机转子串联电阻设置对话框中设置电阻 $R=0$。

（3）在特征曲线对话框中选择"$T-s(R=0)$"曲线，并单击"采样"按钮，使其进入采样状态。

（4）合上双极刀开关，即可自动采样并绘制出曲线。

（5）曲线绘制完毕后，停止采样，断开双极刀开关，断开电源总闸。

重复以上步骤,分别将转子串联电阻设置为 0.6、1.6、3、6,可绘出不同电阻设置情况下的 T-s 曲线,如图 6-57 所示。可以观察到,在起动时($n=0$,$s=1$),串入合适的电阻使得起动转矩增大。

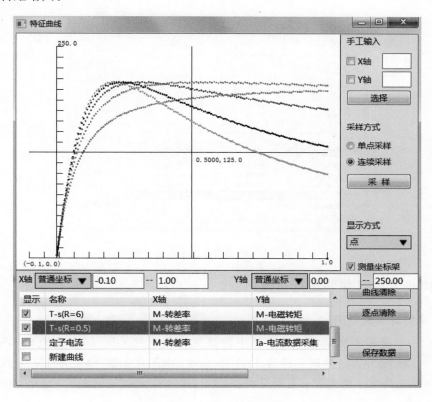

图 6-57 仿真测试 T-s 曲线

2. 绘制定子电流曲线仿真实验

绘制定子电流曲线仿真实验的操作步骤如下:

(1) 设置 X 轴为三相交流异步电动机的转差率,取值范围为(-0.1,1),设置 Y 轴为三相交流异步电动机的定子电流,取值范围为(0,160)。

(2) 合上电源总闸,并确认转速表转速为 0。

(3) 在电机转子串联电阻设置对话框中设置电阻 $R=0$。

(4) 在特征曲线对话框中选择"定子电流"曲线,并单击"采样"按钮,使其进入采样状态。

(5) 合上双极刀开关,即可自动采样并绘制出 $R=0$ 时,定子电流在起动过程中的曲线。

(6) 曲线绘制完毕后,停止采样,断开双极刀开关,断开电源总闸。

重复以上步骤,分别将转子串联电阻设置为 1.6、3、6,可绘出不同电阻设置情况下的"定子电流"曲线,如图 6-58 所示。可以观察到,在起动时($n=0$,$s=1$),串入合适的电阻可使起动电流减小。

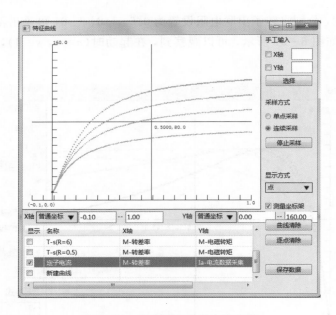

图 6-58　仿真测试定子电流曲线

6.4.3　同步发电机并联运行仿真

1. 搭建仿真实验电路

按图 6-59 设计仿真实验电路，其中包括无穷大电网 Gb、同步发电机 GS、汽轮机 PM、直流可调励磁电源、电流互感器 TA1 和 TA2、电压互感器 TV1 和 TV2、断路器 QF1 和 QF2、一些电压表、电流表和各种开关。

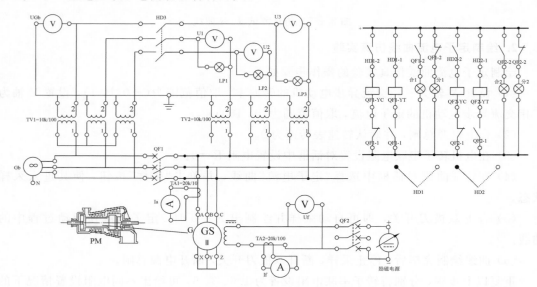

图 6-59　同步发电机并联运行仿真实验电路

如果使用同步发电机并联运行实验项目，实验控制面板和对应关系是已经做好的，不用重新配置面板，也不用重新建立对应关系，可以直接进入以下实验内容。

2．准同步投入并联运行

（1）打开并且运行同步发电机并联运行实验项目后，在上方工具菜单中单击同期曲线，可以进入如图 6-60 所示的仿真场景。

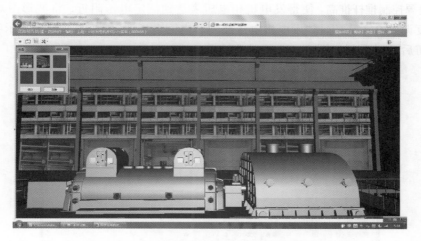

图 6-60　同步发电机并联运行仿真场景

（2）操作仿真控制面板，如图 6-61 所示，将励磁电源控制推杆拉到底部，励磁电压设置为 0；将汽轮机控制的转速设置为 0，然后，将汽轮机控制旋钮打到恒转速挡，汽轮机的转速调到 1500 r/min。

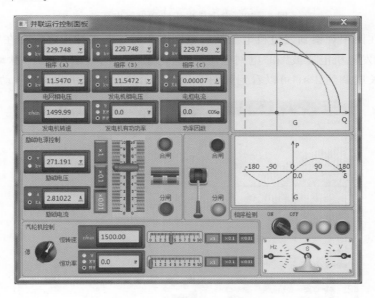

图 6-61　仿真控制面板操作相序检测

（3）接通相序检测开关，逐步调高励磁电压，使得发电机相电压表达到额定电压。此时，可以看到控制面板上的绿、黄、红三个相序灯同时点亮或同时熄灭。这是因为，此时相序（A）、相序（B）、相序（C）三个电压表中显示的值是相同的。

（4）如果将实验电路中的发电机输出端的任意两根导线对换，就可以看到绿、黄、红三个灯交替点亮或熄灭。此时，可以看到相序（A）、相序（B）、相序（C）三个电压表中显示的值也是交替变化的。

（5）将励磁电源控制推杆拉到底部，电压设置为 0；将汽轮机控制的转速调到 2950 r/min，再将励磁电源控制推杆推高，使得发电机相电压表达到额定电压附近。将波形图对话框中的时间轴长度调到 0.1 s，选择"发电机电压波"和"电网电压波"这两条波形为显示状态，单击"开始"按钮后可以看到如图 6-62 所示的结果。

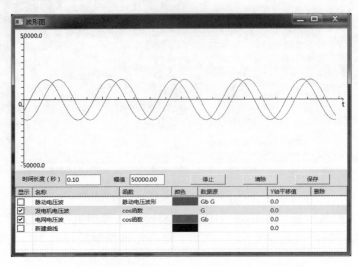

图 6-62　发电机电压波和电网电压波

此时，可在图中观察到发电机电压波和电网电压波这两条波形之间存在频率差。

（6）关闭"发电机电压波"和"电网电压波"这两条波形的显示，打开"脉动电压波"的显示，并将时间长度调到 2 s，可以看到如图 6-63 所示的发电机和电网的脉动电压波。

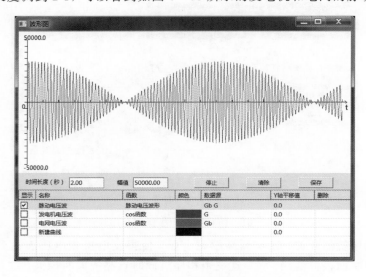

图 6-63　发电机和电网的脉动电压波

（7）在脉动电压波幅值接近于0的时候，立即合上发电机并网的合闸开关，则此时脉动电压波立即变为一条幅值为0的直线。

（8）设置发电机恒转速实验的操作控制面板，如图6-64所示。注意到当前的汽轮机控制还是处于恒转速挡，且控制转速低于电网的频率对应的同步转速，因此，发电机处于电动机状态，输出的有功功率是负数。

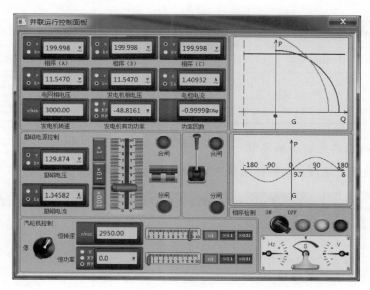

图6-64 同步发电机恒转速操作控制面板

（9）先将励磁电压调到额定电压400 V，然后将汽轮机控制旋钮开关打到"恒功率"挡，如图6-65所示。逐步提高汽轮机的输出功率，使得发电机电枢电流达到额定值。

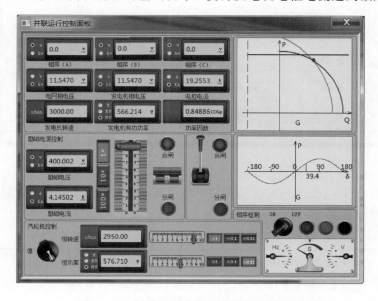

图6-65 同步发电机恒功率操作控制面板

3．并联运行后的有功功率调节

发电机并网后，保持励磁电压 400 V 不变，然后逐步增加汽轮机的输出功率，从实验电路可以获得发电机电枢电流 I_c 和功率因数 $\cos\varphi$，如表 6 - 1 所示。

表 6 - 1　汽轮机有功功率调节

	1	2	3	4	5	6	7
原动机输出/MW	4.78	100	200	300	400	500	567
电枢电流 I_c/kA	16.030	16.117	16.397	16.870	17.541	18.422	19.142
功率因数 $\cos\varphi$	0	0.1689	0.34	0.5	0.644	0.768	0.839
有功输出/MW	0.004	94.272	193.27	292.27	391.27	490.27	556.60

4．并联运行后的无功功率调节

打开特征曲线对话框，在特征曲线对话框中定义四条曲线，如图 6 - 66 所示。

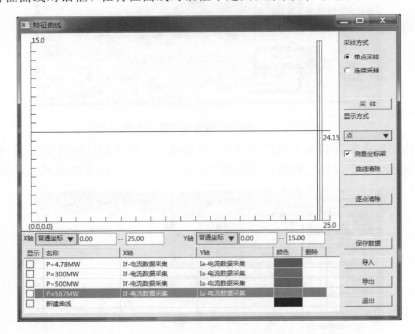

图 6 - 66　同步发电机并联运行曲线设置

首先，按照表 6 - 2 设置汽轮机输出功率和励磁电压起始值。然后，使用特征曲线对话框采集数据，绘制如图 6 - 67 所示的对应 V 形曲线。

表 6 - 2　汽轮机无功功率调节的初始参数

汽轮机输出功率/MW	4.78	300	500	567
励磁电压起始值/V	15	133	222	252
功率角/(°)	0	80.135	81.954	81.992

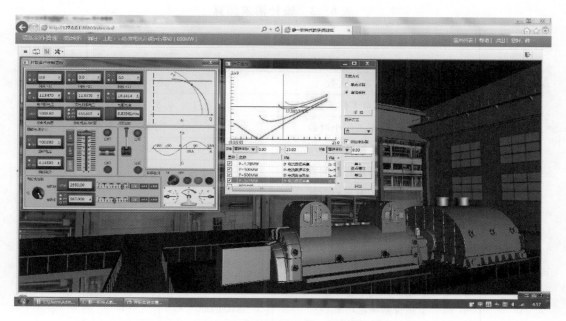

图 6-67　同步发电机仿真运行时的 V 形曲线

6.5　三相交流电机拖动控制工程实例——
矿井提升控制系统仿真

矿井提升控制系统实验装置是进行电机综合性实验的一个虚拟环境，其由矿井地面支架、井架、箕斗、储料仓、钢丝绳、双卷筒、减速箱、主电机、制动系统以及一些附加设施构成。矿井提升机实验装置还包括提升机总控面板、提升机操作面板、矿井剖面、特征曲线等。

1. 矿井提升机的工作原理

矿井提升机由一台三相电机作为主牵引电机，采用双卷筒模式，拖动矿井内的 A、B 两个箕斗运行。A、B 两个箕斗的运行状态是相反的：当 A 箕斗向上时，B 箕斗向下；当 A 箕斗到达地面时，B 箕斗便到达井底。每个箕斗上的进、出料门分别由一个电机驱动开合。当箕斗在井底时，打开进料门可让箕斗进料，进料满后关上进料门；当箕斗在地面时，打开出料门，可让箕斗出料，出料完成后关上出料门。

2. 设计需求

目标一年工作 300 天，每天工作 14 小时，年产量 20 万吨。井深 350 米，双箕斗运行。电压等级 380 V。具体设计需求测算如表 6-3 所示，各元件详细规格参数如表 6-4 所示。

表 6 - 3　设计需求测算

总提升量/吨	200 000
每次提升量/吨	4
需要次数	50 000
正常工作天数	300
每天工作小时数	14
每箕斗提升周期/min	5.04
箕斗提升运行时间百分比	40%
箕斗提升运行时间/s	120

表 6 - 4　各元件详细规格参数

序号	元件名称	参　数	单位
1	报警器额定电压	100.000	V
2	报警器额定功率	100.000	W
3	井架总高度	358.000	m
4	天轮至卷筒距离	30.000	m
5	钢丝绳单位重量	3.100	kg
6	平衡尾绳单位重量	3.100	kg
7	卷筒质量系数	2.500	
8	空容器重量	1500.000	kg
9	容器满载货物重量	4000.000	kg
10	卷筒平均直径	2.400	m
11	减速箱减速比	60.000	
12	液压泵电动机额定功率	100.000	W
13	液压泵电动机额定电压	100.000	V
14	门开关电动机额定功率	100.000	W
15	门开关电动机额定电压	100.000	V
16	液压阀电磁线圈额定电压	100.000	V
17	液压阀电磁线圈额定功率	100.000	W
18	线排额定电压	100.000	V

3. 矿井提升系统虚拟仿真模型

1）系统总体设计

系统的控制是由各种电气元件搭建成的电气控制回路实现的，主要分为主电路模块、控制电路模块、开关线圈扩展模块、进出料门电机驱动模块和主电机调速模块。系统总体设计框图及原理如图 6 - 68 所示。

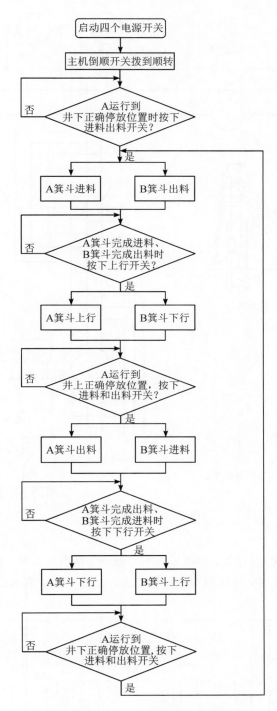

图 6-68　系统总体设计框图及原理

2）主电路模块

主电路模块包含 380 V 三相电源，三相电流、电压表，提升机，主电机倒顺开关等，如图 6-69 所示。该模块构成了矿井提升机的主要动力部分。

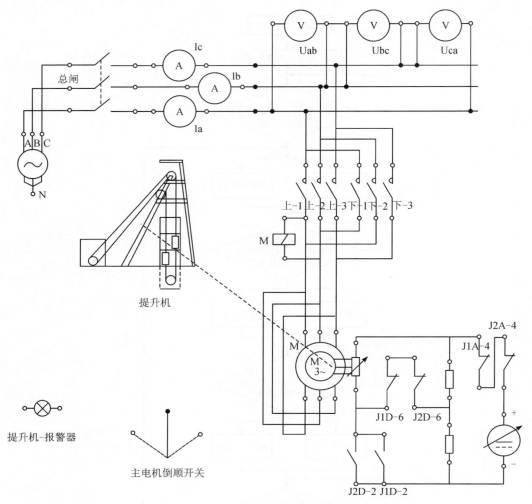

图 6-69　主电路模块

3）控制电路模块

控制电路模块包含控制开关、继电器线圈与触点、状态开关等，控制箕斗进、出料，箕斗上、下行，电机正、反转，液压制动等运行状态，如图 6-70 所示。此模块实现了系统的主要控制功能。

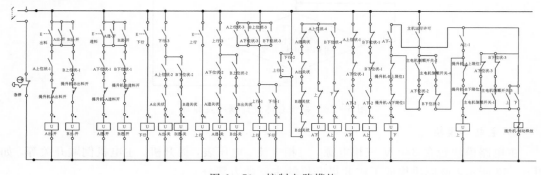

图 6-70　控制电路模块

4）进、出料门电机驱动模块

驱动箕斗进、出料门动作的为 100 V 单相交流电动机，在需要改变电动机转向时，需要改变主副绕组连接方式。在图 6-71 中，当不同组开关导通后，便能实现电机不同的转向。

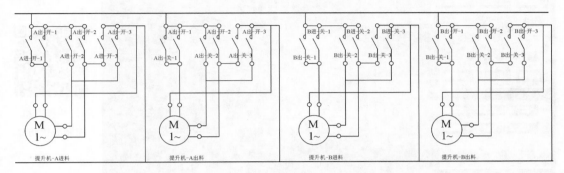

图 6-71　进、出料门电机驱动模块

5）主电机调速模块

主电机调速模块包含三部分，即高度读取电路、高度判断电路和电压切换电路，如图 6-72 所示。高度读取电路用不同线圈连接高度线排的不同端子，每一个线圈的得电、失电表示端子的高、低电平，线圈对应的开关则反映电平高低。

电压切换电路受调速线圈对应开关控制，当箕斗达到相应高度触发调速线圈时，对应开关会切换电阻的分压，控制通到主电机定子电阻的电阻值，从而达到调定子电阻值来调速的目的。

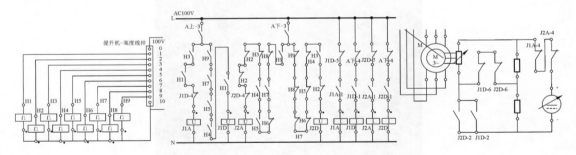

图 6-72　主电机调速模块

4. 矿井提升系统模拟控制测试

矿井提升机地面及地下仿真运行如图 6-73 和图 6-74 所示，分别打开总闸、控制电源开关、主机运行许可开关和液压制动系统开关，使系统进入运行状态。在初始状态下，A 箕斗位于井内 11 米位置，需将主机倒顺开关拨向顺转，使 A 箕斗下降到井下正确停放位置。之后拨停主机倒顺开关。按下进料按钮，使在井底的 A 箕斗进料。观察到 1 s 后进料门打开，A 箕斗矿重进至 4000 kg。A 箕斗到达地面，B 箕斗到达井底，分别按下进料、放料按钮，使 A 箕斗出料、B 箕斗进料。

矿井提升机
控制系统仿真

图 6-73　提升机运行场景

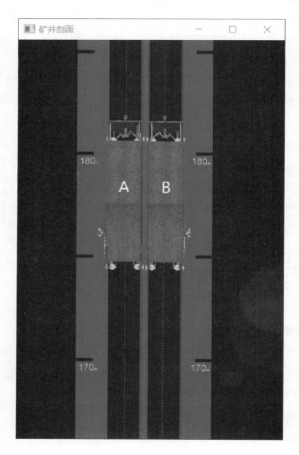

图 6-74　箕斗相向相遇

5. 特征曲线

1）箕斗高度—电机转速特征曲线

打开特征曲线采样开关，开始箕斗运动过程中的采样，观察"箕斗高度—电机转速"特征曲线，如图 6-75 所示。当电机起动时，由于定子电阻较大，电机获得了一个较大的起动转矩，转速快速提升，转差率减小。当 A 箕斗上升至约 8 m，电机转速提升至约 750 r/min时，电机已获得一个较大转速，且转差率较大，此时定子的电阻值切换到更小，电机转差率减小，转速继续提高至额定转速，稳定运行。当电机制动时，定子电阻值增大，电机转差率增加，电机开始减速，直至箕斗运行至终点，受液压制动系统制动停车。

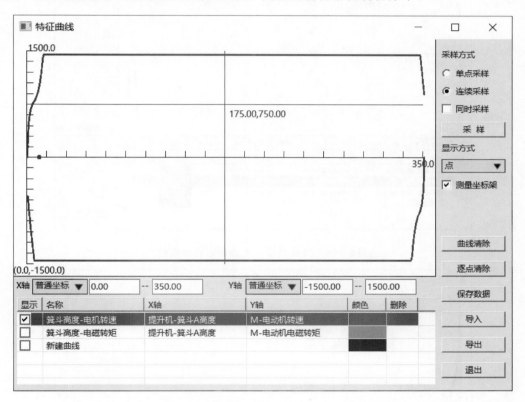

图 6-75　箕斗高度—电机转速特征曲线

2）箕斗高度—电磁转矩特征曲线和箕斗高度—转差率特征曲线

观察"箕斗高度—电磁转矩"和"箕斗高度—转差率"特征曲线，如图 6-76 和图 6-77所示。当电机起动时，由于定子电阻较大，电机获得了一个较大的起动转矩，此时转差率最大，转速快速提升，同时转矩开始减小。在电机达到一定转速后，为了进一步提升转速，减小了定子的电阻值，此时转矩再次提高，转速也进一步提升，转差率减小。当电机转速接近额定转速时，转矩不再提高，并维持在额定转矩值。当电机制动时，由于切换到较大定子电阻值，电机转矩减小，转速快速下降，转差率增大，直至箕斗运行至终点，受液压制动，系统制动停车。

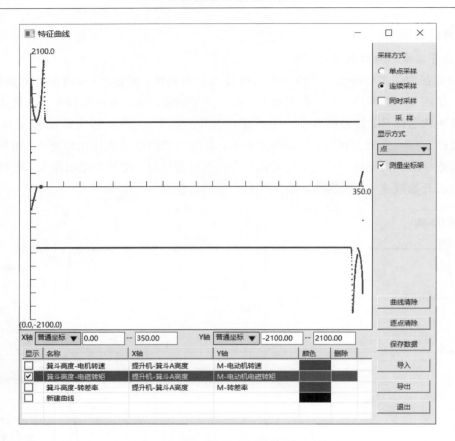

图 6-76　箕斗高度—电磁转矩特征曲线

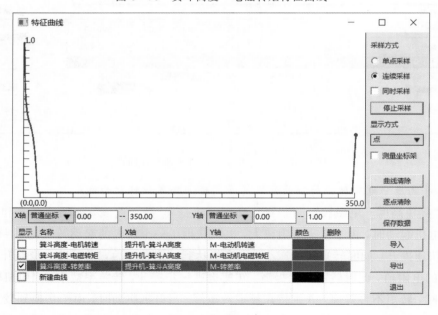

图 6-77　箕斗高度—转差率特征曲线

本 章 小 结

本章是交流电机拖动及运动控制系统的基础,主要以异步电动机为重点,以稳态分析为手段,讨论交流电力拖动系统的起动、调速和制动的原理、方法及性能。异步电动机的机械特性有三种表达形式,即物理表达式、参数表达式和实用表达式。异步电动机起动时感抗较大,功率因数较低,虽然起动电流很大,但是起动转矩却不大。一般异步电动机的起动大致可以分为两种方式,即直接起动和间接起动。直接起动一般适合小容量场合,而间接起动适合大、中容量场合。异步电动机的调速是当前电机发展的重要内容,调速性能可以从调速范围、平滑性、可靠性等方面来衡量;变频调速时分两种情况:基频以下调速,即恒转矩调速;基频以上调速,即恒功率调速。异步电动机的制动方法主要有能耗制动、反接制动和回馈制动,可实现四个象限的运行。同步电动机自身没有起动转矩,只有达到同步速时才有同步转矩,因此需要采用一定的起动措施,基本方法主要有辅助电动机起动、异步起动和变频起动。同步电动机的交流调速系统根据对频率控制方式的不同,可分为他控式和自控式两大类。本章最后给出了异步电机、同步电机运行仿真及交流电机拖动控制——矿井提升控制系统的应用实例仿真。

思考题与习题

6-1　为什么三相异步电机的起动电流很大,起动转矩却不大?

6-2　有一台三相异步电机工作在第一象限电动状态,试画出其机械特性曲线(包括在第二象限和第四象限部分),并分析机械特性曲线在各象限的特点和运行状态。

6-3　电动机在什么情况下应采用降压起动?定子绕组为 Y 形接法的笼型异步电动机能否采用 Y -△降压起动?为什么?

6-4　电动机反接制动控制与电动机正、反转运行控制的主要区别是什么?

6-5　电动机能耗制动与反接制动控制各有何优缺点?分别适用于什么场合?

6-6　在三相鼠笼式异步电动机能耗制动时,若定子接线方式不同而通入的 I_D 大小相同,则电动机的制动转矩在制动开始瞬间一样大小吗?

6-7　三相绕线型异步电动机转子回路串电阻起动,为什么起动电流不大,而起动转矩却很大?

6-8　某三相鼠笼式异步电动机铭牌上标注的额定电压为 380/220 V,接在 380 V 的交流电网上空载起动,能否采用 Y -△降压起动?

6-9　他励直流电动机起动前励磁后不久就发生励磁绕组断线但没有被发现。断线后马上起动时,带额定负载导致无法起动,会有什么后果?

6-10　一台电动机为 Y -△ 660/380 接法,允许轻载起动,试设计满足下列要求的控制线路:

(1) 采用手动和自动控制降压起动;

（2）实现连续运转和点动工作，且当点动工作时要求处于降压状态工作；

（3）具有必要的连锁和保护环节。

6-11　一台三相鼠笼式异步电动机技术数据为：$P_N=60$ kW，$n_N=2930$ r/min，$U_N=$ 380 V，$\eta_N=0.9$，$\cos\varphi_N=0.85$，$K_I=5.5$，$K_T=1.2$。采用△形接法，供电变压器允许起动电流为 160 A 时，能否在下面情况下用 Y-△起动：

（1）负载转矩为 $0.26T_N$；

（2）负载转矩为 $0.6T_N$。

6-12　一台绕线型三相异步电动机，其技术数据为：$P_N=76$ kW，$n_N=720$ r/min，$U_N=380$ V，$I_N=220$ A，$E_{rN}=213$ V，$\lambda_m=2.4$，拖动恒转矩负载 $T_L=0.85T_N$，要求电动机的转速为 $n=540$ r/min。

（1）当采用转子串电阻调速时，求每相串入的电阻值 R；

（2）当采用变频调速时，保持 U/f 为常数，求频率与电压各为多少。

6-13　某绕线式异步电动机的数据为：$P_N=6$ kW，$n_N=960$ r/min，$U_{sN}=380$ V，$I_{sN}=16.9$ A，$E_{rN}=166$ V，$I_{rN}=20.6$ A。定子绕组采用 Y 接法，$\lambda=2.3$。拖动 $T_L=0.75T_N$ 恒转矩负载，要求制动停车时最大转矩为 $1.8T_N$。现采用反接制动，求每相串入的制动电阻值。

6-14　某三相笼型异步电动机，$P_N=16$ kW，$U_N=380$ V，采用△形接法，$n_N=2930$ r/min，$f_N=60$ Hz，$\lambda_m=2.2$。拖动一恒转矩负载运行，$T=60$ N·m。求：

（1）$f_1=50$ Hz，$U_s=U_N$ 时的转速；

（2）$f_1=40$ Hz，$U_s=0.8U_N$ 时的转速；

（3）$f_1=60$ Hz，$U_s=U_N$ 时的转速。

6-15　保持 Φ_m 为常数的恒磁通控制系统，在低速空载时会发生什么情况？采用何种控制的变频系统可以克服这个问题？

6-16　某企业电源电压为 6000 V，内部使用了多台异步电动机，其总输出功率为 1600 kW，平均效率为 70%，功率因数为 0.8（滞后），企业新增一台 600 kW 设备，计划采用运行于过励状态的同步电动机拖动，补偿企业的功率因数到 1（不计同步电动机本身损耗）。试求：

（1）同步电动机的容量为多大？

（2）同步电动机的功率因数为多少？

6-17　试设计一个仿真控制线路，要求第一台交流电动机起动 10 s 后，第二台电动机自行起动，运行 6 s 后，第一台电动机停止并同时使第三台电动机自行起动，再运行 16 s 交流电动机全部停止。

第 7 章 控制电机及仿真

学习目标

- 了解控制电机分类；
- 理解永磁电机基本工作原理；
- 理解无刷直流电机的基本工作原理；
- 理解步进电机的基本工作原理及驱动；
- 理解伺服电机的工作原理及特性；
- 理解直线电机的工作原理；
- 了解控制电机应用案例及仿真。

在日常生活和生产实际中广泛使用着各种特殊结构和特殊用途的电机，特别是随着新技术的不断发展和新材料的不断涌现，新型特种电机的研究和应用还处在不断发展之中。控制电机作为一种特殊电机，也是一种机电元件，在普通旋转电机的基础上产生，应用于自动控制系统和解算装置中，作为执行元件、检测元件或解算元件。控制电机的分类如下：

我国驱动电
机的需求

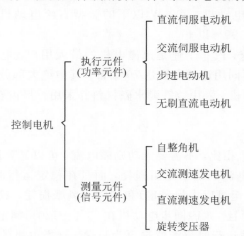

控制电机分为执行元件和测量元件。执行元件主要包括交直流伺服电动机、无刷直流电动机、步进电动机、直线电动机，它们的任务是将电信号转换成轴上的角位移或角速度以及线位移或线速度，并带动控制对象运动；测量元件主要包括旋转变压器，自整角机，交、直流测速发电机，它们的主要任务是测量机械转角、转角差和转速，一般在自动控制系统中作为敏感元件和校正元件。控制电机的特点是运行平稳、响应迅速、准确可靠，体积小、质量轻。

7.1　永磁电机

7.1.1　永磁电机的基本原理和分类

世界上第一台电机就是永磁电机，但是早期的永磁材料磁性很差，致使永磁电机体积很大，非常笨重，因而很快就为电励磁式电机所取代。随着稀土永磁材料的快速发展，特别是第三代稀土永磁材料钕铁硼的问世，给永磁电机的研究和开发带来了新的活力。

1. 永磁电机的基本原理

电机是以磁场为媒介进行机械能和电能相互转换的电磁装置。为在电机内建立进行机电能量转换所必需的气隙磁场，可以有两种方法：一种是在电机绕组内通电流产生，既需要有专门的绕组和相应的装置，又需要不断供给能量以维持电流流动，如普通的直流电机和同步电机；另一种是由永磁体来产生磁场，既可简化电机结构，又可节约能量，这就是永磁电机。也就是说，和普通的直流电机及同步电机相比（这些电机因为磁场由电流产生，所以称之为电励磁电机），永磁电机即是用永磁体替代了电励磁，因此称之为永磁电机。

2. 永磁电机分类

1）永磁直流电动机

直流电动机采用永磁励磁后，既保留了电励磁直流电动机良好的调速特性和机械特性，还因省去了励磁绕组和励磁损耗而具有结构工艺简单、体积小、用铜量少、效率高等特点。因而从家用电器、便携式电子设备、电动工具到要求有良好动态性能的精密速度和位置传动系统都大量应用永磁直流电动机。500 W 以下的微型直流电动机中，永磁电机占92％，而 10 W 以下的永磁电机占 99％以上。

目前，我国汽车行业发展迅速，汽车工业是永磁电机的最大用户，电机是汽车的关键部件，一辆超豪华轿车中，各种不同用途的电机达 70 余台，其中绝大部分是低压永磁直流微电机。汽车、摩托车用起动电动机，采用钕铁硼永磁材料并采用行星齿轮减速后，可使起动电动机的质量减轻一半。

2）永磁同步电动机

永磁同步电动机与感应电动机相比，不需要无功励磁电流，可以显著提高功率因数（可达到 1，甚至容性），减少了定子电流和定子电阻损耗，而且在稳定运行时没有转子铜耗，进而可以减小风扇（小容量电机甚至可以去掉风扇）和相应的风摩损耗，效率比同规格感应电动机可提高 2～10 个百分点。而且，永磁同步电动机在 25％～120％额定负载范围内均可保持较高的效率和功率因数，轻载运行时节能效果更为显著。这类电机的转子可以设置起动绕组，具有在某一频率和电压下直接起动的能力，称作自起动永磁同步电机；也可以不设置起动绕组，与变频控制器配套使用，称作调速永磁同步电动机。

永磁同步电动机由于高效率的显著优点，广泛应用在油田、纺织化纤工业、陶瓷玻璃工业和年运行时间长的风机水泵以及空气压缩机等领域，调速永磁同步电动机在电动汽车上也得到了广泛应用。

3）无刷直流永磁电动机

本质上，无刷直流永磁电动机是一种永磁同步电动机。和调速永磁同步电动机一样，必须由逆变器供电。调速永磁同步电动机工作时电流和反电动势理想状态下呈正弦分布；无刷直流永磁电动机的电流及反电动势则呈梯形波分布。从其工作特性看，和直流电动机相似，好似用逆变器装置替换了普通直流电动机的机械换向器，故称无刷直流电动机。

这种电机既具有电励磁直流电动机的优异调速性能，又实现了无刷化，主要应用于高控制精度和高可靠性的场合，如航空、航天、数控机床、加工中心、机器人、电动汽车、计算机外围设备等。

4）永磁发电机

永磁同步发电机与传统的发电机相比不需要集电环和电刷装置，结构简单，减少了故障率。采用稀土永磁后还可以增大气隙磁密，并把电机转速提高到最佳值，提高功率质量比。当代航空、航天用发电机几乎全部采用稀土永磁发电机。

目前，独立电源用的内燃机驱动小型发电机、车用永磁发电机、风轮直接驱动的小型永磁风力发电机正在逐步推广。

7.1.2　自起动永磁同步电机的基本原理

永磁同步电动机的运行原理和电励磁同步电动机相同，但是它以永磁体提供的磁通替代后者的励磁绕组励磁，使电动机结构较为简单，降低了加工和装配费用，且省去了容易出问题的集电环和电刷，提高了电动机的效率和功率密度，因而无需励磁电流，省去了励磁损耗，提高了电动机运行的可靠性，因而它是近年来研究得较多并在各个领域中得到越来越广泛应用的一种电动机。

永磁同步电动机分类比较多。按工作主磁场方向的不同，永磁同步电动机可分为径向磁场式和轴向磁场式；按电枢绕组位置的不同，可分为内转子式（常规式）和外转子式；按转子上有无起动绕组，可分为无起动绕组式（用于变频器供电的场合，利用频率的逐步提高而起动，并随着频率的改变而调节转速，常称为调速永磁同步电动机）和有起动绕组的电动机（既可用于调速运行又可在某一频率和电压下利用起动绕组所产生的异步转矩起动，常称为异步起动永磁同步电动机）；按供电电流波形的不同，可分为矩形波永磁同步电动机和正弦波永磁同步电动机（简称永磁同步电动机）。异步起动永磁同步电动机又称作自起动永磁同步电动机，当用于频率可调的传动系统时，形成一台具有阻尼（起动）绕组的调速永磁同步电动机。自起动永磁同步电动机总体结构与普通异步电动机类似，不同处在于转子槽较浅，槽下方置入永久磁钢。因此其定子结构与异步电动机相同，转子因内置磁钢一般称作内置式转子。

1. 基本结构

自起动永磁式同步电动机总体结构也分为定子和转子。定子结构与异步电动机相同。为了削弱谐波，异步电机转子经常斜槽。由于转子需要放置磁钢，转子不好斜槽，故自起动永磁同步电机的定子一般斜槽。自起动永磁同步电机的转子根据磁钢放置在转子表面还是内部，一般可分为表贴式和内置式。如图 7-1 分别列举了内置式永磁式同步电动机四种常见的转子结构，其中，径向结构极间漏磁较少，可采用导磁轴，不需要隔磁衬套，因而转子零件较少，工艺也较简单；切向结构每极磁通由两块永磁体并联提供，可产生较大的气隙磁密；并联结构除具有切向结构的优点外，还可充分利用空间放置永磁体；混合结构又称为聚磁结构，每对极包括一对主极和一对副极，主极径向磁化，体积较大，气隙磁通的大部分由它提供，副极切向磁化，体积较小，不仅本身能提供一部分气隙磁通，而且能有效地减小主极的极间漏磁，提高永磁材料的利用率。

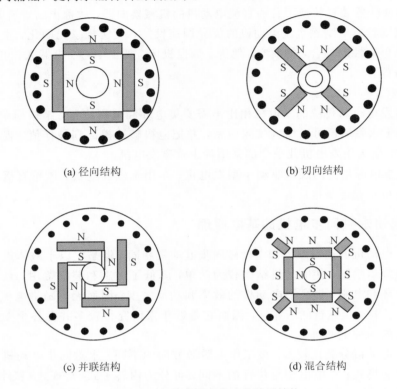

(a) 径向结构　　　　　　　　　　　　　　　　　(b) 切向结构

(c) 并联结构　　　　　　　　　　　　　　　　　(d) 混合结构

图 7-1　永磁式同步电动机转子结构

2. 工作原理与起动问题

和电励磁同步电动机一样，当自起动永磁同步电机稳定工作时，定子三相电流产生的合成磁场在电机气隙中以同步转速旋转；转子上装设的永久磁钢磁场随转子一起旋转，转速及转向与定子合成磁场的相同。由于转子转速与磁场转速相同，因此外表看上去原本为异步电动机，在转子上装设了永久磁钢后，稳态运行时转速必然为磁场转速，电机"变成"了同步电机。因此转子上虽有绕组（导条），但由于和磁场之间没有相对运动，因此转子绕组中不产生电动势，故而转子绕组没有电流，转子铜损耗几乎为零。这是自起动永磁同步电动机效率比异步电动机效率明显提升的主要原因。

由于转子上永磁体的存在和转子电磁的不对称性，自起动永磁同步电动机与异步电动机相比较，其起动过程远较鼠笼异步电动机复杂。

在起动过程中，永磁体磁场随转子以 $n = (1-s)n_1$ 转速旋转，在定子绕组中感应 $(1-s)f_1$ 频率的对称三相电动势。由于电网频率为 f_1，对于频率为 $(1-s)f_1$ 的定子电动势，接至电网就相当于短路，于是定子绕组内将流过一组频率为 $(1-s)f_1$ 的三相短路电流。从叠加原理考虑，永磁同步电动机定子绕组中存在两个不同频率的交流激励源：即外加的频率为 f_1 的对称三相电压和转子永磁体感生的频率为 $(1-s)f_1$ 的对称三相电动势。若将起动过程近似地看成是一系列不同转差率下的稳态异步运行，当磁路为线性时，永磁同步电动机起动过程可以看成是转子无永磁体时，转子不对称鼠笼异步电动机稳态运行和转子上有永磁体励磁、定子三相短路的异步稳态运行的叠加。

　　因此，自起动永磁同步电动机依靠笼型绕组产生如同异步电动机工作时一样的起动转矩，带动转子旋转起来。等到转子转速上升到接近同步转速时，依靠定子旋转磁场与转子永磁体的相互吸引把转子牵入同步。这就是所谓的"异步起动，同步运行"。在整个起动过程中，笼型绕组产生异步起动转矩，而永磁体产生发电制动转矩，但当达到同步速时，异步起动转矩为零，而发电制动转矩转变为同步牵引转矩，带动电动机正常同步运行。可见，对于自起动永磁式同步电动机来说，永磁体和笼型起动绕组之间的合理设计是十分重要的。

7.1.3　调速永磁同步电机的基本原理

　　如果去掉自起动永磁同步电动机转子上的起动绕组，那么这种电机在工频电源下将没有起动能力，但在变频电源下，逐渐升高定子电源的频率，旋转磁场的同步转速逐渐升高，会带动转子逐渐达到需要的转速。这样的电机一般都使用在需要调速的场所，因此称为调速永磁同步电动机，有时简称永磁同步电动机。其截面图如图 7 - 2 所示。

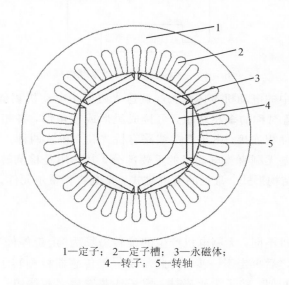

1—定子；　2—定子槽；　3—永磁体；
4—转子；　5—转轴

图 7 - 2　调速永磁同步电动机截面

　　调速永磁同步电动机由于转子上不设置起动绕组（或称阻尼绕组），可以放置永久磁钢的空间增加，因此提高了电机的功率密度，减小了电机的体积。为了使调速永磁同步电机可靠地工作，一般需要检测转子磁极位置的传感器，比如光电编码器或旋转变压器等。

7.2　无刷直流电机

　　直流电动机由于调速性能好、堵转转矩大等优点而在各种运动控制系统中等到广泛应用，但是直流电动机具有电刷和换向器装置，运行时所形成的机械摩擦严重影响了电机的精度和可靠性，因摩擦而产生的火花还会引起无线电干扰。电刷和换向器装置使直流电动机结构复杂、噪声大，维护也比较困难。所以，长期以来人们在不断寻求可以不用电刷和换向器装置的直流电动机。随着电子技术、计算机技术和永磁材料的迅速发展，诞生了无刷直流电动机。这种电动机利用电子开关线路和位置传感器来代替电刷和换向器，既具有直流电动机的运行特性，又具有交流电动机结构简单、运行可靠、维护方便等优点，它的转速不再受机械换向的限制，可以制成转速高达每分钟几十万转的高速电动机。因此，无刷直流电动机用途非常广泛，可作为一般直流电动机、伺服电动机和力矩电动机等使用。

7.2.1　基本结构

无刷直流电动机由电动机本体、电子开关线路和转子位置传感器三部分组成，其系统构成如图 7-3 所示，其中，直流电源通过电子开关线路向电动机本体的定子绕组供电，转子位置传感器检测电动机的转子位置，并提供信号控制电子开关线路中的功率开关元件，使之按照一定的规律导通和关断，从而控制电动机的转动。

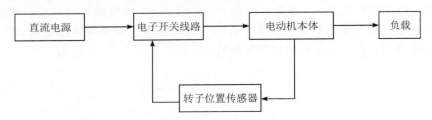

图 7-3　无刷直流电动机系统构成

无刷直流电动机中的电动机本体结构与调速永磁同步电动机相似，转子上装设永久磁钢，定子铁芯中安放着对称的多相绕组，可接成星形或三角形，各相绕组分别与电子开关线路中的相应开关元件相连接，电子开关线路有桥式和非桥式两种。

转子位置传感器是无刷直流电动机的重要部分，其作用是检测转子磁场相对于定子绕组的位置。它有多种结构形式，常见的有电磁式、光电式和霍尔元件。

7.2.2　工作原理

与交流或同步电机不同，无刷电机产生的旋转磁场为"走走停停"式旋转磁场，即每走一步要等待转子跟进之后再走下一步，为此需要位置传感器检测转子是否跟进。其基本结构与永磁式同步电机相似：转子为永磁体；定子铁芯安放多相绕组；电子开关线路通过依次导通定子绕组产生旋转磁场，带动转子旋转。

根据电子开关线路结构和定子绕组连接方式，无刷直流电动机可以有如下三种实现方式：

1）定子绕组与开关电路三相非桥式星形接法

如图 7-4 所示，定子绕组与开关电路采用三相非桥式星形接法，具体运行过程如下：

（1）转子 N 极到达 Y 位置，此时线圈 W_a 得电，则 VT_1 导通，使旋转磁场 S 极移至 ZB 中部，如图 7-4(a)所示；

（2）转子 N 极到达 Z 位置，此时线圈 W_b 得电，则 VT_2 导通，使旋转磁场 S 极移至 XC 中部，如图 7-4(b)所示；

（3）转子 N 极到达 X 位置，此时线圈 W_c 得电，则 VT_3 导通，使旋转磁场 S 极移至 YA 中部，如图 7-4(c)所示。

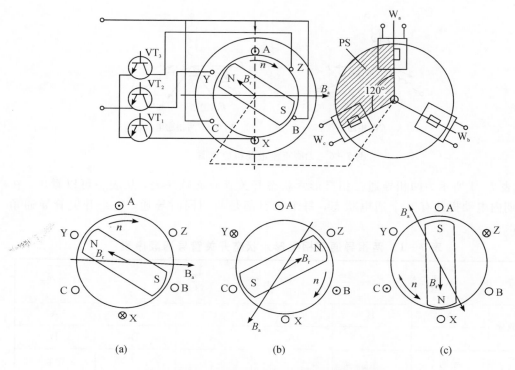

图 7-4　无刷直流电机三相非桥式星形结构

2) 定子绕组与开关电路三相桥式星形接法

如图 7-5 所示，假设在任意时刻开关线路的上桥臂和下桥臂各有一个晶体管导通，即三相绕组的通电顺序依次为 AC、BC、BA、CA、CB、AB。

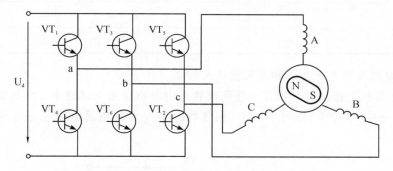

图 7-5　无刷直流电动机三相桥式星形接法

当 A、C 相通电时，转子磁极位置如图 7-6(a)所示，$\overrightarrow{F_S}$ 为定子绕组合成磁动势，$\overrightarrow{F_N}$ 起始为转子永磁体磁动势，θ 为转子磁极位置角($\theta = 0 \sim \pi/3$)。当永磁体位于起始位置时，A、C 两相开始通电，而 B 相无电流。此时电流流通的路径为：电源正极→VT$_1$ 管→A 相绕组→C 相绕组→VT$_2$ 管→电源负极(见图 7-5)。$\overrightarrow{F_S}$ 和 $\overrightarrow{F_N}$ 相互作用，使转子顺时针旋转。当转子顺时针旋转 $\pi/3$ 到达终止位置时，开始进入 B、C 两相通电的状态，如图 7-6(b)所示。此时电流流通的路径为：电源正极→VT$_3$ 管→B 相绕组→C 相绕组→VT$_2$ 管→电源负极(见图 7-5)。$\overrightarrow{F_S}$ 和 $\overrightarrow{F_N}$ 相互作用，使转子继续顺时针旋转。六种状态如此循环往复。

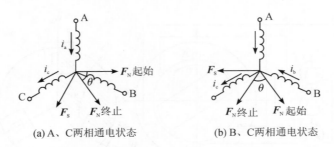

(a) A、C两相通电状态　　　　　(b) B、C两相通电状态

图 7-6　无刷直流电动机原理图

如表 7-1 所示为两相导通三相星形六状态开关管导通顺序表,从表中可以看出,在 1 个周期内电动机共有 6 个通电状态,每个状态都是两相同时导通,每个开关管导通角为 $2\pi/3$。

表 7-1　两相导通三相星形六状态开关管导通顺序表

电角度	0	$\frac{\pi}{3}$	$\frac{2\pi}{3}$	π	$\frac{4\pi}{3}$	$\frac{5\pi}{3}$	2π
导电顺序	A	B	B	C	C	A	
	C	C	A	A	B	B	
VT₁	导通					导通	
VT₂	导通	导通					
VT₃		导通	导通				
VT₄			导通	导通			
VT₅				导通	导通		
VT₆					导通	导通	

3) 定子绕组与开关电路三相封闭型桥式接法

桥式接法与星形接法的区别在于任何磁状态中电枢绕组全部通电,总是某两相绕组串联后再与另一相绕组并联(见图 7-7)。在各状态中仅是各相通电顺序与电流流过的方向不同。

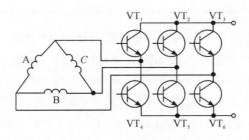

图 7-7　无刷直流电动机三相封闭型桥式接法

三相导通三相封闭型六状态开关管导通顺序表如表 7-2 所示。

表 7-2　三相导通三相封闭型六状态开关管导通顺序表

电角度	0	$\frac{\pi}{3}$	$\frac{2\pi}{3}$	π	$\frac{4\pi}{3}$	$\frac{5\pi}{3}$	2π
导电顺序	A	C	B	A	C	B	
	C→B	A→B	A→C	B→C	B→A	C→A	
VT₁	←导通→						
VT₂						←导通→	
VT₃			←导通→				
VY₄					←导通→		
VT₅			←导通→				
VT₆	←导通→						←导通→

7.2.3　无刷直流电动机与永磁同步电动机的比较

　　无刷直流电动机将电子线路与电机融为一体，把先进的电子技术、微机控制技术应用于电机领域，是典型的机电一体化产品，促进了电机技术的发展。无刷直流电动机属于永磁式电动机，目前在运动控制系统中普遍使用的永磁电动机有两大类，即无刷直流电动机和调速永磁同步电动机。这两种类型的电机连同自起动永磁同步电机有时都称作无刷永磁同步电机，而调速永磁同步电动机和自起动永磁同步电机自然都可以称作永磁同步电动机。现将无刷直流电动机和永磁同步电动机简单比较如下：

　　(1) 无刷直流电动机(Brushless DC Motor，BDCM)：其出发点是用装有永磁体的转子取代有刷直流电动机的定子磁极，将原直流电动机的转子电枢变为定子。有刷直流电动机是依靠机械换向器将直流电流转换为近似梯形波的交流，而 BDCM 是将方波电流(实际上也是梯形波)直接输入定子，其好处就是省去了机械换向器和电刷，也称为电子换向。为产生恒定电磁转矩，要求系统向 BDCM 输入三相对称方波电流，同时要求 BDCM 的每相感应电动势为梯形波，因此也称 BDCM 为方波电动机。为此，无刷直流电动机的定子绕组常采用集中绕组。

　　(2) 永磁同步电动机(Permanent Magnet Synchronous Motor，PMSM)：其出发点是用永磁体取代电励磁式同步电动机转子上的励磁绕组，以省去励磁线圈、滑环和电刷。PMSM 的定子与电励磁式同步电动机基本相同，要求输入定子的电流仍然是三相正弦的。为产生恒定电磁转矩，要求系统向 PMSM 输入三相对称正弦电流，同时要求 PMSM 的每相感应电动势为正弦波，因此也称 PMSM 为正弦波电动机。如前所述，永磁同步电动机又可再分为自起动永磁同步电动机和调速永磁同步电动机。永磁同步电动机的定子绕组一般采用分布和短距以削弱谐波。

7.3　步进电动机

　　步进电动机是一种把电脉冲信号转换成机械角位移的控制电机，常作为数字控制系统中的执行元件。如图 7-8 所示，由于其输入信号是脉冲电压，输出角位移是断续的，即每输入一个电脉冲信号，转子就前进一步，因此叫作步进电动机，也称为脉冲电动机。

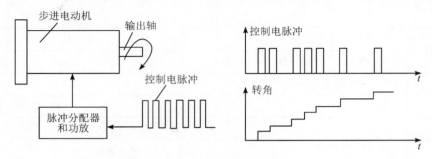

图 7-8　步进电机控制系统应用

步进电机不同于一般电机，它是一种离散类型的运动装置，它的作用是将电脉冲信号变成角度的位移，它的出现和现代数字控制技术有着本质上的联系。步进电动机的输入量是脉冲，输出量是位移或者步进运动，每当步进电机收到一个脉冲信号就会相应地转动一个固定的角度。一般情况下，它每转一周具有固定的步数；当作连续步进运动时，它的旋转转速与输入脉冲的频率保持严格的对应关系，不像普通电机一样转速会受电压和负载变化影响。因为步进电动机能直接接受数字量的控制，所以非常适宜采用计算机进行数字控制，故在目前国内的数字控制系统中，它的应用十分广泛。

步进电动机在近十几年中发展很快，这是由于电力电子技术的发展解决了步进电动机的电源问题，而步进电动机能将数字信号转换成角位移，正好满足了许多自动化系统的要求。步进电动机的转速不受电压波动和负载变化的影响，只与脉冲频率同步，在许多需要精确控制的场合应用广泛，如打印机的进纸、计算机的软盘转动、卡片机的卡片移动、绘图仪的 X、Y 轴驱动等等。

7.3.1　步进电动机的基本结构

从结构上来说，步进电动机主要包括反应式、永磁式和复合式三种。反应式步进电动机依靠变化的磁阻产生磁阻转矩，又称为磁阻式步进电动机，如图 7-9(a)所示；永磁式步进电动机依靠永磁体和定子绕组之间所产生的电磁转矩工作，如图 7-9(b)所示；复合式步进电动机则是反应式和永磁式的结合。目前应用最多的是反应式步进电动机。

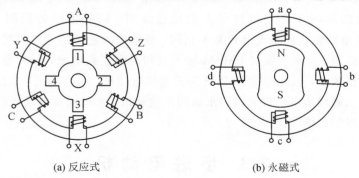

(a) 反应式　　　　　　　　　　(b) 永磁式

图 7-9　步进电动机的基本结构

7.3.2　步进电动机的工作原理

本小节以三相反应式步进电动机为例说明其工作原理。如图 7-10 所示为步进电动机工作原理，一般来说，若相数为 m，则定子极数为 $2m$，所以定子有六个齿极。定子相对的两个齿极组成一组，每个齿极上都装有集中控制绕组。同一相的控制绕组可以串联也可以并联，只要它们产生的磁场极性相反。反应式步进电动机的转子类似于凸极同步电动机，这里讨论有四个齿极的情况。

当 A 相绕组通入直流电流 i_A 时，由于磁力线总是力图通过磁阻最小的路径，在旋转磁场沿定子齿步进时，转子齿总是试图与旋转磁场位置的定子齿对齐，由此产生转矩，转子将受到磁阻转矩的作用而转动。当转子转到其轴线与 A 相绕组轴线相重合的位置时，磁阻转矩为零，转子停留在该位置，如图 7-10(a)所示。

定子绕组的通电状态每切换一次称为"一拍"，其特点是每次只有一相绕组通电。每通入一个脉冲信号，转子转过一个角度，这个角度称为步距角。每经过三拍完成一次通电循环，所以称为"三相单三拍"通电方式，如三相单三拍运行通电顺序为 A→B→C，则：

（1）当 A 相通电，B 相和 C 相都不通电时，利用磁通具有力图走磁阻最小路径的性质，转子齿 1 和 3 的轴线与定子 A 极轴线对齐，如图 7-10(a)所示；

（2）当 B 相通电，A 相和 C 相都不通电时，转子齿 2 和 4 的轴线与定子 B 极轴线对齐，转子逆时针转过 30°，如图 7-10(b)所示；

（3）当 C 相通电，A 相和 B 相都不通电时，转子齿 1 和 3 的轴线与定子 C 极轴线对齐，转子逆时针再转过 30°，如图 7-10(c)所示。

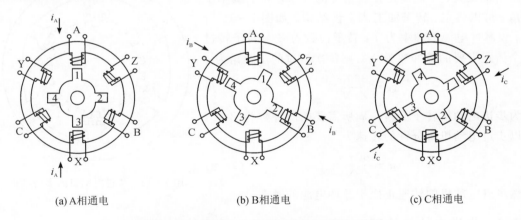

(a) A 相通电　　　　　　　　(b) B 相通电　　　　　　　　(c) C 相通电

图 7-10　步进电动机工作原理（三相单三拍）

如果 A 相绕组不断电，转子将一直停留在这个平衡位置，称为"自锁"。如果三相定子绕组按照 A→C→B 顺序通电，则转子将按逆时针方向旋转。三相步进电动机采用单三拍运行方式时，在绕组断、通电的间隙，转子有可能失去自锁能力，出现失步现象。另外，在转子频繁起动、加速、减速的步进过程中，由于受惯性的影响，转子在平衡位置附近有可能出现振荡现象。所以，三相步进电动机单三拍运行方式容易出现失步和振荡，常采用三相双三拍运行方式。

如果三相双三拍运行方式的通电顺序是 AB→BC→CA→AB，由于每拍都有两相绕组同时通电，如当 A、B 两相通电时，转子齿极 1、3 受到定子磁极 A、X 的吸引，而 2、4 受到 B、Y 的吸引，转子在两者吸力相平衡的位置停止转动，如图 7-11(a)所示；下一拍 B、C 两相通电时，转子将顺时针转过 30°，达到新的平衡位置，如图 7-11(b)所示；再下一拍 C、A 两相通电时，转子将再顺时针转过 30°，达到新的平衡位置，如图 7-11(c)所示。可见这种运行方式的步距角也是 30°。采用三相双三拍通电方式时，在切换过程中总有一相绕组处于通电状态，转子齿极受到定子磁场控制，不易失步和振荡。

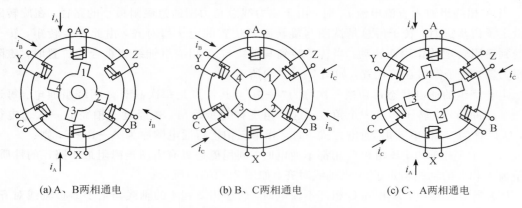

(a) A、B 两相通电　　　　　(b) B、C 两相通电　　　　　(c) C、A 两相通电

图 7-11　步进电动机工作原理(三相双三拍)

对于如图 7-10 和图 7-11 所示的步进电动机，其步距角都太大，不能满足控制精度的要求。为了减小步距角，可以将定、转子加工成多齿结构，如图 7-12 所示。设脉冲电源的频率为 f，转子齿数为 Z_r，转子转过一个齿距需要的脉冲数为 N，则每次转过的步距角为

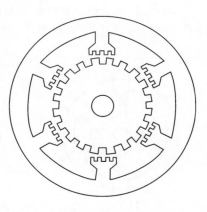

$$\alpha_b = \frac{360°}{Z_r N} \qquad (7-1)$$

因为步进电动机转子旋转一周所需要的脉冲数为 $Z_r N$，所以步进电动机每分钟的转速为

$$n = \frac{60 f}{Z_r N} \qquad (7-2)$$

图 7-12　步进电动机的多齿结构

显然步进电动机的转速正比于脉冲电源的频率。

7.3.3　步进电动机的驱动

由于控制器输出的控制信号是弱电信号，需转换成可以驱动电动机带动负载运动的强电，因此，控制电动机转动的控制器与电动机之间需通过驱动放大器连接，如图 7-13 所示为电机驱动系统。

驱动控制器和步进电机共同构成了步进系统的核心组件，它按照控制器发出的脉冲和方向指令(弱电信号)对电机的线圈电流(强电)进行控制，从而控制步进电机的角位移和转动方向。

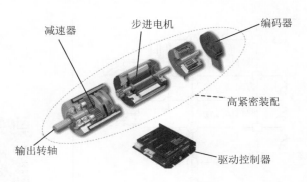

图 7 - 13　电机驱动系统

步进电机驱动器是一种将电脉冲转化为角位移的执行机构，如图 7 - 14 所示。当步进驱动器接收到一个脉冲信号，它就驱动步进电机按设定的方向转动一个固定的角度，称为"步距角"，它的旋转是以固定的角度一步一步运行的。可以通过控制脉冲个数来控制角位移量，从而达到准确定位的目的。同时，可以通过控制脉冲频率来控制电机转动的速度和加速度，从而达到调速和定位的目的，步进电机驱动电路的构成如图 7 - 15 所示。

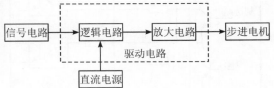

图 7 - 14　步进电机及驱动器　　　　图 7 - 15　步进电动机驱动电路的构成

由于步进电机是一种将电脉冲信号转换成直线或角位移的执行元件，它不能直接接到交直流电源上，而必须使用专用设备——步进电机控制驱动器。典型步进电机驱动系统构成如图 7 - 15 所示，控制器发出脉冲频率从几赫兹到几十千赫兹可以连续变化的脉冲信号，通过信号电路为步进电机的驱动电路提供脉冲序列，逻辑电路的主要功能是把来自信号电路的脉冲序列按一定的规律分配后，经过功率放大电路的放大加到步进电机的输入端，从而驱动步进电机工作。

如图 7 - 16 所示为步进电机驱动器接口电路，其中，电机接口：A＋和 A－接步进电机 A 相绕组的正、负端；B＋和 B－接步进电机 B 相绕组的正、负端。当 A、B 两相绕组调换时，可使电机方向反向。信号端接线具体又分为共阳极接法（所有信号正端接地）和共阴极接法（所有信号负端接地）；控制脉冲信号接口：PUL＋和 PUL－是控制脉冲信号的正端和负端；DIR＋和 DIR－是控制方向信号的正端和负端；ENA＋和 ENA－是使能信号的正端和负端。

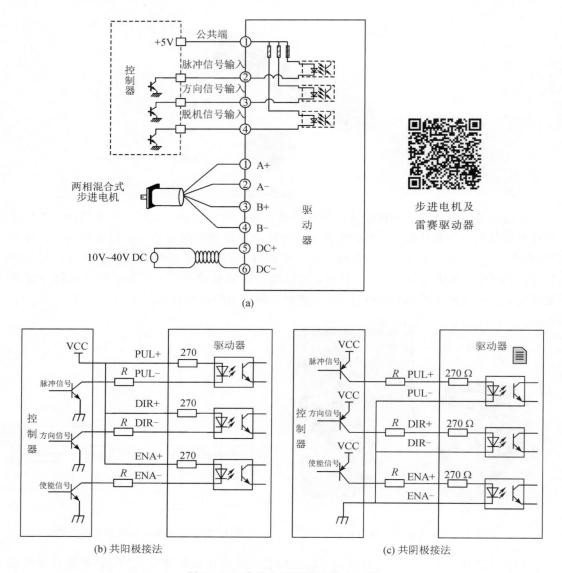

步进电机及
雷赛驱动器

(a)

(b) 共阳极接法

(c) 共阴极接法

图 7-16 步进电机驱动器接口电路

7.4 伺服电机

伺服电动机广泛应用于各种控制系统中，常作为自动控制系统中的执行元件，能将输入的电压信号精确地转换为电机轴上的机械输出量，拖动被控制元件，实现控制系统对机械负载的控制。伺服电动机有直流和交流之分，最早的伺服电动机是一般的直流电动机，在控制精度不高的情况下，才采用一般的直流电机作伺服电动机。目前的直流伺服电动机从结构上讲，就是小功率的直流电动机，其励磁多采用电枢控制和磁场控制，但通常采用电枢控制。根据旋转电机的分类，直流伺服电动机在机械特性上能够很好地满足控制系统的要求，但是由于换向器的存在，存在许多的不足：换向器与电刷之间易产生火花，干扰驱动器工作,不能应用在有可燃气体的场合;电刷和换向器存在摩擦,会产生较大的死区;结构复杂,维护比较困难。

交流伺服电动机本质上是一种两相异步电动机,其控制方法主要有三种:幅值控制、相位控制和幅相控制。一般地,伺服电动机要求电动机的转速要受所加电压信号的控制;转速能够随着所加电压信号的变化而连续变化;电动机的反应要快、体积要小、控制功率要小。伺服电动机主要应用在各种运动控制系统中,尤其是随动系统。

7.4.1 直流伺服电动机的工作特性

1. 电枢控制时直流伺服电动机的特性

将控制信号作为电枢电压来控制电机的转速和输出转矩,这种方式称为电枢控制,其工作原理如图 7 - 17 所示,U_C 为控制绕组,U_f 为励磁绕组,接直流电源。当控制绕组接到控制电压后,电动机就转动;控制电压消失后,电动机立即停转。电枢控制时直流伺服电动机的机械特性和他励直流电动机改变电枢电压时的人为机械特性一样,其表达式为

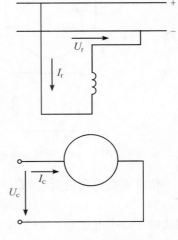

$$T = \frac{C_T \Phi U_C}{R_a} - \frac{C_e C_T \Phi^2}{R_a} \qquad (7-3)$$

式中,U_C 为电枢控制电压,其余参数表示与直流电机相同。

在磁路不饱和且不计电枢反应的情况下,可得磁通

$$\Phi = C_\Phi U_f \qquad (7-4)$$

式中,C_Φ 为磁通常数。

图 7 - 17 电枢控制电路

规定控制电压与励磁电压之比的信号系数为

$$\alpha = \frac{U_C}{U_f} \qquad (7-5)$$

将式(7-4)及式(7-5)代入式(7-3),则得电磁转矩为

$$T_e = \frac{C_T C_\Phi U_f^2}{R_a}\alpha - \frac{C_T C_e C_\Phi^2 U_f^2}{R_a}n \qquad (7-6)$$

控制电压等于励磁电压时的理想空载转速和电磁转矩分别为

$$n_B = \frac{1}{C_e C_\Phi'}, \quad T_{eB} = \frac{C_T C_\Phi' U_f^2}{R_a} \qquad (7-7)$$

则由式(7-6)和式(7-7)得

$$T = \frac{T_e}{T_{eB}} = \alpha - \frac{n}{n_B} = \alpha - \nu \qquad (7-8)$$

式中,ν 为转速比(电机转速 n 与理想空载转速 n_B 之比),当信号系数 α =常值时,直流伺服电动机的机械特性是线性的,如图 7 - 18 所示。

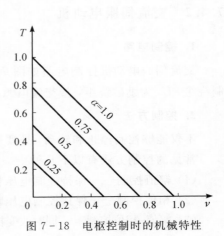

图 7 - 18 电枢控制时的机械特性

2. 磁场控制时直流伺服电动机的特性

将控制信号加在励磁绕组上，通过控制磁通来控制电机的转速和输出转矩，这种控制方式称为磁场控制，其工作原理如图 7-19 所示，磁场控制直流伺服电机运行时的机械特性如图 7-20 所示。

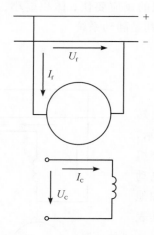

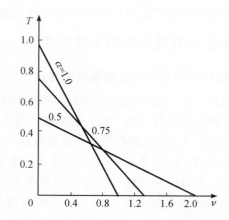

图 7-19　磁场控制电路　图 7-20　磁场控制直流伺服电机运行时的机械特性

信号系数仍规定为 $\alpha = U_C/U_f$，在磁路不饱和且不计电枢反应的情况下，可得磁通

$$\Phi = C'_\Phi U_C \qquad\qquad (7-9)$$

则式(7-6)中电压 U_C 与 U_f 互换后，电磁转矩为

$$T_e = \frac{C_T C'_\Phi U_f^2}{R_a}\alpha - \frac{C_e C_T C'^2_\Phi \alpha^2 U_f^2}{R_a}n \qquad\qquad (7-10)$$

则由式(7-10)和式(7-8)得

$$T = \frac{T_e}{T_{eB}} = \alpha - \alpha^2 \frac{n}{n_B} = \alpha - \alpha^2 \nu \qquad (7-11)$$

机械特性为：$\alpha = $ 常数，$T = T_e/T_{eB} = f(n/n_B) = f(\nu)$，如图 7-20 所示，为线性。

7.4.2　交流伺服电动机

1. 控制电路

交流伺服电动机控制电路如图 7-21 所示，U_C 为控制绕组，U_f 为励磁绕组，接交流电源。

2. 控制方法

不仅能够控制停止和转动，还要能够控制转速和转动方向。

常见的控制方法有以下几种：

(1) 幅值控制——保持控制电压相位不变，改变其幅值进行控制，如图 7-22(a)所示。

(2) 相位控制——保持控制电压幅值不变，改变其相位进行控制，如图 7-22(b)所示。

(3) 幅值-相位控制——同时改变控制电压的幅值和相位来进行控制，如图 7-22(c)所示。

图 7-21　交流伺服电动机控制电路

3. 机械特性

机械特性是指控制电压信号一定时，电磁转矩随转速变化的关系，交流伺服电动机三种控制方式下的机械特性如图 7 - 22 所示。图中 T 为输出转矩对起动转矩的相对值，ν 为转速对同步转速的相对值。从机械特性曲线可看出，不论哪种控制方式，控制信号越小，则 α_e、$\sin\beta$ 越小，机械特性就越下移，理想空载转速（$T=0$）也随之减小。

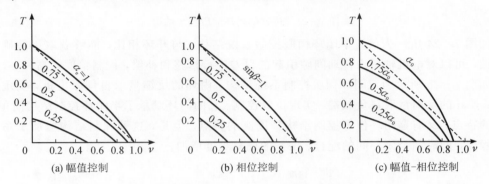

(a) 幅值控制　　　　　　　(b) 相位控制　　　　　　　(c) 幅值-相位控制

图 7 - 22　交流伺服电动机的机械特性

7.4.3　伺服电机的控制方法

单轴伺服控制系统以机床伺服系统为例，如图 7 - 23 所示，机床对伺服系统的要求，包括静态和动态性能要求，其中，静态性能指标（包括定位精度和重复定位精度）要高，即定位误差和重复定位误差要小；动态性能指标（跟随精度，用跟随误差表示，也即轮廓精度），灵敏度要高，要有足够高的分辨率。

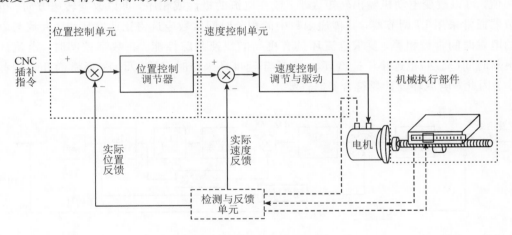

图 7 - 23　单轴位置伺服系统

单轴伺服系统在位置控制方式下，伺服驱动器接收上位控制装置发出的位置指令信号，位置指令信号在驱动器内部经电子齿轮分倍频后，先后受位置控制器、速度控制器调节，再经矢量控制，输出转矩电流，控制交流伺服电机的运行。伺服电机的转速和位移分别与输入机床伺服系统的脉冲频率和个数有关。

通常情况下，位置伺服系统可以采用位置、速度、电流反馈的单闭环(见图7-24)、双闭环(见图7-25)和三闭环结构(见图7-26)。

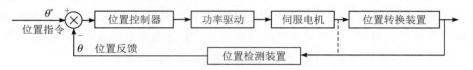

图7-24　位置单闭环伺服系统结构

如图7-24所示为位置单闭环伺服控制系统结构，与开环相比，能够获取更精确的位置反馈，可以对电机轴后由传动间隙引起的误差进行修整和补偿，控制精度较高。

如图7-25所示为双闭环伺服控制系统结构，内环的反馈量取自伺服电机，实现速度控制；外环的反馈量取自负载端，实现位置控制。它的内环继承了半闭环控制结构简单、响应快的特点，又有全闭环位置控制结构精度高的特点。但是，这种控制结构增加了系统的复杂程度，同时两个闭环间的配合、增益的调整难度增加。

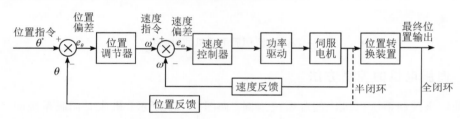

图7-25　位置、速度双闭环伺服系统结构

图7-26中电流调节器是最内环，使电机绕组中的电流得到有效控制，改变电流大小或幅值，可以改变电动机输出转矩大小；改变电流的极性或相序，可以改变转速方向。电流调节器通常采用PI调节器，其传递函数中的积分时间常数应选得比速度环小，大致与电动机的电磁时间常数相等，要求电流环具有更高的快速跟踪性能。在数字控制时，电流环采样更新时间(周期)也远小于速度环(一般小于速度环采样时间的1/10)，通常为几十微秒或更小，因此，电流环设计要符合实时性要求。

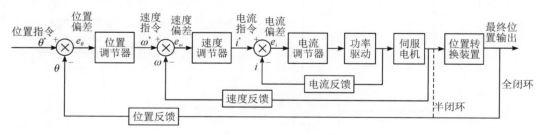

图7-26　位置、速度、电流三闭环伺服系统结构

速度调节器是位置环的内环，电流环的外环，通常为PI调节器；其输入为位置调节器输出，输出为电流指令，输出通常有限幅。速度调节器的作用主要为了能进行稳定的速度控制，以使其在定位时不产生振荡，为了进行位置控制，也要求速度环能有快速响应速度指令的能力，并在稳态时具有良好的特性硬度，对各种干扰具有良好的抑制作用。在数字控制时，速度环采样更新时间(周期)通常为几毫秒、几百微秒或更小。

位置控制的根本任务就是使执行机构对位置指令进行精确跟踪。输出响应的快速性、灵活性、准确性成了位置控制系统的主要特征，也就是说，系统的跟随性成为主要指标。位置控制/调节器主要为比例（P）或比例微分（PD）控制，而把系统中扰动的影响都用速度内环的速度控制/调节器来补偿，在位置环中可不考虑对扰动的补偿。在数字控制时，位置环采样更新周期应大于等于速度环采样更新周期，通常是速度环采样更新周期的几倍。

目前的运动控制系统设计多采用上位机控制系统，上位控制单元一般采用专用运动控制器或 PC + 运动控制卡，执行机构一般为步进电机、伺服电机或控制电机，这里以伺服电机为例，伺服系统包括伺服电机驱动器及伺服电机，常采用的三环控制为转矩控制、速度控制和位置控制，如图 7 - 27 所示。

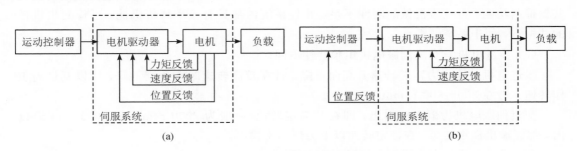

图 7 - 27　运动控制系统设计方案

就伺服驱动器的响应速度来看，转矩模式运算量最小，驱动器对控制信号的响应最快，位置模式运算量最大，驱动器对控制信号的响应最慢，如图 7 - 27(a)所示。如果控制器运算速度比较快，可以用速度方式，把位置环从驱动器移到控制器上，如图 7 - 27(b)所示，减少驱动器的工作量，提高效率，如高端运动控制器。多轴运动控制典型应用领域为工业机器人、数控机床。

7.4.4　步进电机和交流伺服电机性能比较

步进电机是一种离散运动的装置，它和现代数字控制技术有着本质的联系。目前国内的数字控制系统中，步进电机的应用十分广泛。随着全数字式交流伺服系统的出现，交流伺服电机也越来越多地应用于数字控制系统中。为了适应数字控制的发展趋势，运动控制系统中大多采用步进电机或全数字式交流伺服电机作为执行电动机。虽然两者在控制方式上相似（脉冲串和方向信号），但在使用性能和应用场合上存在着较大的差异。现就二者的使用性能作一比较。

（1）步进电机与交流伺服电机控制精度不同。

两相混合式步进电机步距角一般为 3.6°、1.8°，五相混合式步进电机步距角一般为 0.72°、0.36°。也有一些高性能的步进电机步距角更小。例如，四通公司生产的一种用于慢走丝机床的步进电机，其步距角为 0.09°；德国百格拉公司（BERGER LAHR）生产的三相混合式步进电机，其步距角可通过拨码开关设置为 1.8°、0.9°、0.72°、0.36°、0.18°、0.09°、0.072°、0.036°，兼容了两相和五相混合式步进电机的步距角。

交流伺服电机的控制精度由电机轴后端的旋转编码器保证。以松下全数字式交流伺服电机为例，对于带标准 2500 线编码器的电机而言，由于驱动器内部采用了四倍频技术，其脉

冲当量为 $360°/10000＝0.036°$。对于带 17 位编码器的电机而言，驱动器每接收 $2^{17}＝131\ 072$ 个脉冲，电机转一圈，即其脉冲当量为 $360°/131072＝9.89''$，是步距角为 $1.8°$ 的步进电机的脉冲当量的 $1/655$。

（2）步进电机与交流伺服电机低频特性不同。

步进电机在低速时易出现低频振动现象，振动频率与负载情况和驱动器性能有关，一般认为振动频率为电机空载起跳频率的一半。这种由步进电机的工作原理所决定的低频振动现象对于机器的正常运转非常不利。当步进电机工作在低速时，一般应采用阻尼技术来克服低频振动现象，比如在电机上加阻尼器，或驱动器上采用细分技术等。

交流伺服电机运转非常平稳，即使在低速时也不会出现振动现象。交流伺服系统具有共振抑制功能，可克服机械的刚性不足，并且系统内部具有频率解析机能，可检测出机械的共振点，便于系统调整。

（3）步进电机与交流伺服电机矩频特性不同。

步进电机的输出力矩随转速升高而下降，且在较高转速时会急剧下降，所以其最高工作转速一般在 $300\sim600\ r/min$。

交流伺服电机为恒力矩输出，即在其额定转速（一般为 $2000\ r/min$ 或 $3000\ r/min$）以内，都能输出额定转矩，在额定转速以上为恒功率输出。

（4）步进电机与交流伺服电机过载能力不同。

步进电机一般不具有过载能力，交流伺服电机具有较强的过载能力。以松下交流伺服系统为例，它具有速度过载和转矩过载能力，其最大转矩为额定转矩的三倍，可用于克服惯性负载在起动瞬间的惯性力矩。步进电机因为没有这种过载能力，在选型时为了克服这种惯性力矩，往往需要选取较大转矩的电机，而机器在正常工作期间又不需要那么大的转矩，便出现了力矩浪费的现象。

（5）步进电机与交流伺服电机运行性能不同。

步进电机的控制为开环控制，起动频率过高或负载过大易出现丢步或堵转的现象，停止时转速过高易出现过冲的现象，所以为保证其控制精度，应处理好升、降速问题。

交流伺服驱动系统为闭环控制，驱动器可直接对电机编码器反馈信号进行采样，内部构成位置环和速度环，一般不会出现步进电机的丢步或过冲的现象，控制性能更为可靠。

（6）步进电机与交流伺服电机速度响应性能不同。

步进电机从静止加速到工作转速（一般为每分钟几百转）需要 $200\sim400\ ms$。

交流伺服系统的加速性能较好，以松下 MSMA 400 W 交流伺服电机为例，从静止加速到其额定转速 $3000\ r/min$ 仅需几毫秒，可用于要求快速起停的控制场合。

综上所述，交流伺服系统在许多性能方面都优于步进电机，但在一些要求不高的场合也经常用步进电机来作执行电动机。所以，在控制系统的设计过程中要综合考虑控制要求、成本等多方面的因素，选用适当的控制电机。

7.5　直线电动机

直线电动机是一种做直线运动的电机，早在 18 世纪就有人提出用直线电机驱动织布机的梭子，也有人想用它作为列车的动力，但只是停留在试验论证阶段。直到 19 世纪 50

年代随着新型控制元件的出现,直线电机的研究和应用才得到逐步发展。20 世纪 90 年代以来随着高精密机床的研制,因直线电机直接驱动系统具有传统系统无法比拟的优点和潜力,使其在机械加工自动化方面得到广泛应用,在工件传送、开关阀门、开闭窗帘及平面绘图仪、笔式记录仪、磁分离器、交通运输、海浪发电,以及作为压缩机、锻压机械的动力源等领域,显示出很大的优越性。

与旋转电机相比,直线电机主要有以下优点:

(1) 由于不需要中间传动机构,整个系统得到简化,精度提高,振动和噪声减小;

(2) 由于不存在中间传动机构的惯量和阻力矩的影响,电机加速和减速的时间短,可实现快速起动和正反向运行;

(3) 普通旋转电机由于受到离心力的作用,其圆周速度有所限制,而直线电机运行时,其部件不受离心力的影响,因而它的直线速度可以不受限制;

(4) 由于散热面积大,容易冷却,直线电机可以承受较高的电磁负荷,容量定额较高;

(5) 由于直线电机结构简单,且它的初级铁芯在嵌线后可以用环氧树脂密封成一个整体,所以可以在一些特殊场合中应用,如可在潮湿环境甚至水中使用。

直线电机是由旋转电机演化而来,如图 7-28 所示。原则上,各种形式的旋转电机,如直流电动机、异步电动机、同步电动机等均可演化成直线电动机。这里主要以国内外应用较多的直线感应电动机为例来介绍直线电机的基本结构和工作原理。

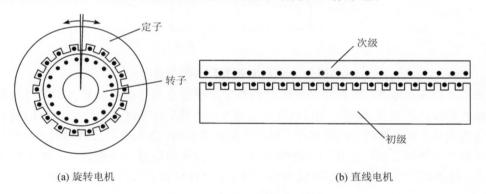

(a) 旋转电机　　　　　　　　　　　　　　(b) 直线电机

图 7-28　直线电机的演化

7.5.1　直线电动机的基本结构

如图 7-28(a)所示,如果将笼型感应电动机沿径向剖开,并将电机的圆周展成直线,就得到图 7-28(b)所示的直线感应电动机,其中定子与初级对应,转子与次级对应。由图 7-28 演变而来的直线电机,其初级和次级的长度是相等的。由于初级和次级之间要做相对运动,为保证初级与次级之间的耦合关系保持不变,实际应用中初级和次级的长度是不相等的。如图 7-29 所示,如果初级的长度较短,则称为短初级;反之,则称为短次级。由于短初级结构比较简单,成本较低,所以短初级使用较多,只有在特殊情况下才使用短次级。

如图 7-29 所示的直线电机仅在次级的一边具有初级,这种结构称为单边型。单边型除了产生切向力外,还会在初、次级之间产生较大的法向力,这对电机的运行是不利的。所以,为了充分利用次级和消除法向力,可以在次级的两侧都装上初级,这种结构称为双边型，如图 7-30 所示。我们知道还有一种实心转子感应电动机，它的定子和普通笼型感应电动机是一样的，转子是实心钢块。实心转子既作为导磁体又作为导电体，气隙磁场也会在钢块中感应电流，产生电磁转矩，驱动转子旋转。如图 7-29 和图 7-30 所示的直线电机实际上是由实心转子感应电动机演变而来的，所以图中的次级没有鼠笼导条。

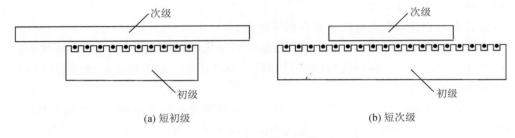

(a) 短初级　　　　　　　　　　　　　　(b) 短次级

图 7-29　扁平单边型直线电动机

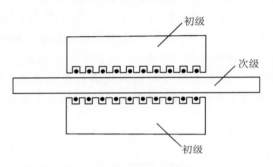

图 7-30　扁平双边型直线电动机

如图 7-29 和图 7-30 所示的直线电机称为扁平型直线感应电动机。如果把扁平型直线电机的初级和次级按如图 7-31(a) 所示箭头方向卷曲，就形成了如图 7-31(b) 所示的圆筒型直线电机。在扁平型直线电机中，初级线圈是菱形的，这与普通旋转电机是相同的。菱形线圈端部的作用是使电流从一个极流向另一个极。在圆筒型直线电机中，把菱形线圈卷曲起来，就不需要线圈的端部，而成为饼式线圈，这样可以大大简化制造工艺。

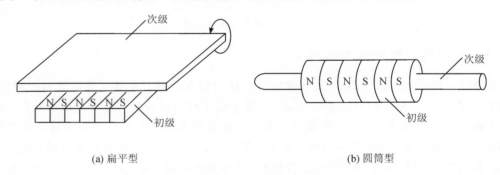

(a) 扁平型　　　　　　　　　　　　　　(b) 圆筒型

图 7-31　圆筒型直线电机的演化

7.5.2　直线电动机的工作原理

综上所述，直线电机由旋转电机演变而来，所以当初级的多相绕组中通入多相电流后，也会产生一个气隙磁场，这个磁场的磁通密度波是直线移动的，故称为行波磁场，如图 7-32 所示。显然，行波的移动速度与旋转磁场在定子内圆表面上的线速度是相同的，称为同步速度，则

$$v_s = 2f\tau \tag{7-12}$$

式中，f 为电源频率，τ 为极距。

在行波磁场切割下，次级中的导条将产生感应电动势和电流，所有导条的电流和气隙磁场相互作用，产生切向电磁力（图中只画出一根导条）。如果初级是固定不动的，则次级就沿着行波磁场行进的方向做直线运动，如图 7-32 所示。若次级移动的速度用 v 表示，则滑差率为

$$s = \frac{v_s - v}{v_s} \tag{7-13}$$

次级移动速度为

$$v = (1-s)v_s \tag{7-14}$$

式(7-12)表明直线感应电动机的速度与电源频率及电机极距成正比，因此改变极距或电源频率都可改变电机的速度。

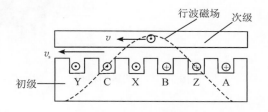

图 7-32　直线电动机原理图

次级上感生的电流与气隙行波磁场相互作用，从而产生电磁推力，驱动动子做直线运动。在实际应用中，既可以将初级用作动子，也可以将次级用作动子。

与旋转电机一样，改变直线电机初级绕组的通电次序，可改变电机运动的方向，因而可使直线电机作往复直线运动。如果圆筒型直线电机的初级绕组通以多相交流电，所产生的气隙磁场和扁平型直线电机是一样的，也是行波磁场，次级也做直线运动。

由于直线感应电机的铁芯是断开的，存在铁芯端部，因此，在由旋转磁场转换过来的行波磁场基础上，气隙磁场上还叠加一个由于端部效应引起的驻波磁场，驻波磁场波动的周期为一个极距。正是由于驻波磁场的存在，使直线感应电机输出的转矩中，耦合了一个端部效应产生的推动力的波动，这是旋转电机中不存在的。

7.6　应 用 实 例

本章前几节介绍的几种类型电机，应用领域涉及面非常广泛，如自动驾驶及机器人控制中的舵机，家用空调中的压缩机变频驱动的永磁同步电机，航空母舰上电磁弹射器中的直线感应电机等。

1. 舵机与转向控制

舵机是一种位置（角度）伺服的驱动器，由于可以通过程序连续控制其转角，因而被广

泛应用于智能小车以实现转向以及机器人各类关节运动中。

舵机主要组成部分：外壳、减速齿轮组、电机、舵盘、控制电路，如图 7 - 33 所示。简单的工作原理是控制电路接收信号源的控制信号，并驱动电机转动；齿轮组将电机的速度成大倍数缩小，并将电机的输出扭矩放大响应倍数，然后输出；电位器和齿轮组的末级一起转动，测量舵机轴转动角度；电路板检测并根据电位器判断舵机转动角度，然后控制舵机转动到目标角度或保持在目标角度。

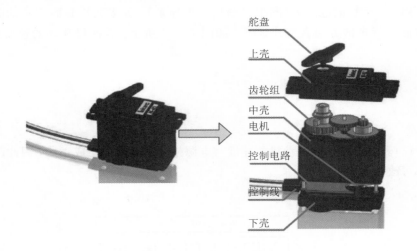

图 7 - 33　舵机的组成

2. 压缩机

随着对节能减排的要求越来越高，许多行业对设备的高效低耗提出了更高的标准。压缩机行业近年来对高效的永磁同步电机的需求逐渐增多。如图 7 - 34 所示为装备永磁同步电机的压缩机。

图 7 - 34　装备永磁同步电机的压缩机

3. 电磁弹射器

电磁弹射器是航空母舰上的一种舰载机起飞装置，如图 7 - 35 所示的弹射器系统由 4 个子系统组成：① 来自舰上电源的能量储存子系统，把提供的能量储存起来；② 能量转换子系统，它把储存的能量转变成高频脉冲，可控制的能量输出以驱动线性感应电动机；③ 线性感应电动机本身就是弹射电动机；④ 控制台，由操作人员设定弹射参数并监视整个系统。

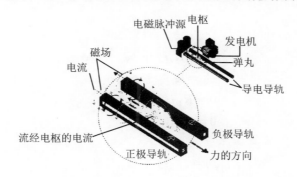

图 7 - 35　直线感应电机电磁弹射器

7.7　控制电机仿真

7.7.1　自起动永磁同步电动机仿真

1. 自起动永磁同步电动机的数学模型

为便于分析，在满足工程实际所需的精度要求下作如下假设：

（1）电机铁芯的导磁系数为无穷大，不考虑铁芯饱和的影响，从而可以利用叠加原理来计算电机各个绕组电流共同作用下的气隙合成磁场；

（2）定子和转子磁动势所产生的磁场沿定子内圆是正弦分布的，即略去磁场中的所有空间谐波；

（3）各相绕组对称，阻尼绕组（起动鼠笼）的阻尼条及转子导磁体对转子 d、q 轴对称，已折算到 d、q 轴；

（4）不计涡流和磁滞的影响；

（5）不考虑频率变化和温度变化对绕组电阻的影响。

自起动永磁同步电动机的物理模型如图 7 - 36 所示。

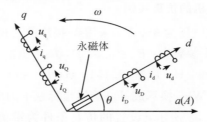

图 7 - 36　自启动永磁同步电动机的物理模型

定子三相绕组轴线 A、B、C 是静止的，三相电压 u_A、u_B、u_C 和三相电流 i_A、i_B、i_C 都是对称的、呈正弦分布，转子以电角速度 ω 旋转。沿永磁体磁场方向的轴线为 d 轴，与 d

轴正交且领先 d 轴 90°方向的是 q 轴，d - q 坐标在空间随转子旋转，d 轴与 A 轴之间的夹角 θ 为变量，如图 7 - 36 所示。

自起动永磁同步电动机的数学模型由下列电压方程、磁链方程以及转矩方程和运动方程组成：

（1）电压方程：

$$
\begin{cases}
u_d = R_s i_d + p\psi_d - \omega\psi_q \\
u_q = R_s i_q + p\psi_q + \omega\psi_d \\
0 = R_D i_D + p\psi_D \\
0 = R_Q i_Q + p\psi_Q
\end{cases}
\tag{7 - 15}
$$

（2）磁链方程：

$$
\begin{cases}
\psi_d = L_{sd} i_d + L_{md} i_D + \psi_f \\
\psi_q = L_{sq} i_q + L_{mq} i_Q \\
\psi_D = L_{md} i_d + L_{rD} i_D + \psi_f \\
\psi_Q = L_{mq} i_q + L_{rQ} i_Q
\end{cases}
\tag{7 - 16}
$$

（3）转矩方程：

$$
\begin{cases}
T_e = n_p(\psi_d i_q - \psi_q i_d) = n_p(\psi_f i_q + (L_{sd} - L_{sq}) i_d i_q + (L_{md} i_D i_q - L_{mq} i_d i_Q)) \\
T_e = \dfrac{J}{n_p}\dfrac{\mathrm{d}\omega}{\mathrm{d}t} + T_L \\
\omega = p\theta
\end{cases}
\tag{7 - 17}
$$

式中：p 为微分算子；L_{sd} 为等效两相定子绕组 d 轴自感；L_{sq} 为等效两相定子绕组 q 轴自感；L_{md} 为 d 轴定子与转子绕组间的互感，相当于同步电动机的 d 轴电枢反应电感；L_{mq} 为 q 轴定子与转子绕组间的互感，相当于 q 轴电枢反应电感；L_{rD} 为 d 轴阻尼绕组自感；L_{rQ} 为 q 轴阻尼绕组自感；R_s 为定子绕组相电阻；R_D、R_Q 为阻尼绕组等效到 d、q 轴上的电阻；ψ_f 为永磁体产生的磁链；d、q、D、Q 作为下标分别表示定子绕组 d、q 轴分量和转子绕组 d、q 轴分量。

2. 自起动永磁同步电动机的仿真模型

由式（7 - 15）～式（7 - 17），基于 MATLAB/Simulink 的自起动永磁同步电机的仿真模型构建如图 7 - 37 所示。

3. 自起动永磁同步电动机的仿真实例

一台 6 极 2.2 kW，额定电压为 380 V，采用 Y 接法的三相自起动永磁同步电机，换算成两相 d、q 坐标系下的有关参数为：$R_s = 3.51\ \Omega$，$R_D = R_Q = 5.20\ \Omega$，$L_{md} = 0.0822\ \text{H}$，$L_{mq} = 0.1362\ \text{H}$，$L_{sd} = 0.1006\ \text{H}$，$L_{sq} = 0.1546\ \text{H}$，$L_{rD} = 0.1003\ \text{H}$，$L_{rQ} = 0.1543\ \text{H}$，$J = 0.05\ \text{kg} \cdot \text{m}^2$，$\psi_f = 0.98\ \text{Wb}$，换算成 dq0 旋转坐标系下的电阻电感等数据。

仿真的有关结果如图 7 - 38 所示，设置的仿真条件为带负载转矩 4.98 N·m 起动，0.8 s 后负载突变为 15.11 N·m。

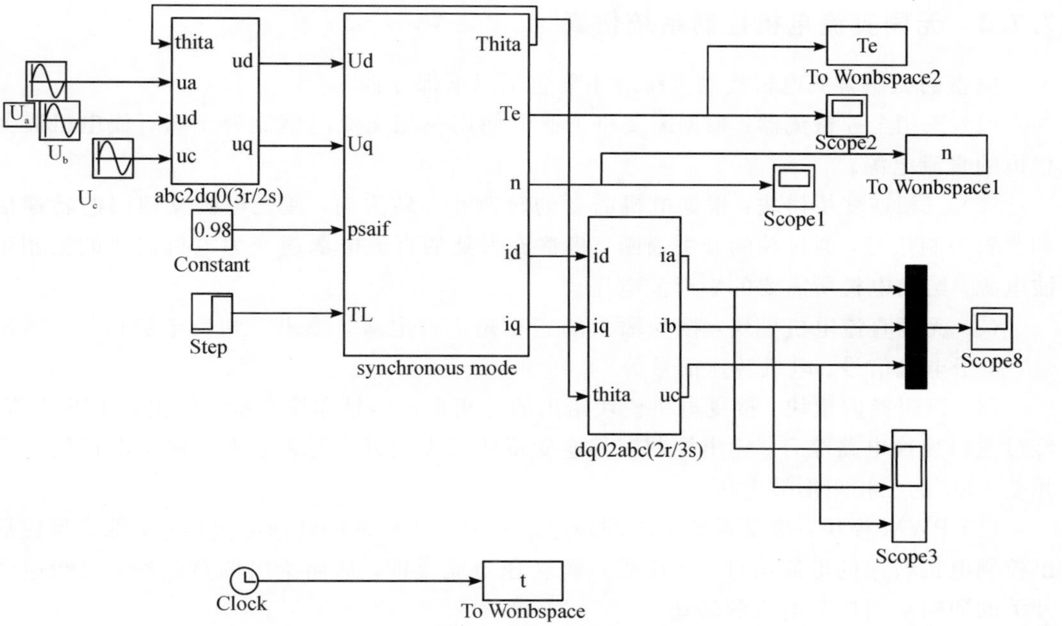

图 7－37　自起动永磁同步电动机的仿真模型

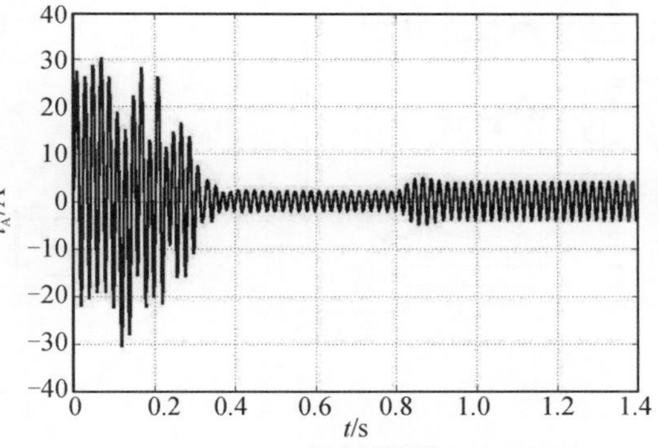

(a) A相电流波形

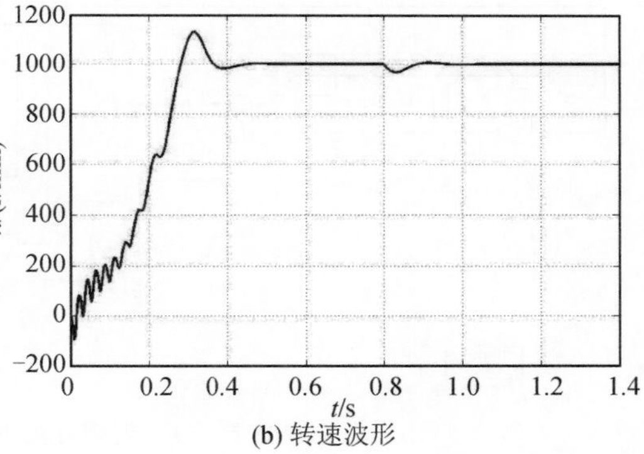

(b) 转速波形

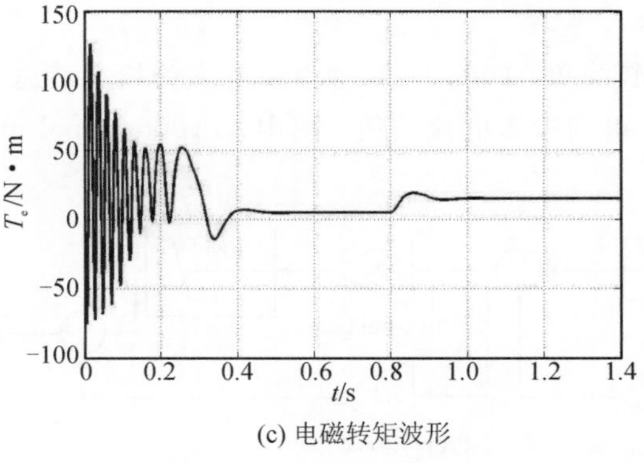

(c) 电磁转矩波形

图 7－38　自起动永磁同步电机的仿真结果

7.7.2　无刷直流电机控制系统仿真

完整的无刷直流电机控制系统应主要包括以下部分：

（1）三相全控整流器：根据需要将工业上使用三相交流电整流为无刷直流电机需要的稳恒的直流电源。

（2）三相逆变桥模块：根据电机需要的转速和旋转方向，接受电机反馈回的转速信息和逻辑控制信号，通过控制开关通断，将整流得到的直流电源逆变为电机需要的三相矩形波电源，给出电机所需要的矩形波电压。

（3）无刷直流电机模块：接受输入的三相矩形波电源，输出三相反电势信号、霍尔信号、定子电流信号、电机转速信号等

（4）逻辑换向模块：接受电机模块给出的三相霍尔信号和控制系统给出的 PWM 信号，经过逻辑变换电路综合，输出控制三相逆变桥所需要的开关通断信号，输出电机所需要的相差 120°的三相矩形波电压。

（5）PWM 模块：接受系统给出的转速信号及电机反馈的转速电流信号，综合反应后给出控制电机转速的电流信号，并接受系统转速电流反馈，从而给出调整脉冲，控制逆变器开关的通断从而控制电机的转速。

在 MATLAB 的 Simulink 环境下，利用 SimPowerSystem 的模块库，根据建立的电路方程搭建的仿真模型如图 7-39 所示。

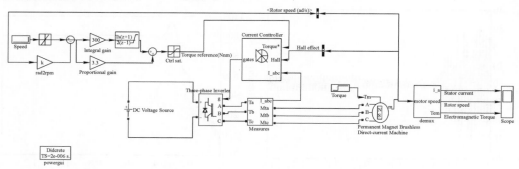

图 7-39　无刷直流电机闭环控制系统仿真模型

1. 速度控制模块

速度控制模块比较简单，如图 7-40 所示，输入为给定转速和实测转速，两者之差通过一个限幅 PI 调节器，得到参考电流幅值。图中，Proportional gain 为 PI 调节器比例系数，

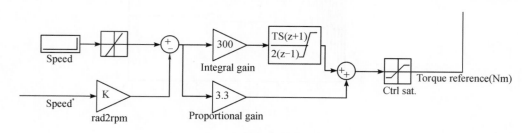

图 7-40　速度控制模块

Integral gain 为调节器积分系数，Ctrl Sat. 为饱和限幅模块，它将输出参考相电流的幅值限定在要求范围内。

2. 电流控制模块

由图 7 - 39 仿真模型可看到封装的电流控制子模块（Current Controller），其内部模型结构如图 7 - 41 所示，三路输入信号分别为速度模型输出的转矩 Torque*、电流测量模块（measures）输出的三相电流 I_abc 及永磁同步电机（Permanent Magnet Synchronous Machine）输出的信号 Hall；输入信号经过运算后送入 Relay 模块设置环宽（取值过大会造成电流波形误差较大，取值过小会使开关频率增大，损耗增加），然后由数据转换模块（Convert）和逻辑操作取反模块（NOT）组成上下桥臂 6 路开关输出信号。

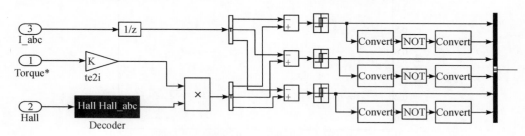

图 7 - 41　电流控制模块

3. 位置检测模块

根据无刷直流电机模块输出三相霍尔位置信号，控制系统给出的 PWM 信号，逻辑换向模块输出 Q1～Q6 电机换向及速度控制脉冲。转子转动过程中主辅极磁场交替使得空间对称分布的霍尔传感器给出变换的转子位置信号。利用 BLDCM 的霍尔信号来检测电机位置，然后通过位置信号和 PWM 来控制逆变器各功率开关导通。

结合前述开关元件的导通顺序及三相绕组导通顺序，霍尔信号与 PWM 的逻辑关系为：

$$\begin{cases} T_1 = A\bar{B} \cdot \text{PWM} + A\bar{B}C \\ T_2 = A\bar{C} \cdot \text{PWM} + AB\bar{C} \\ T_3 = B\bar{C} \cdot \text{PWM} + \bar{A}B\bar{C} \\ T_4 = B\bar{A} \cdot \text{PWM} + \bar{A}BC \\ T_5 = C\bar{A} \cdot \text{PWM} + \bar{A}\bar{B}C \\ T_6 = C\bar{B} \cdot \text{PWM} + A\bar{B}C \end{cases} \qquad (7-18)$$

其中，A、B、C 分别代表霍尔信号，将上式进行逻辑与和逻辑或即可得到逆变器各功率开关的导通顺序。

4. 电压逆变模块

电压逆变器模块输入为位置信号和 PWM 控制信号，输出为三相端电压。本文中逆变器模块采用 SimPowerSystem 提供的 IGBT 三相桥式逆变器模块，如图 7 - 42 所示。SimPowerSystem 中提供的是电气模块，在与常规模块接口时一般要加测量环节或者其他信号转换模块。

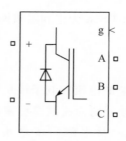

图 7-42　三相逆变器模块

当输入如图 7-43 所示的触发脉冲信号时，无刷直流电机的仿真结果如图 7-44 所示。

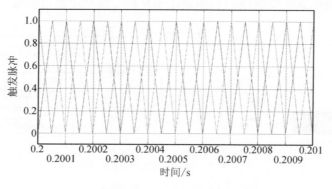

图 7-43　触发脉冲信号

　　图 7-43 所示的三相桥式电路输出的脉冲信号触发控制无刷直流电机的供给电源，由图 7-44 可知，无刷直流电机起动瞬间电流增大导致产生较大的起动转矩，随着转速增加，电流减小，转矩也减小，转速稳定后，若负载变化会引起电流波动，同时导致转矩随负载变化。

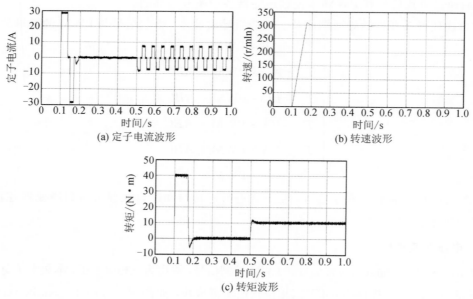

图 7-44　无刷直流电机的仿真结果

本 章 小 结

本章介绍了典型的几种控制电机：永磁同步电机、无刷直流电机、步进电机、伺服电机及直线电机的基本结构和工作原理。同时，介绍了它们在各领域的应用实例。分析了自起动永磁同步电机的数学模型，在 MATLAB/Simulink 环境下搭建了永磁同步电机仿真模型、无刷直流电机仿真模型，给出了电机的转速、电磁转矩和电流的响应波形。

思考题与习题

7-1 永磁电机主要有哪些类型？

7-2 自起动永磁同步电机有哪些结构形式？

7-3 调速永磁同步电机和无刷直流电机有何异同？

7-4 无刷直流电动机能否用交流电源供电？

7-5 直线电机的基本工作原理是怎样的？

7-6 简述步进电动机的基本工作原理。

7-7 步进电机驱动器有几路控制信号？并分别加以说明。

7-8 交流伺服电机有哪几种控制方式？并分别加以说明。

7-9 在自动控制系统中，伺服电动机起什么作用？对它们性能有什么要求？

7-10 如何控制反应式步进电动机输出的角位移和转速？怎样改变步进电动机的转向？

7-11 影响步进电机性能的因素有哪些？使用时如何改善步进电机的频率特性？

7-12 为何同步电动机在同步状态运行时，永久磁铁产生转矩，而鼠笼绕组不产生转矩？

7-13 试设计以整步方式来驱动两相四线的步进电机仿真模型并测试运行。

参 考 文 献

[1]　杨耕，罗应立. 电机与运动控制系统[M]. 2 版. 北京：清华大学出版社，2014.

[2]　CHAPMANS J. 电机原理及驱动[M]. 满永奎，编译. 北京：清华大学出版社，2013.

[3]　张广溢，郭前岗. 电机学[M]. 3 版. 重庆：重庆大学出版社，2012.

[4]　刘玫，孙雨萍. 电机与拖动[M]. 2 版. 北京：机械工业出版社，2018.

[5]　王步来，张海刚，陈岚萍. 电机与拖动基础[M]. 西安：西安电子科技大学出版社，2016.

[6]　刘锦波，张承慧. 电机与拖动[M]. 北京：清华大学出版社，2013.

[7]　刘凤春，孙建忠，牟宪民. 电机与拖动 MATLAB 仿真与学习指导[M]. 北京：机械工业出版社，2008.

[8]　顾绳谷. 电机及拖动基础[M]. 北京：机械工业出版社，2016.

[9]　黄坚，郭中醒. 实用电机设计计算手册[M]. 2 版. 上海：上海科学技术出版社，2014.

[10]　陈伯时. 电力拖动自动控制系统：运动控制系统[M]. 4 版. 北京：机械工业出版社，2010.

[11]　叶云岳. 直线电机原理与应用[M]. 北京：机械工业出版社，2000.

[12]　顾春雷，陈中. 电力拖动自动控制系统与 MATLAB 仿真[M]. 北京：清华大学出版社，2011.

[13]　阮毅，陈维钧. 运动控制系统[M]. 北京：清华大学出版社，2006.

[14]　戴文进，肖倩华. 电机与电力拖动基础[M]. 北京：清华大学出版社，2012.

[15]　陈隆昌，闫治安，刘新正. 控制电机[M]. 西安：西安电子科技大学出版社，2000.